BEAUTY BOOK

自然美妆宝典

[英] 苏珊·柯蒂斯 [英] 弗兰·约翰逊 [美] 帕特·托马斯 著
李锋 译

中国轻工业出版社

A Dorling Kindersley Book

图书在版编目（CIP）数据

自然美妆宝典/（英）苏珊·柯蒂斯（Susan Curtis），（英）弗兰·约翰逊（Fran Johnson），（美）帕特·托马斯（Pat Thomas）著；李锋译. —北京：中国轻工业出版社，2018.11
ISBN 978-7-5184-2016-2

Ⅰ. ①自… Ⅱ. ①苏… ②弗… ③帕… ④李… Ⅲ. ①美容—基本知识 Ⅳ. ① TS974.1

中国版本图书馆CIP数据核字（2018）第142757号

责任编辑：伊双双　罗晓航
策划编辑：伊双双　　责任终审：张乃柬
封面设计：锋尚设计　　版式设计：锋尚设计
责任校对：晋　洁　　责任监印：张　可

出版发行：中国轻工业出版社
（北京东长安街6号，邮编：100740）
印　　刷：鸿博昊天科技有限公司
经　　销：各地新华书店
版　　次：2018年11月第1版第1次印刷
开　　本：889×1194　1/16　印张：16
字　　数：200千字
书　　号：ISBN 978-7-5184-2016-2
定　　价：118.00元
邮购电话：010-65241695
发行电话：010-85119835
传　　真：85113293
网　　址：http://www.chlip.com.cn
Email：club@chlip.com.cn
如发现图书残缺请与我社邮购联系调换
161364S6X101ZYW

A WORLD OF IDEAS:
SEE ALL THERE IS TO KNOW

www.dk.com

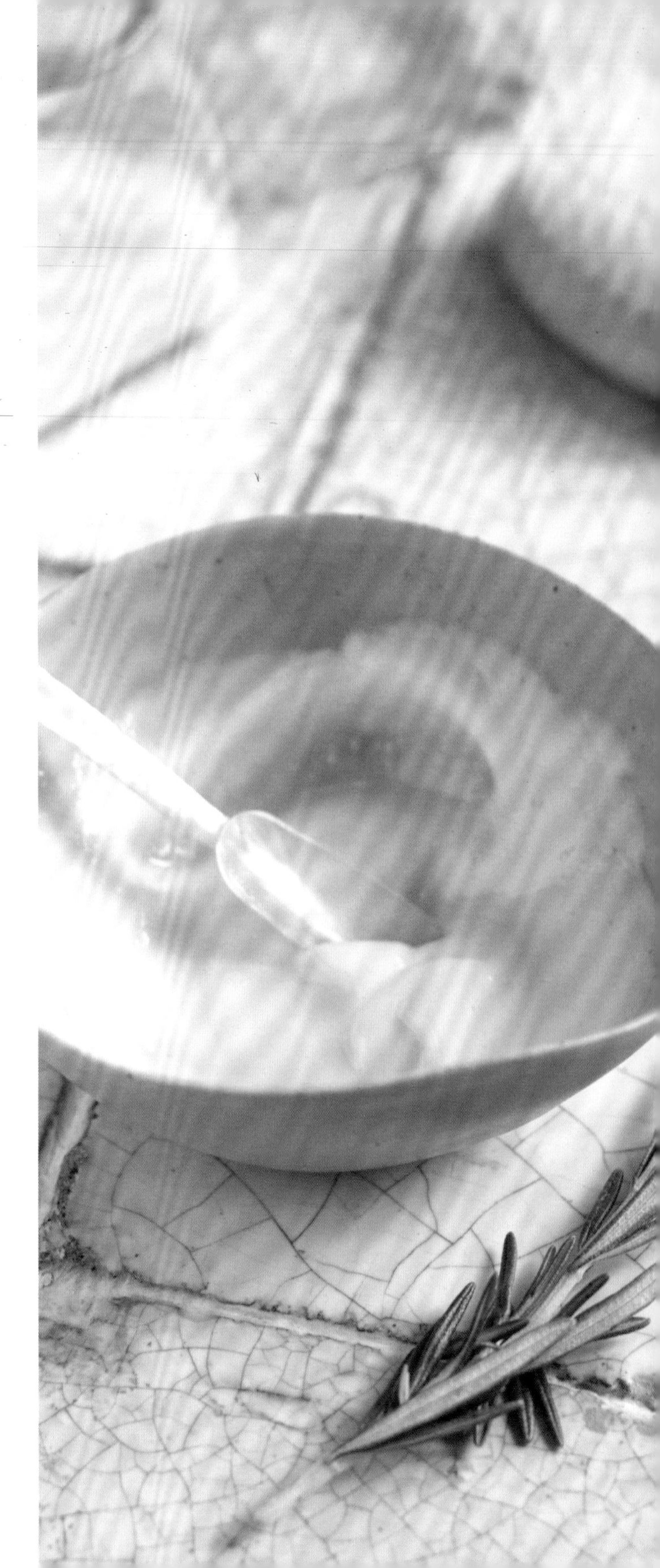

目 录

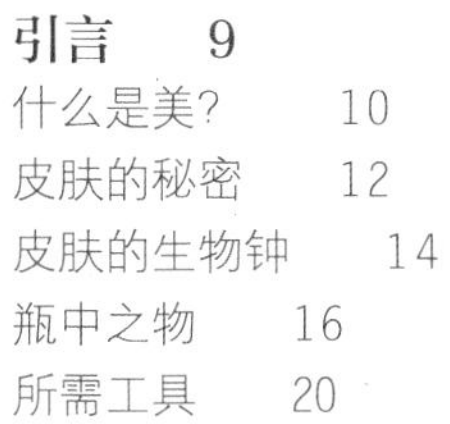

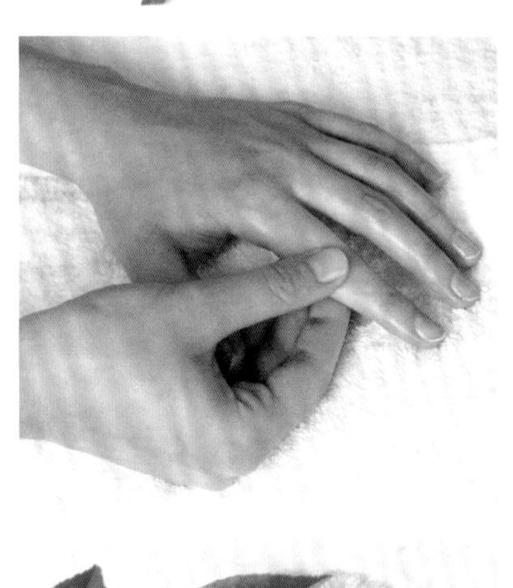

作者

苏珊·柯蒂斯（Susan Curtis）具有顺势疗法和自然疗法的从业资质，是英国NYR（Neal's Yard Remedies）有机护肤公司自然健康部门的主管，著有《美丽年轻的秘密》（*Looking Good and Feeling Younger*）、《芳香精油宝典》（*Essential Oils*）等著作，并与人合著《女性自然疗法》（*Natural Healing for Women*）。苏珊的两个小孩已经长大，她致力于帮助人们生活得更加自然健康。

弗兰·约翰逊（Fran Johnson）是一位热情的化妆品研究员，2006年加入NYR，担任配方设计师。她具有芳香治疗师的从业资格，设计并执教了一系列NYR课程，涵盖了制作化妆品、芳香疗法和天然香水，其中最受欢迎的课程是自然美妆的秘方。

帕特·托马斯（Pat Thomas）是一位记者、活动家和播音员，已出版《深度清洁》（*Cleaning Yourself to Death*）、《精油里面有什么》（*What's in this Stuff*）和《深层肌肤护理》（*Skin Deep*）。在这些著作中，她讲述了许多日常化妆品中的有毒化学成分，并提倡用天然制品替代化妆品。她曾是《生态学家》杂志（*The Ecologist*）的编辑，目前就任于英国第一家有机认证机构——土壤协会受托人委员会，同时也是NYR公司自然健康网站——NYR Natural News的编辑。

化妆师

贾斯廷·詹金斯（Justine Jenkins）是一位知名化妆师、无刺激化妆品的代言人、播音员，创作过有关自然美妆和化妆品的著作。她的作品多已印制成书，并发表在网上。

INTRODUCTION
引　　言

从内而外地**关爱**自己，可以让自我的魅力大放异彩。**自然**为我们提供了**滋养**和**呵护**身体的所有养分，使我们展示出个人的**自然之美**。

什么是美?

对于“什么是美?”这个问题，你会得到一大堆各式各样的答案，每个人都有各自的见解。事实上，人类已经为此探求了很久。结果就是，对于人的一生而言，你的审美观并非一成不变，在某一时期或阶段适用的看法也许不适合另一个时期或阶段。

观念的转变

不到一百年前，美在字典里的定义是，“让耳鼻、思维、审美力或者道德观得到满足的特性”。事到如今，对于美的默认定义已经变得狭窄，仅仅局限于那些让眼前一亮的事物。之所以这种趋势日渐明显，是因为长期以来，美，甚至是自然美的话语权，已经被媒体、好莱坞和全球性的美容业所把控。然而，当我们将美当作面具，或者愉悦他人的事物之类的外在因素时，我们不过是在自娱自乐，在做一个我们始终无法获胜的游戏罢了。

研究显示，对于大多数女性而言，自我审美的觉醒出现在14岁，这种自信伴随着年龄的增长而持续衰减。这种衰减对于健康和幸福有着深远的影响。研究同样也显示出，那些接受自我容貌的人会更加快乐和健康。自我纠结的压力会影响你的健康，并反过来改变你的身体美感。

与自然共处

这场革命希望使人们更加全面自然地去看待美，使其更多地反映出我们的需求、情绪和感觉。这样做可以摒弃静态的、一刀切的人生

积极老化

在一个人口日益老化的世界里，将年轻等同于美的看法是无法立足的。研究报告表明，人们对于“不老药”和整形手术的兴趣会在45岁以后减弱。年长的女性更期待保持适龄的美感，而非永葆年轻。她们同样更愿意尝试令人放松的美容保养方式，比如按摩推拿或脸部护理。这些疗法不仅可以改善容貌，还可以使女性更加认同自我，提升幸福感。

观，可以广泛地欣赏来自各个年代和文化背景的不同人群。这也引发了一场摆脱人工合成的工业化美容制品的运动，这些美容制品所采用的石化原料会污染环境，并日益稀缺。

随着生态意识的增强，我们明白如果获取手段不光彩，所得到的也并非真正的美。动物实验、有毒工业化学品、可避免的浪费、将客户当成实验室小老鼠的转基因生物（GMO）技术或纳米技术的科学实验、标签上的谎言等，这些都令人厌恶。

我们对于自然美的兴趣增长，反映出友善对待环境的意识在不断增强，这是一种积极正面并鼓舞人心的文化转变，是对美容整形的有益替代。

天然健康的食物成为了新近的潮流，应持续关注那些适用于我们身体的物质。当我们依靠精致的深加工的垃圾食品为生时，我们很难感到健康。而当我们使用那些垃圾化妆品时，我们同样也很难体会到美。这些化妆品用石化产品或合成香料制成，某些研究指出，这些原料会破坏身体的内分泌系统或神经系统，引发癌症，导致过敏或危害腹中胎儿。

由内而外

对于我们使用的产品追根溯源，开启美容业的另一场革命，应采用已知的、值得信任的原材料，来动手自制。在我们用来保持美丽的大自然馈赠中，除了有许多无添加的健康食物出现外，还包含诸如奢华的精油和植物精华这些物质。你会惊奇地发现，最好的化妆品原料就在你的厨房柜子中。

本书中的配方和提示会显示出天然产品的效力，以及如何在日常生活中使用它们。创新地将这些物质组合在一起，可以让你完全掌握哪些东西可涂抹在你的肌肤和头发上，这是尽在掌控中的艺术与科学。

首先，美是一项自我行为，让我们感觉更好，看起来更加漂亮，并可展示出内在的自我。真正的美应该是帮助我们更加快乐、健康、放松、自信和舒适。研究显示，我们对于什么是美与我们如何看待他人的审美观往往相差甚远。所以说，对于自然美的呼吁，其实就是在缩小你对自己的看法与别人对你的看法之间的距离。

茉莉
富含抗氧化剂的茉莉，可以用来调节、治疗和安抚你的肌肤（参见35页）。

玫瑰纯油
玫瑰纯油带有微妙的芳香，可以对抗衰老迹象（参见24～25页）。

关注生态

传统商品中的许多化学成分，如干扰激素的防腐剂，在制造的过程中需要进行持续的注入。它们被冲洗到下水道中，从而进入供水系统，危害地球。随着我们对人类危害地球行径的日益警醒，以虚荣之名破坏地球的行径，我们无法称之为美。

皮肤的秘密

我们的肌肤充满生机和活力，它呼吸、成长和变化，保护我们免受细菌、病毒和污染的侵害，摄入营养，并通过流汗排出毒素。它可以调节我们的体温，在阳光的作用下产生维生素D，通过触觉和痛觉传递信息。每一天，肌肤都在反映和反作用着我们的饮食习惯、周遭环境、睡眠质量、所处的压力，以及整体的健康状况。

皮肤构成

皮肤共有三层：表皮、真皮和皮下组织。每一层都有其特定的功能，帮助皮肤再生，并保护我们的身体。

表皮

表皮是皮肤表面的弹性层，会持续不断地再生。它是由许多不同种类的细胞构成的。

角朊细胞

作为表皮的主要细胞，角朊细胞由底层的细胞裂变而成。新的细胞不断向表面移动。渐渐地，它们在移动的过程中死亡、变平，然后脱皮。这个过程大约需要14天（年龄越大，时间越长）。

角质细胞

角朊细胞死后变平，角质细胞组成了几乎可以防水的坚硬保护层，人们称之为角质层或表皮角质层。这一层会持续再生和脱皮。事实上，每个人每天会褪去数以百万计的死皮。

黑素细胞

它们会产生黑色素，用来防护紫外线，并呈现出肤色。人体暴露在阳光下，会刺激黑色素的产生，导致肌肤色泽更加暗沉，甚至变黑。经过长时间的异常暴晒，当黑色素无法吸收所有的紫外线时，皮肤就会晒伤受损了。

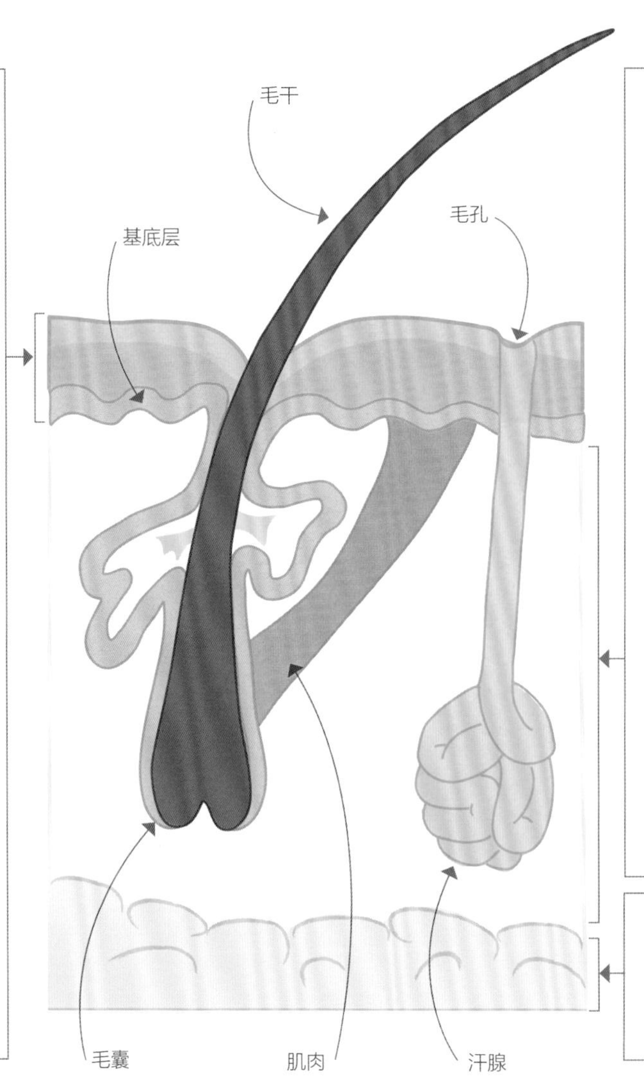

真皮

真皮是皮肤的内层，由结缔组织构成，既有弹性蛋白（赋予皮肤弹性和抗张能力的纤维），也有胶原蛋白（提供活力的纤维）。真皮同样也有大量的血管、囊孔和腺体。

毛囊

这些是毛发生长的囊孔，通过调节温度，来保护头发。

皮脂腺

它们会产生皮脂（一种天然的油脂），使头发免受灰尘和细菌的侵扰。皮脂和汗水组成了皮肤的表层薄膜。

汗腺

汗水在汗腺中产生，并通过汗腺管从表皮的毛孔排出。它们用来调节体温。出现在身体毛发处的特殊种类的汗腺叫作大汗腺，它们仅活跃于青春期。

皮下组织

真皮以下是皮下组织或皮下层，由结缔组织和脂肪构成，是很好的绝缘体。

与皮肤的相处之道

我们无需将正常的皮肤变化当成是需要修复的问题。试着不要为肤色的暂时改变而困扰，应采取理性的护肤方式。有些事不在我们的掌控范围内，比如说，皮肤的衰老是一个复杂的过程，它涉及许多内在和外在的因素，虽然有些是可控的，但绝大部分是不可控的。

衰老会减弱皮肤的支撑架——胶原蛋白和弹性蛋白，使肌肤出现皱纹，变得松弛。地心引力会导致眼周变松，甚至面颊下垂。同时由于黑色素的减少，老化的皮肤还会变得更加透明。皮肤也变得更加薄脆易损，受伤的几率增加，受损的皮肤也不容易自我修复。

接受皮肤复杂、神秘的生长规律，并以由内而外的方式去回应它，才是理性健康的。

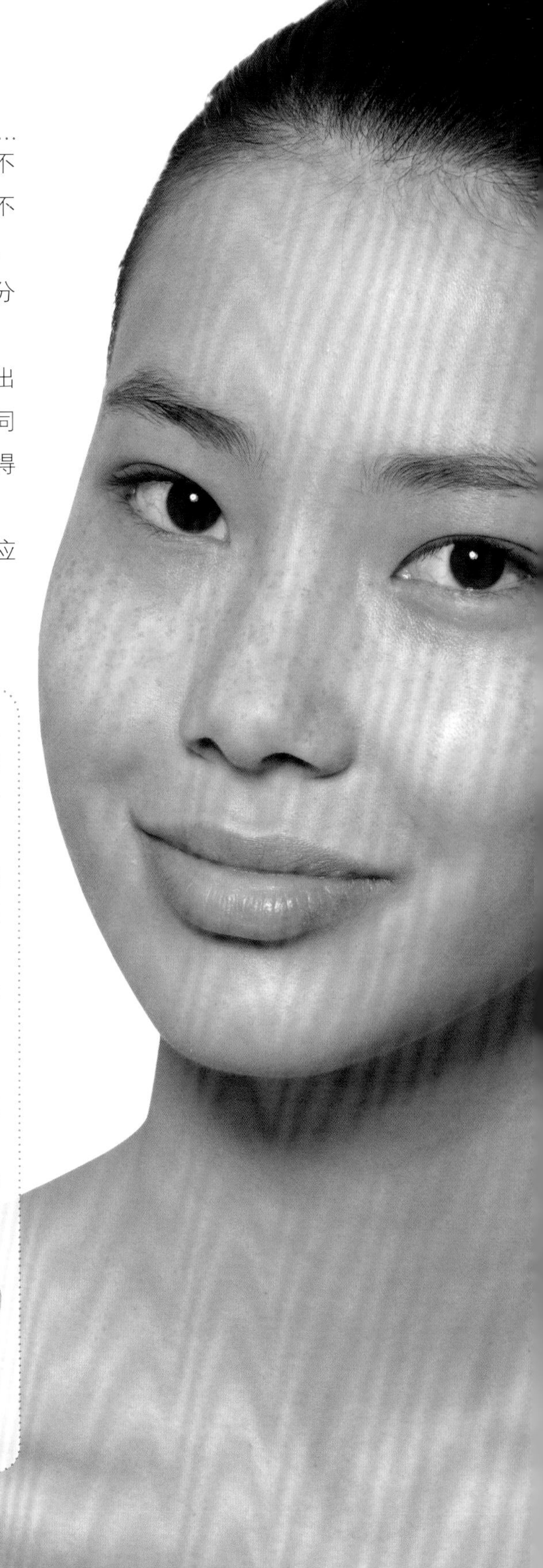

与皮肤和平相处

如果你想得到美丽的肌肤，不论是年轻者还是成熟者，你都需要识别出皮肤的生物钟（参见14～15页），并与之共处，同时选择健康的生活方式来顺应它们。

拥有大量的优质睡眠，这对于皮肤健康来说，是至关重要的。不要只局限于时间长短，而要考虑睡眠的质量。长期缺乏优质睡眠，会使皮肤显老可达10年。

舒缓压力，你会发现它对皮肤的神奇作用。可以通过参加你感兴趣的业余活动，来应对压力和焦虑，有益于健康和容颜。

一天饮用至少2升水，会使你的皮肤滋润光泽。

戒烟戒酒，它们危害很大。二者都可使皮肤脱水，影响营养的吸收，只要看看你宿醉后的皮肤就明白了。

使用优质的护肤品，用温和的天然清洁剂和天然精油，以及植物精华液，来替代工业石化衍生品。

吃得健康，因为食物对于皮肤健康具有长远和近期的双重影响。研究显示，高糖食物会使皮肤变老。与此相反，富含ω-3脂肪酸的健康食物则可以抵抗晒伤，防止粉刺的生成。

皮肤的生物钟

作为身体最大的器官，皮肤自有其一套节奏。虽然试着让皮肤屈从看上去很吸引人，但是只有掌握皮肤的生物钟才是使肤色更加健康的最为简单的方式。

日循环周期

健康正常的皮肤几乎每个小时都会有变化。下表的时钟会显示出皮肤每天的变化规律。

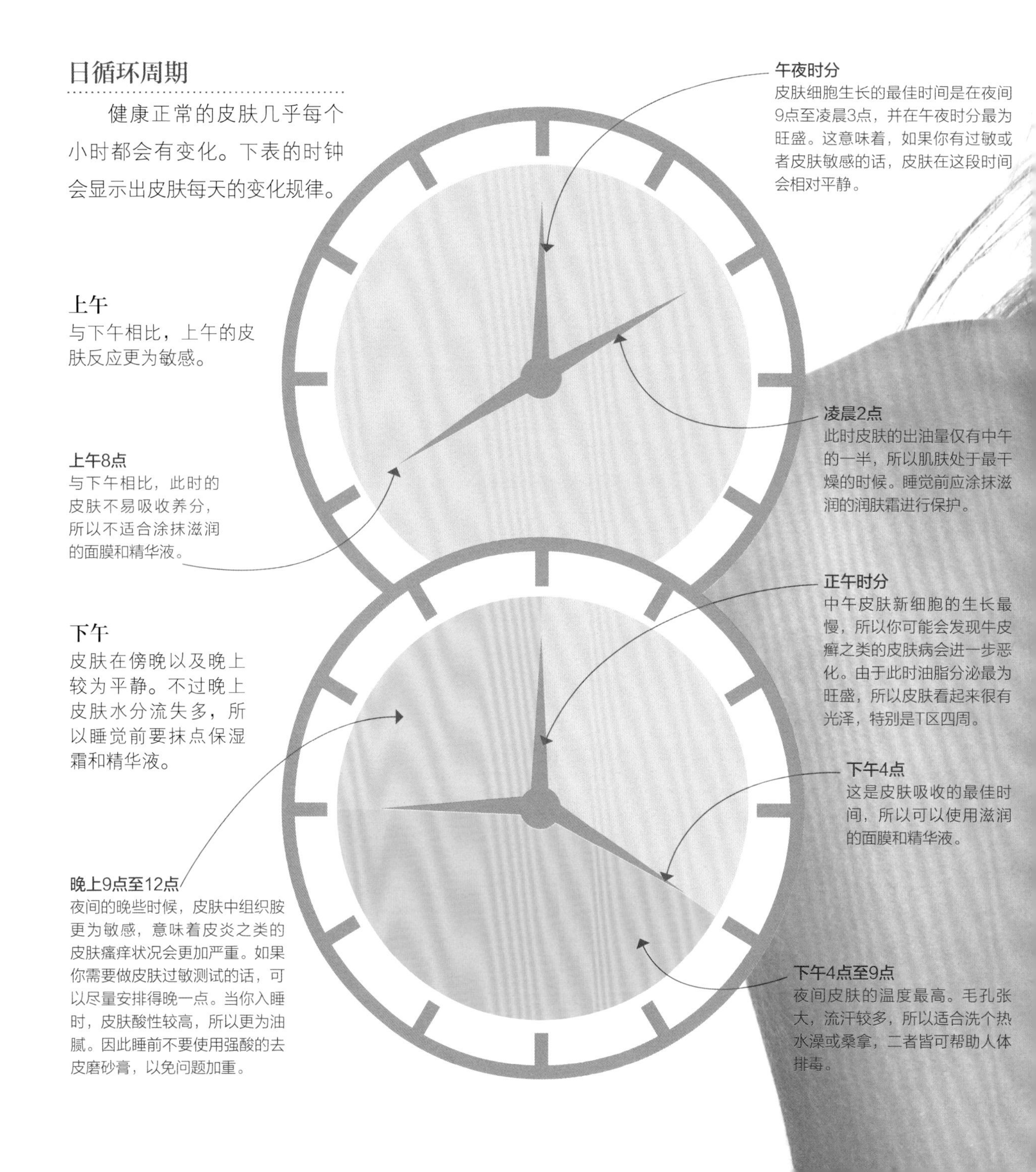

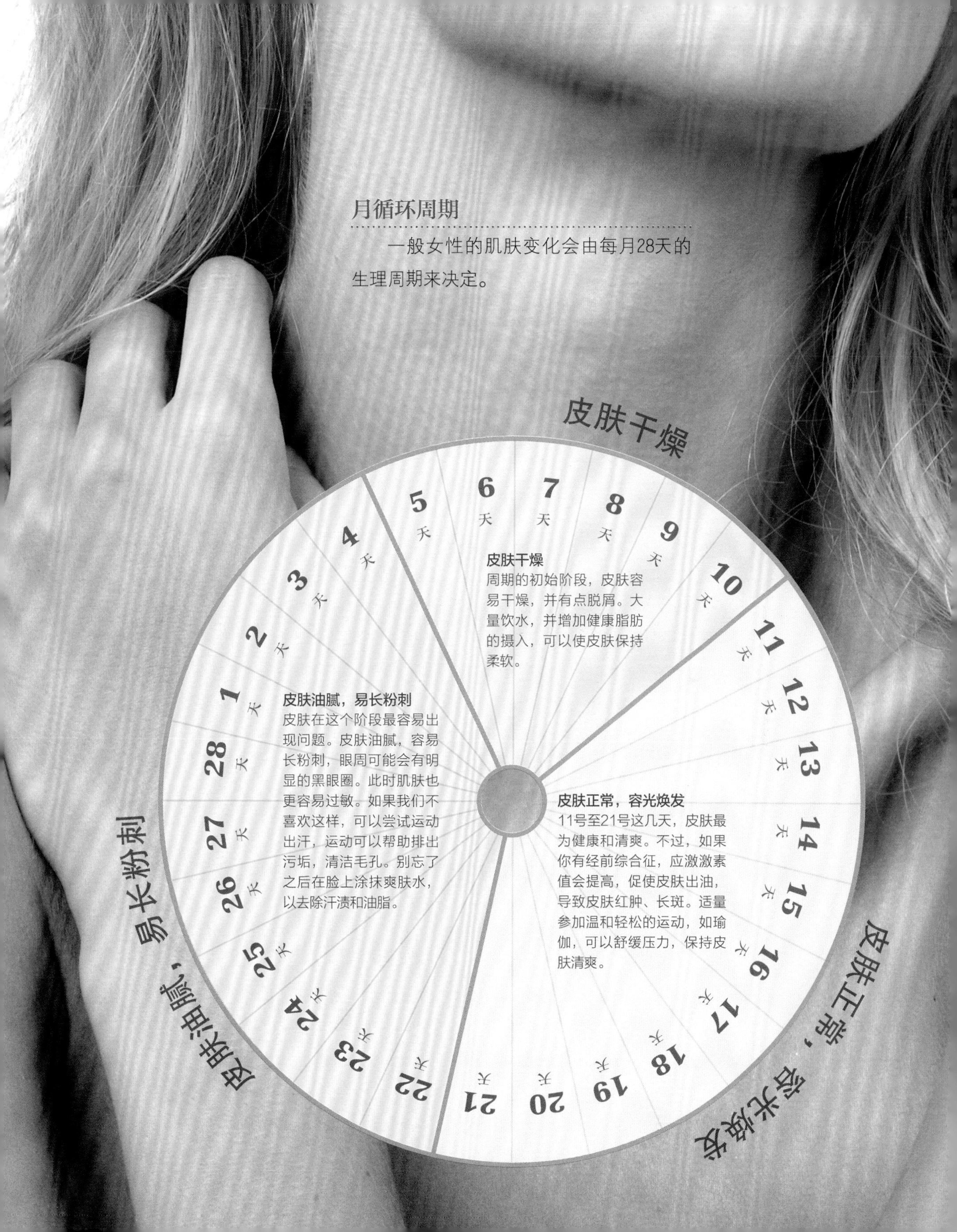
月循环周期
一般女性的肌肤变化会由每月28天的生理周期来决定。
皮肤干燥
皮肤干燥
周期的初始阶段，皮肤容易干燥，并有点脱屑。大量饮水，并增加健康脂肪的摄入，可以使皮肤保持柔软。
皮肤油腻，易长粉刺
皮肤油腻，易长粉刺
皮肤在这个阶段最容易出现问题。皮肤油腻，容易长粉刺，眼周可能会有明显的黑眼圈。此时肌肤也更容易过敏。如果我们不喜欢这样，可以尝试运动出汗，运动可以帮助排出污垢，清洁毛孔。别忘了之后在脸上涂抹爽肤水，以去除汗渍和油脂。
皮肤正常，容光焕发
皮肤正常，容光焕发
11号至21号这几天，皮肤最为健康和清爽。不过，如果你有经前综合征，应激激素值会提高，促使皮肤出油，导致皮肤红肿、长斑。适量参加温和轻松的运动，如瑜伽，可以舒缓压力，保持皮肤清爽。
1天
2天
3天
4天
5天
6天
7天
8天
9天
10天
11天
12天
13天
14天
15天
16天
17天
18天
19天
20天
21天
22天
23天
24天
25天
26天
27天
28天

瓶中之物

美容品和化妆品承诺会带来神奇的改变。它们允诺，使肌肤精致洁净，头发亮丽柔顺，并抹去岁月的痕迹。我们如此坚信这些承诺，以至于有时候我们都不清楚那些瓶中之物究竟为何物。事实上，只有有限的几种化学品可以用来清洁、滋润和调节皮肤或头发，所以绝大多数常见美容产品都包含完全一样的原料——保湿剂、清洁剂、油脂和蜡质、硅油、乳化剂、防腐剂、色素和香精。

化工阴影下的美容业

我们日常会使用大量化妆品，所以我们认为这些原料应是安全有效的。但事实未必如此，除了证明这些产品不会立刻产生过敏反应外，化妆品公司无须证明它们在较长的时间后仍能保持安全。至于产品的有效性，几乎所有的宣传都是一样的。

如果你有规律地使用常见的化妆品，那么你会将自己暴露在骇人的工业化学品危害之中。找一瓶标准的洗发水，看看上面的标签，你会发现其中多达20种的原料，多数是在实验室中合成的。对一般人而言，这些列表就是无谓的文字，多数人看不下去。

实验检测显示多数原料是有害的，不仅会危害人体当时的健康，如接触过敏，还会造成更为严重的长期健康问题，如癌症、先天缺陷，或损害中枢神经系统。同时，某些在现代化妆品中出现的化学品还被许多政府认定为有害垃圾。

化妆品生产商可能会宣称他们仅使用少量的化学品，但是且不说这只是一面虚伪的幌子，我们还忽视了一个事实，就是我们每天都在使用这些化妆品（与此相反，实验检测中只会用到一次而已）。同时，也忽视了一个问题，那就是个别化学品可以在瓶中结合，产生意想不到的毒素。而对于这一点，制造商通常是不会进行检测的。

你的皮肤是无法保护你免受这些化学品的危害的，这些化学品绝大多数很容易渗透过皮肤的防护层，并在体内蓄积。那些空头支票真的值得如此冒险一试吗?

平均而言，我们每个人每天会使用9种不同的化妆品，总计126种独一无二的化学原料。然而其中的90%从未被证明是安全无害的。

另觅良途

如果越来越多的人拒绝购买有害产品，并开始转变美容习惯，生产商们会很快明白，在美容用品中使用工业化学品是不被接受的。

夜来香

罗马甘菊精油

1 简化你的习惯

减少日用化妆品的使用量，并做精细挑选。

2 选择经过认证的有机化妆品

这样做可以帮助你避开最糟糕的违规化妆品，它们是不被有机法则所允许的。但是你也要小心那些有机冒牌货，它们只是在原本有毒的合成化学用品中添加了少量的有机原料。只有那些带着有机认证标志的产品才是被确认为无害的。

3 尝试天然香料

寻找那些带有精油芳香的产品，而不是使用一般的香精，一般的香精通常是合成而来的（参见18~19页）。

4 动手自制

动手自制是件令人愉悦并富有创造性的娱乐消遣，同时也有益健康。你不仅可以根据个人需求来定制原料，还可以充分了解里面到底有什么。

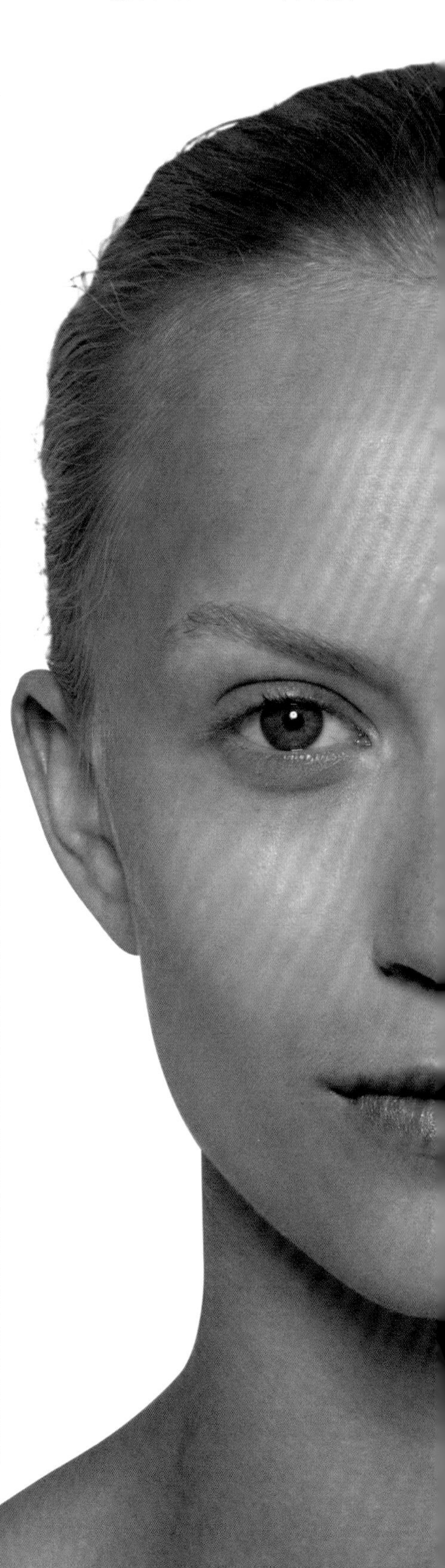

标签里的科学

探究美容品和化妆品的成分可能会让你大吃一惊。天然有机标志可以避免最糟糕的违规化学品，而如果学会去阅读原料标签的话，你也可以避开化学品。做得越多，事情就会变得越简单。对于某些原料，我

原料名称	它是什么
叔丁基羟基茴香醚（BHA）和二叔丁基对甲酚（BHT）防腐剂	这些人工防腐剂用来延长保质期，常见于化妆品、身体乳和香皂之类的美容用品中
释放甲醛的防腐剂 诸如MDM乙内酰脲、重氮烷基咪唑脲、尿素醛、乌洛托品、季铵盐-15和羟甲基甘氨酸钠	这些人工防腐剂可以用来延长美容品和化妆品的保质期
苯甲酸酯类 诸如甲基类、丙基类、丁基类和羟苯乙酯	这些是美容业中应用最为广泛的防腐剂，存在于洗发水、沐浴露、化妆品、身体乳、磨砂膏和爽肤水中
异丙醇	一种溶剂和渗透促进剂，可以使其他原料渗透到肌肤中去。异丙醇存在于化妆品、洗发水、润肤霜和指甲油中
液体石蜡 （矿物油）	液体石蜡是一种廉价、丰富的原料，存在于面霜、化妆品、身体乳和婴儿润肤油中。它可以使产品更易涂抹，并在皮肤表层形成薄膜，以防止水分流失。
凡士林 （矿脂）	这种矿物油的衍生物可以用来润滑（形成薄膜），存在于口红和润唇膏、护发品、润肤霜、脱毛剂和除臭剂中
丙二醇、聚乙二醇和聚丙二醇	这些人工石化结合品存在于润肤霜、除臭剂、化妆品、脱毛剂和香皂中，以保持产品湿润，并促使其他原料渗透到肌肤中去
聚乙烯吡咯烷酮/醋酸乙烯共聚物	这种塑料状的物质可以帮助产品与肌肤黏合或使头发定型。它存在于发胶、定型剂、化妆品、美黑产品、牙膏和护肤霜中
月桂酰醚硫酸钠或月桂醇聚醚硫酸酯钠清洁剂	这些成分是清洁剂和发泡剂，存在于洗发水、沐浴乳和牙膏中
合成色素 （以CI开头）	这些成分可以给绝大多数化妆品和美容品着色，但对有些产品的有效性却毫无作用，如洗发水和洁面乳
香精	化妆品和美容品中约95%的香精是以石化品为基础，并由几十种不同的原料组成的
邻苯二甲酸二丁酯	作为一种溶剂和塑化剂，邻苯二甲酸二丁酯通常存在于香水和指甲油中
硅氧烷 诸如环四聚二甲基硅氧烷、环戊硅氧烷、环己硅氧烷和硅灵	这些以硅油为基础的混合剂，可以使乳液、膏霜之类的产品在皮肤上更为舒服。硅氧烷可以使产品更易涂抹，并形成薄膜，暂时使皮肤更为光滑
三氯生	一种抗菌剂，容易被皮肤吸收，常见于止汗剂、洁面乳、洗手液和牙膏中
过氧化苯甲酰	一种高效抗菌剂，主要用于应对油性肌肤和粉刺的产品中
甲基异噻唑啉酮（MIT）	一种用来添加的防腐剂，可以延长产品的保质期，存在于绝大多数的化妆品和美容品中。

们要时刻保持警惕，特别是那些致癌物质，它们会与癌症密切相关；或者是毒害神经的物质，它们会损害身体的神经系统。对照表格来检查所有的标签吧。

对于健康的影响

对于健康的影响
BHA和BHT会导致皮肤过敏反应。BHA还会在体内模仿激素的自然反应（这种情况下为雌性激素），从而引发激素紊乱。这样会增加雌性激素依赖型癌症的患病率，如乳腺癌和卵巢癌。BHA和BHT本身就是潜在的致癌物
这些防腐剂在低剂量时，会刺激眼睛和皮肤，并导致过敏。大量使用的话，带甲醛的气体就是致癌物
苯甲酸酯类会引发过敏反应和皮疹，并容易被皮肤吸收。研究显示，在乳腺肿瘤的案例中发现它们是雌性激素的模仿者
研究显示，它会毒害神经，导致皮肤干燥和过敏，对于肝脏而言是潜在的有毒物质
研究表明，它会干扰体内的保湿系统，久而久之，会导致皮肤干燥皲裂
研究显示，它和液体石蜡相似，会干扰体内的保湿系统，久而久之，会导致皮肤干燥皲裂
研究将其与过敏反应、荨麻疹和湿疹联系在一起。丙二醇可以由天然物质提炼得到（参见另一侧的表格）。聚乙二醇化合物因为含有致癌物1，4-二噁烷，所以会污染环境
如果皮肤敏感的人吸入了这种塑料状物质的颗粒，会破坏他们的肺功能。外敷的话，会使肌肤无法呼吸
这些清洁剂会导致眼部发炎、头皮生屑（与头皮屑相似）、皮疹和过敏反应。月桂醇聚醚硫酸酯钠因为含有致癌物1，4-二噁烷，所以会污染环境
许多合成色素都是致癌物质，除了含有矿物质成分的色素（参见另一侧的表格）
香精危害神经，会导致头痛、情绪波动、情绪低落、头晕和皮肤过敏。同时，也很容易触发哮喘病
研究显示，它会导致发育和生殖异常，并危害肝脏和肾脏
有些硅氧烷会干扰激素，意味着它们是潜在的致癌物质，同时也会危害生殖健康
研究显示，三氯生会干扰激素。同时，也与常用抗生素的耐药力有关
这种化学物质会使皮肤干燥，导致红疹、瘙痒和肿胀。在敏感体质下，甚至会起水泡
MIT会导致皮肤病的流行，所以皮肤科医生倡导化妆品和美容品中不应使用。同时，也会危害神经系统，并是潜在的致癌物质

绿色科学

如果有天然物质可以替代使用，那么制造商是没有理由去使用那些有毒化学物质的。提倡天然的品牌证明，你无须为美丽而向健康妥协。

有害成分	天然替代物
苯甲酸酯类	维生素E和维生素C、柠檬酸、蜂胶和迷迭香
液体石蜡、凡士林和硅氧烷	椰油、杏仁油、扁桃仁油。植物油脂，如荷荷巴油、鳄梨油、玫瑰果籽油和乳木果油
丙二醇、聚乙二醇和聚丙二醇	植物甘油、卵磷脂和泛醇（维生素原B_5）
乳化剂，如聚乙二醇化合物	黄原胶、橄榄油鲸蜡醇酯、榅桲籽、米糠和植物蜡，如蜡大戟、棕榈蜡、荷荷巴油
合成色素	矿物质成分的色素（标签上标有CI75或CI77，表明其是矿物质或其他天然物质成分的色素）
香精	精油或者草本、花朵的萃取液
三氯生	茶树精油、百里香精油、葡萄柚籽提取物、酸橙提取物
过氧化苯甲酰	茶树精油、柠檬草精油、葡萄柚精油、糖类化合物

所需工具

在这里可以像专业人士一样探索制作和应用天然美容产品所需的一切。你会发现用极少的专业设备就可以轻松制作出各式各样的神奇产品。你也可以简化美容套装，仅保留基本的多功能产品，来助你获得完美的效果。

动手自制

自己动手制作，可以带来极大的满足感和乐趣，同时也很实惠。你可以完全掌握使用原料的来源、质量和分量。而你的厨房橱柜中可能就有你所需的设备。使用相同的工具来制作食物和制作美容品是最好不过了，这可以确保一切都是完全洁净的。

产品保存

与一般产品相比，这些产品变质的速度更快，所以应在短期内使用。制作的分量以正好满足个人使用和送礼需求即可。

采用新鲜原料制成的产品应在当天使用，不过你可以使用一整天，并在使用间隙将其保存在冰箱中。

油脂产品，如膏霜，可以保存长达6个月。将其置于密封的容器中，放在凉爽干燥的阴暗处。

配方中含水的话，如乳霜，变质速度快，需要放入密封的容器中，然后保存在冰箱里。

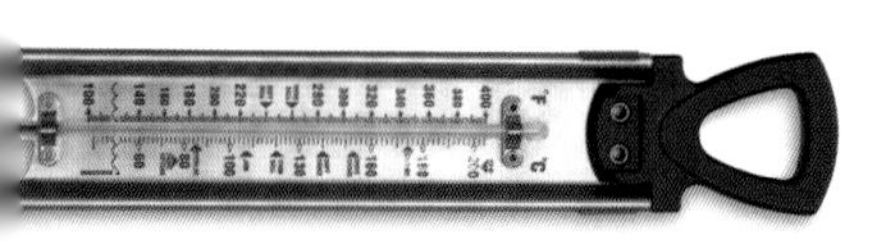

温度计
使用食品级的烹调温度计，将矿泉水加热至80℃，这是制作水性乳液的最佳温度。

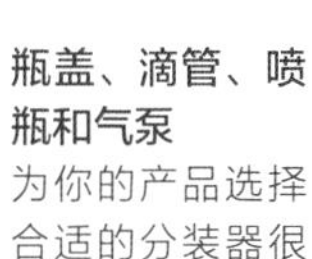

瓶盖、滴管、喷瓶和气泵
为你的产品选择合适的分装器很重要，根据你的需求量来装配。

模具
尝试专业的硅胶模具，来制作香皂、爆炸浴盐或者溶皂。它们十分耐用。冰块托盘或烘焙托盘同样适用。

隔水蒸锅
隔水蒸锅本质上就是在炖锅里放一个玻璃碗，对于绝大多数膏霜、乳霜和洗液配方来说，它是必备品。需确保玻璃碗底不会碰到开水。

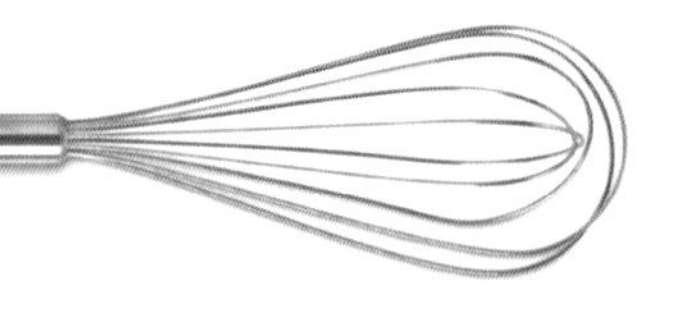

手动搅拌器
使用打蛋器将乳液搅拌至合适的黏稠度。

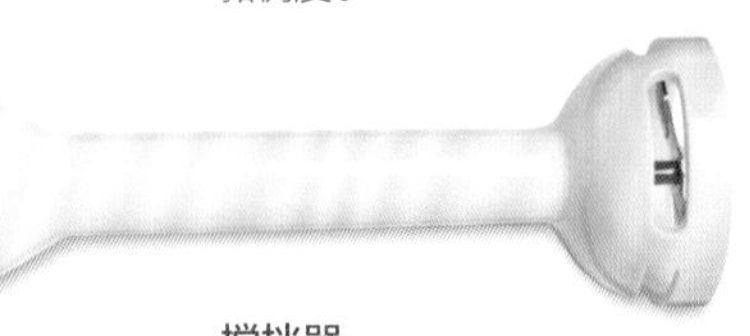

搅拌器
使用塑料或金属搅拌器，可以节省时间和精力。它们价格低廉，且易于清洗。在制作乳液和香皂时有用。

茶壶
使用带有过滤器的茶壶，或者选用茶滤器，制作健康的花茶，用来饮用或用于产品中。

已消毒的瓶罐和容器
使用专业的容器，或者将手头的容器进行消毒。所有产品放在带密封盖的容器中，可以保存得更久。

保鲜用的大玻璃瓶
因为它们是密封的，可以使瓶中物品在新鲜状态下保持得更久，所以在制作磨砂膏和粉末时特别有用。

涂抹自制美容品

你可以用手指或手掌来涂抹多数产品，方便你控制力度和方向。不过为了实现特定效果，你仍需一些简易便宜的美容工具。如果可能，请选用有机的、非动物来源的棉布和刷子，时刻确认木质工具的原料是可持续获取的。同时，你也需要一根易于清洗的发带，以免美容自制品接触到头发。

化妆棉和棉花球
用途广泛的化妆棉和棉花球可以用来擦掉化妆品，涂抹清洁用品。请始终购买有机产品。

法兰绒布或棉布
用来将产品从皮肤上擦掉。每次与皮肤接触过，都要彻底清洗法兰绒布和棉布。

棉签
擦除失误之处、混合眼线和眼影的完美工具，甚至可以用其来涂抹唇彩。

粉扑
沐浴之后，用粉扑在擦干的皮肤上涂抹爽身粉。

毛刷
用天然毛刷梳理干发或湿发。如有可能，避免使用猪毛制成的毛刷。

按摩刷
每周一次，在洗浴前，摩擦全身的肌肤。选用长柄刷子，以便擦到那些难以够到的地方。

粉底刷
这是一种多功能刷子，可以用来涂抹化妆品和黏土面膜。

腮红刷
使用这种刷子可以在脸颊处涂抹粉底和/或矿物质腮红。

粉刷
使用这种刷子可以在脸部和颈部（脖子、肩部、胸部和上背部）涂抹散粉、粉饼和矿物质粉底。

眼影刷
可以使用各式各样的眼影刷在眼部涂抹眼影，并勾画轮廓。

眼影混合刷
使用这种刷子可以混合眼影，达到精益求精的效果。

烟熏刷
使用这种刷子可以柔化和混合眼线，并在下眼线涂抹眼影。

眼线刷
使用这种刷子可以描上眼线。

斜角刷
使用小号的斜角刷可以涂眉粉和眼线，大号的斜角刷则可以在脸部勾画轮廓。

唇刷
使用这种刷子涂口红、润唇膏和唇彩。

DIRECTORY OF INGREDIENTS
天然美妆原料

来源于天然的原料，没有藏污纳垢，已经掀起了美容业的革命。人们用**丰富**的油脂和蜡质将具有**护理作用**的药草、花朵和水果混合在一起，制作并使用这些产品。

花朵

玫瑰 *Rosa damascena*

玫瑰花瓣可以制作出细腻的精油，带有微妙提神的香气，对肌肤有**治愈**、**修复**的功效。玫瑰精油主要有两种类型：一是玫瑰纯油，通过溶剂萃取而来；二是玫瑰油，通过蒸汽蒸馏而来，价格较为昂贵。同时，玫瑰还可以和**爽肤**花水一样，通过挤压玫瑰籽获得**滋润**的油脂。

花瓣
所有玫瑰都可食用。其色泽越深沉，香气越浓烈。

大马士革玫瑰
大马士革玫瑰主要生长在保加利亚、土耳其、巴基斯坦、印度、乌兹别克斯坦、伊朗和中国。它带有深厚浓郁的玫瑰花香。

花水
花水是精油蒸馏的副产品，可以用来保湿，并且是天然温和的防腐剂。

西洋玫瑰
最常见的西洋玫瑰来自摩洛哥、法国和埃及。它带有甜美微妙的芳香。

奇妙用途

修补并保护肌肤　玫瑰籽油对治疗毛细血管破裂、太阳晒伤、皮肤红疹、疤痕和妊娠纹具有很好的效果。直接在患处少量涂抹，或稀释一点玫瑰精油涂在皮肤上。

调节并舒缓肌肤　玫瑰籽油或稀释的玫瑰精油具有抗炎、镇静和舒缓的作用，易被快速吸收，对皮肤干燥、灼热、红肿、发痒破裂都有好处。

调理肌肤　优质玫瑰花水（也称为玫瑰纯露）是一种极好的爽肤水，特别是对于混合性肌肤和熟龄性肌肤而言。你可以用它取代较为刺激的合成产品，它可清爽和平衡各种类型的皮肤。玫瑰籽油可以用来爽肤，并有收缩毛孔的功效。

治疗青春痘　玫瑰籽油含有反式维A酸，可以在体内转化为维生素A，有助于治疗粉刺型皮肤和红斑痤疮。

对抗老化　玫瑰精油有助细胞和组织再生，保持肌肤弹性，减少眼角纹的出现，对于年

玫瑰精油有助细胞和组织再生，对于性、正常和成熟的肌肤都有益处。

轻的和熟龄的肌肤都很有好处。

滋养按摩　你可以直接在皮肤上涂抹玫瑰籽油，不过由于优质的果籽油价格不菲，所以可以将其与其他优质的基础油和精油混合在一起，制成滋润肌肤的按摩油再涂抹。在按摩混合油中添加玫瑰精油，作为全面滋养的成分，有助心脏和肺排毒，同时还可以缓解痛经。

提供优质油脂　玫瑰籽油含有ω-3脂肪酸，是最好的植物油之一，同时也是ω-6脂肪酸的优质来源，两者都与细胞膜和组织再生有关系。

抗菌作用　玫瑰精油具有抗菌属性，常用于化妆品中。研究证明，大马士革玫瑰精油对15种细菌具有抗菌作用。

提升幸福感　玫瑰精油具有提神功效，在数百年间一直被人们所推崇。

缓解压力　当你深感压力、情绪低落、头痛或悲伤时，可以选用玫瑰精油来进行香熏按摩。研究显示，它可以平缓呼吸，降低心率。

吃出美丽

花瓣　玫瑰花瓣通常在干燥后仅用来作装饰，但事实上只要它们是有机的，都是可以食用的。研究显示，玫瑰花瓣中抗氧化成分含量高，有助于对抗过早老化。摘掉味苦的白色底部，可将花瓣漂在夏日冰饮上，或撒在甜点或沙拉上，或加在果酱和醋中。也可在鲜果沙拉中淋上玫瑰花瓣糖浆，味道棒极了。

玫瑰籽油
玫瑰籽油富含ω-3脂肪酸和ω-6脂肪酸，可以帮助细胞膜和组织再生，并提供天然的维生素A。

玫瑰精油
这种精油丰富浓郁，是通过蒸汽萃取而成的，所以品质较好，价格也不菲。使用时仅需几滴即可达到效果。

配制香水

将玫瑰精油同天竺葵、玫瑰草、雪松和广藿香等精油混合在一起，可制成**浪漫的香水**。你也可以将其与鼠尾草精油或薰衣草精油混合在一起。

玫瑰纯油
玫瑰纯油是一种浓稠的浓缩液，通过溶剂萃取而成，带有淡淡的芳香。

干花
在花草茶中放入玫瑰干花瓣和花蕾，可以增添芬芳，它们具有镇静、温和利尿的作用。

山金车 *Arnica montana*

山金车花含有类似咖啡因的成分，具有**消炎**、**爽肤**的特性，可以治疗瘀斑和伤口。在化妆品配方中，它可以用来缓解浮肿，如眼周浮肿。山金车的萃取液可以**促进血液流动**和皮下**循环系统**，**恢复**气色。因为山金车可能有毒，所以在任何情况下都不要过量。

植株
花朵中含有类胡萝卜素和类黄酮，前者可以通过维生素A的形式保护肌肤，后者是一种抗氧化物质，具有一定的消炎作用。

乳霜
山车金乳霜和酊剂通常会通过浸泡整株植物制得，包括根部。

浸软油
浸软油（参见下方）通过浸泡山车金花朵制得，可以作为化妆品的滋润成分。

动手自制

制作浸软油 将选好的药草装入已消毒的干净罐子中，倒入橄榄油、葡萄籽油或葵花籽油之类的油作基础。在室温下存放，每天用力摇晃，持续2~6周，帮助其释放油脂。完全释放后，油脂呈暗金色，带有鲜明的木头味。然后用棉纱布将其过滤至已消毒的干净瓶中，并盖紧盖子，放在阴凉处保存。

奇妙用途

治疗划伤、擦伤和瘀斑 通过改善循环系统，山金车花可以起到快速有效的治疗效果。它可以被提炼成浸软油、酊剂或乳霜。这些制剂具有治愈功效，是治疗烧伤、瘀斑和伤口的传统良药。直接将它们涂抹在皮肤上，可以起到愈合伤口、擦伤和瘀斑的效果，但应避免直接用在受损肌肤上。

调节并舒缓肌肤 山金车精油和乳霜可以直接使用，有助于软化皮肤上的硬痂，也可以有效预防嘴唇开裂。

淡化伤疤 使用山金车精油，在皮肤上轻轻画圈按摩，有助于淡化妊娠纹。

改善肤色 使用山金车精油进行按摩，可以促进血液循环，并有温和美白的作用。将双手湿润后，滴上几滴山金车精油，在脸部轻柔地打转，可起到改善肤色的作用。

爽肤作用 山金车精油可以有助于减少蛛状静脉曲张。使用时，在患处滴上几滴，然后轻柔地打转。采用按摩的方式，可缓解肿胀和静脉曲张的痛楚。

消炎作用 常备山金车精油酊剂，可以缓解由昆虫叮咬造成的红肿发炎。

调理头发和头皮 山金车精油可以调理你的头发和头皮，把它当作一般的护发素即可。或者也可以用水将山金车精油化开，当作护发素来治疗头皮屑。在阿育吠陀医学（印度传统医学）中，它也用来治疗脱发。

缓解疼痛 按摩时使用山车金精油，可以缓解腰痛和由关节炎和风湿病造成的疼痛。

向日葵 *Helianthus annuus*

葵花籽可以制作出色泽浅淡的油脂，带有微妙的坚果香气，是极佳的按摩基础油，也可作为精油混合物的载体。葵花籽油富含维生素E、ω-6亚油酸和类胡萝卜素，有助于**修复**和**保护肌肤**。如果皮肤干燥粗糙，或者有湿疹和其他皮肤炎症时，可以用来**舒缓**、**滋润**受损的皮肤。

奇妙用途

修复和保护肌肤 葵花籽油富含维生素E，可以消除疤痕，抚平已有的皱纹，从整体上改善肤色。研究显示，葵花籽油有助于保护容易感染生病的早产儿的皮肤。同时它还有助于预防日晒损伤，并可进行晒后修复。双手湿润后将其擦于皮肤上，易被吸收，并且无需冲洗。

清洁爽肤 这种油功用广泛，可以去除灰尘和卸妆。涂抹后可以在皮肤上形成一层润肤保湿的保护膜，这是一种色泽浅淡的蜡质干性油，适用于各类皮肤，包括油性肌肤在内。其中的亚油酸具有爽肤作用，有助于缓解炎症，收缩毛孔。使用时，用手或用湿的脱脂棉、棉布、超细纤维布擦掉多余的油，并用温水洗干净。

治疗粉刺 这种油非常适合给粉刺型肌肤做清洁和保湿。它含有类胡萝卜素，是维生素A的植物来源。护肤品中的β-胡萝卜素有助于缓解红肿的痘痘和疤痕，甚至可改善暗沉的肤色。

调理头发和头皮 这种油可以服帖蓬松的头发，减少分叉。洗发前可用作头发护理，或者在潮湿的手中滴上一两滴，穿过发梢，以控制头发的卷曲。同时，它还适合于头皮按摩，可用来治疗头皮屑或脂溢性皮炎。

葵花籽油
这种轻质油富含维生素和矿物质，并含有卵磷脂，是一种天然的乳化剂，常用于自制水性乳液或油性乳液。

葵花籽
这种富含维生素E的油是用这些花籽制作而成的。

植株
向日葵的花瓣是可以食用的，色彩鲜艳，并带有坚果风味。这些花朵会有大量的小粒黑籽。

吃出美丽

葵花籽 葵花籽可以食用，具有利尿和抗氧化的功效。它们也是蛋白质和维生素B、维生素D、维生素E、维生素K的美味来源。

沙拉调味品 植物营养素加热后会被破坏掉，所以葵花籽油的最佳食用方式是作为沙拉调味品冷食。选用未提炼的葵花籽油，它保有花籽中较多的原始营养成分，风味也更为鲜明。

金盏花 *Calendula officinalis*

金盏花对皮肤具有**愈合**功效，可以用于浸剂、酊剂、流浸膏、乳霜或油膏中。它的**复原**特性，使其常用于保湿剂、防晒用品、护发用品和婴儿护理用品中。因其具有快速**平复**敏感肌肤和**修复**皮肤组织的功能，所以应用广泛，特别适用于敏感性肌肤和干性肌肤。

浸软油
在这种花当季时，可选用新鲜的花朵来制作这种具有疗效和舒缓作用的浸软油（参见26页）。

干花
不应季时，可选用干花来制作浸软油、浸剂或酊剂。

油膏
以金盏花萃取液为基底制成的乳霜或油膏，有助于治疗蛛状静脉曲张或痔疮。

植株
金盏花，也被称为金盏菊，是可以食用的，可以做沙拉和配饰菜，丰富色彩，增添营养。

奇妙用途

调理和舒缓肌肤 金盏花油与高效的天然树脂和香精油一样，富含抗氧化剂，有助于对抗炎症。草药医生将金盏花、紫草、松果菊和圣约翰草混合在一起，可以制成一种通用的护肤药膏。

修复和保护肌肤 金盏花油或乳霜是治疗伤口和皮肤溃疡的良方，可以缓解皮肤炎症。它具有温和的杀菌作用，所以也可用来预防感染。金丝桃软膏，是最天然的急救包的主要组成部分，由金丝桃属植物（圣约翰草）和金盏花混合而成。金盏花油膏同样也是产后修复会阴伤口的良方。人们也可以在日晒后涂抹金盏花油或乳霜，以保护肌肤。

保护牙齿和牙龈 含有金盏花萃取液的牙膏可以显著缓解菌斑、牙龈炎和牙龈出血。金盏花浸剂、酊剂可用作漱口水或漱口剂。

护理足部 金盏花油是治疗拇囊炎、肉赘和足部溃烂的传统药方。现代研究显示，采用一种金盏花的变种孔雀草（法国万寿菊）制成的乳霜，可以形成保护层，从而减小拇囊炎的大小，并缓解疼痛。但绝不可沉迷于这种花朵。

金盏花油富含抗氧化剂，有助于消炎。

甘菊 *Matricaria recutita*

甘菊具有温和的**收敛**、**抗菌**功效，可用来护肤和美容。精油通过肌肤表层渗透至内部，其**抗炎性**可以**修复**并**舒缓**皮肤炎症，辅助**治疗**口腔溃疡、湿疹、烧伤、青肿等。选购有机产品，在确保效力的同时，尽可能减少与有害化学用品或杀虫剂的接触。

奇妙用途

缓解皮肤敏感 甘菊具有消炎舒压的功效，适用于问题肌肤、过敏肌肤或敏感肌肤。用甘菊制成的乳霜和油膏，可以减轻皮肤瘙痒，如皮疹、乳头皲裂和水痘。对于湿疹，甘菊乳霜和油膏被证明与氢化可的松一样有效。

爽肤作用 甘菊的收敛性，使其可以用脱脂棉蘸取来清洁毛孔。可以试着在水中混入一点酊剂，注入浓烈的甘菊茶，或者在自制的清洁剂中加入这种油（参见103～105页的配方）。

治疗划伤、擦伤和瘀斑 其酊剂或油有助于治疗擦伤和划伤，甘菊的疗效已被证明比皮质类固醇更为快速。洗澡时滴上四五滴精油，可以愈合伤口或舒缓肌肤。

调理头发和头皮 虽然不会改变头发的颜色，但用甘菊浸剂清洗金色头发，可以提亮发色。在护发品中加入甘菊油，可以平复敏感或过敏的头皮。

缓解粉刺和疼痛 研究显示，甘菊含有两种强效的抗炎成分——没药醇和芹黄素。这两种成分缓解炎症的原理与NSAIDS（非甾体抗炎药）相似，如醋氨酚。没药醇常用于化妆品中，可以缓解炎症、发烧，甚至关节炎疼痛。

放松眼部 将温热湿润的甘菊茶包敷在疲劳的眼部，进行舒缓。这种疗法也可以用来缓解眼睛感染，如结膜炎。

花朵
使用新鲜花朵可以制茶和浸剂。可购买带有整颗花朵的茶包。

德国甘菊或蓝甘菊
这种植物带有苹果的芳香，在饮茶者中赫赫有名，同时也是完美的抗炎药剂。

德国甘菊精油
含有一种气味芬芳，具有消炎作用的成分，叫作兰香油薁，使这种油呈现出明亮的蓝色至深绿色。时间久了会褪色，但不会影响其功效。

制作香水
将甘菊精油同薰衣草精油、柠檬精油和玫瑰精油调配在一起，可以制成**微妙的镇静香水**。快乐鼠尾草精油、马郁兰精油和蓍草精油也是很好的配料。

酊剂
在酊剂中添加甘菊可以治疗小的擦伤、皮肤粗糙和昆虫叮咬损伤。

罗马甘菊植株
这种植物与其德国同类功效相同，但更为温和，此外还可以舒缓和软化肌肤。

罗马甘菊精油
与德国柑菊精油相比，这种油的兰香油薁含量低很多，色泽很浅淡。

助美丽的蜂产品

蜜蜂是一种奇妙的生物。它们给世界上85%的粮食作物授粉，同时它们还生产蜂蜜、蜂蜡和蜂胶，在数千年中，所有这些都被用来治疗肌肤问题。这三种原料因其具有**保湿**、**防腐**和**护肤**的特性而备受重视。蜂蜜用处广泛，从制作面膜到治愈伤口都可用到蜂蜜。

蜂蜜 ▶

治疗划伤、擦伤和青肿 蜂蜜是天然的抗菌剂、抗真菌剂和防腐剂。它含有过氧化氢，在一定程度是具有治疗作用。药用级的蜂蜜应用广泛，可以治疗各种类型的创伤，从小伤口和烫伤到皮肤溃烂均可治疗。

杀菌作用 蜂蜜是治疗感染性粉刺的传统药方。同时，经过研究，蜂蜜还可以对抗一种被称为MRSA（耐甲氧西林金黄色葡萄球菌）的细菌。

修复并保护肌肤 蜂蜜是天然的保湿剂（含有锁水保湿的成分），适合添加到护肤品中，特别是对于敏感性肌肤而言。

改善肤色 蜂蜜含有过氧化氢成分，所以它是天然、传统的美白护肤品。你可以直接涂抹，也可以将其当作原料，广泛地应用于各类产品中。

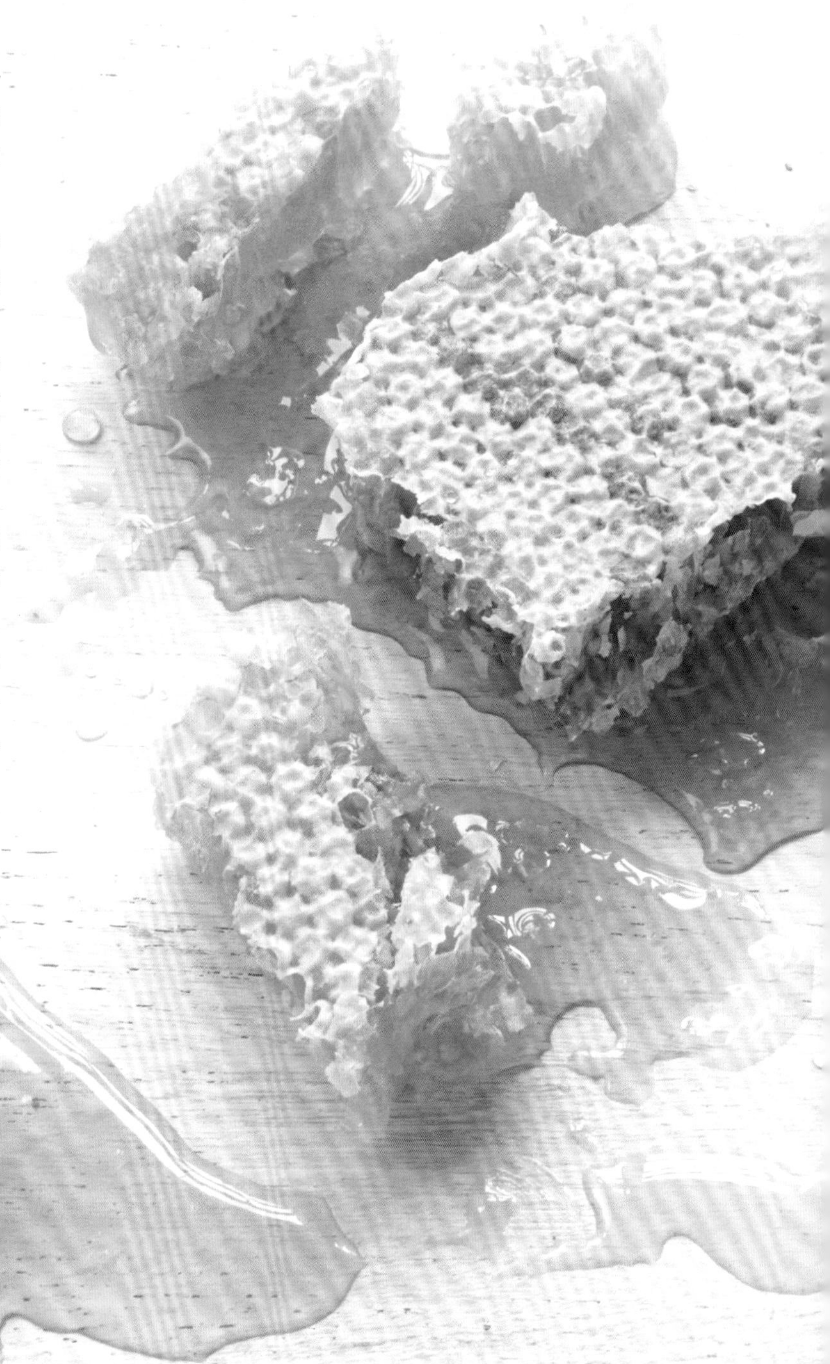

未经加工的蜂胶这种富含维生素的黏性树脂是直接从蜂巢上刮下来的。

蜂胶

杀菌作用 含有蜂胶的护肤霜已被证明对治疗烧伤、创伤、皮肤炎症以及其他皮肤损伤和腿部溃烂有帮助。

治疗粉刺 许多治疗粉刺的天然药方中会利用蜂胶的抗菌性。蜂胶有助于去除皮肤中由粉刺引发的细菌。

修复并保护肌肤 蜂胶中的酚类物质，特别是咖啡酸成分，比维生素C和维生素E都更为有效。这些使蜂胶具有抗氧化和抗菌的作用，适于加入防晒霜和烫伤膏中。它还有助于加快皮肤细胞的生长，增强循环系统功能，防止留疤。

蜂蜡

治疗划伤、擦伤和青肿 蜂蜡适合作为酊剂和药膏的基底，也可用来治疗烧伤、擦伤和炎症。它是护肤霜和药膏的理想原料。

调理并舒缓肌肤 蜂蜡赋予乳霜浓稠润滑的特性，非常适合干性肌肤。由于它可以深层保湿，会在皮肤表面形成一层防水层，对于牛皮癣和皮肤炎之类的皮肤问题非常适用。

修补并保护肌肤 作为天然的保湿剂，蜂蜡可以滋润肌肤。对于皲裂或因环境损伤的嘴唇和手部非常适用。

抗菌作用 研究表明，蜂蜡的抗菌性可以对抗葡萄球菌，还可以帮助治疗真菌感染，如念珠菌感染。

薰衣草 *Lavendula angustifolia*

薰衣草带有甜美**宁静**的芬芳，在所有精油中，其功效最多，应用也最为广泛。它具有使肌肤**再生**的作用，可**促进**健康的新细胞的生长，可加速**愈合**并防止留下疤痕。应对烧伤、创伤、叮咬和炎症这些皮肤问题时，薰衣草精油和花水具有**舒缓**、**平复**的作用。

薰衣草植株
花瓣的内涡中富含精油，用手指擦一下，可以释放出熟悉的清新花香，带有轻微刺激的甜美芬芳。

醒目薰衣草植株
醒目薰衣草（杂交薰衣草）或者宽叶薰衣草是杂交而成的薰衣草，带有相似的香气，但药效更好。它具有抗菌、滋润的特性，有助于保持肌肤健康。

奇妙用途

治疗划伤、擦伤和青肿 薰衣草精油对于治疗创伤、溃烂和各类疼痛，都有很好的疗效。它的抗菌性可以预防感染，同时还可以促进伤口愈合，减小疤痕。不同于绝大多数精油，你可以将其直接抹在肌肤上。作为急救包，它可以直接用于擦伤、伤口、烧伤和昆虫叮咬处。

爽肤作用 清洁后，可以把薰衣草花水（也称为纯露）当作有效的爽肤水，或者倒入喷瓶中，当作脸部爽肤喷雾来使用。它可以提神醒脑。其具有的杀菌性，使其很适合油性肌肤或容易长粉刺的肌肤。

调理舒缓肌肤 薰衣草花水对发炎或受损的肌肤具有再生的作用。薰衣草有助于平复皮肤炎症，如皮炎、湿疹和牛皮癣。加入乳液、按摩油和沐浴品中，有助于软化调理肌肤。某些商品中会掺入人工的芳香醇和乙酸芳樟酯，所以一定要在原料表中确认其拉丁名称——*Lavendula angustifolia*。

修复并保护肌肤 如果你的肌肤被晒伤了，喷一点薰衣草花水，可以使肌肤感觉清爽，有助于肌肤修复。

薰衣草油有助于睡眠，并具有减少压力和焦虑感的作用。

应对油性头发和头皮屑 洗头发时，在温水中混入精油，或者高浓度的薰衣草溶液，有助于应对油脂和头皮屑。同时也有助于治疗虱虫。

促进头发生长 研究显示，用薰衣草油按摩头皮，可以有效改善头发生长状态。

保护足部 薰衣草油具有杀菌除臭的功效，适用于足浴，或者用于按摩疲劳的足部，特别是在劳累一整天后。

舒缓压力 薰衣草油有助于睡眠安稳。它可以减少压力和焦虑感，这已通过脑电波活动科学的检测证实。用作按摩油时，它可以平复呼吸和心率。同时它还可以治疗由焦虑和神经衰弱引发的恶心反胃症状。

清新空气 薰衣草精油具有沁人心脾的清香和抗菌特性，是室内喷雾的理想选择，特别是病房。在120毫升的水中，或半水半伏特加中，加入5滴精油，然后倒入喷瓶中作室内喷雾使用。如果在使用前，将混合液静置若干小时，芳香会变得愈加浓烈。

吃出美丽

花朵 虽然薰衣草的花朵可以食用，但通常来说，最常见的用法是制成安神茶。睡前饮用，有助于缓解失眠，使人获得安稳的睡眠，或者在餐后饮用帮助消化。

花水
这种水，也被称为纯露，是精油蒸馏时的副产品。与精油相比，香气更为温和，但保留了植物的各项益处。

精油
薰衣草油是一种无色或浅黄色的液体，由新鲜花朵经过蒸汽蒸馏而成。

制作香水

将薰衣草精油同迷迭香精油和柑橘精油，如佛手柑、苦橙叶、柠檬、橙花和橘子等精油调配在一起，就可以自制**古龙水**了。

薰衣草干花
将薰衣草干花酿成溶液，可以当成爽肤水或洗发水来使用。

锦囊妙计

治疗头痛 薰衣草油是少数几种可以直接用于肌肤的精油。擦在太阳穴，可以缓解紧张性头痛，也可将两滴薰衣草油与两滴薄荷油混合在一起使用。

依兰依兰 *Cananga odorata*

依兰依兰充满异域情调的花香，可以**令人振奋**，在消除压力和焦虑感的同时，激发活力。这种精油得到过香水师的高度评价，并应用于许多常见的高档香水中。作为一种兼具**刺激**和**平衡**的精油，它适用于各种类型的肌肤。它是流行于19世纪的护发品马卡沙油中的关键原料。

制作香水

试着将依兰依兰精油与玫瑰木、雪松、黑胡椒和广藿香等精油调配在一起，可制成**温热辛辣的香水**。你也可以试着加入柠檬精油或玫瑰精油。

植株
这种藤状的热带植物的蜡黄色花朵，被认为具有催情作用。传统习俗中，人们会将这种花瓣撒在新婚夫妇的床上，它在激发情欲的同时，驱散紧张感和焦虑感。

精油
依兰依兰的花朵可以制成浅黄色的精油，充满异域风情的花香味非常甜美，并且令人难以抗拒，大量使用时，甚至会引发恶心和头痛。

锦囊妙计

治疗头皮干燥 在一茶匙橄榄油中加一两滴依兰依兰油，然后在晚上睡觉前按摩到头皮上。如果你的发质干枯，除了头皮以外，还可以用天然毛刷梳至发梢。

奇妙用途

治疗粉刺 依兰依兰油可以平衡皮脂的分泌，所以同时适用于油性肌肤和干性肌肤。作为护肤品的原料，依兰依兰对油性肌肤或问题肌肤具有很好的平衡作用。

爽肤作用 这种精油可以增加护肤品爽肤紧致的作用。它可以通过刺激循环系统来提亮肤色。

对抗衰老 用优质的基础油或天然护肤品稀释依兰依兰油，可以改善熟龄肌肤。

促进头发生长 这种精油可以滋润并刺激头皮，是促进头发生长的传统疗法。将少量精油与基础油，如葵花籽油，混合在一起，然后擦在头皮上。

抗抑郁症 依兰依兰具有镇静和抗抑郁的功效，对于整个神经系统具有滋补作用。

舒缓压力 在一茶匙的基础油，如杏核油或葵花籽油中，混入一两滴依兰依兰油，可制成简易的香水。它可以立刻激发情绪，还具有芳香理疗的好处，提高幸福感，减少焦虑感，降低心率和呼吸频率。

这种精油可以滋润刺激头皮，是促进头发生长的传统药方。

茉莉 *Jasminum officinale*

世界上虽然有超过200种茉莉，但仅有12种可以用来制作令人着迷、愉悦的精油，并得到香水师的认可。护理肌肤时，其**令人振奋**的香气，与其**清爽**、**舒缓肌肤**的功效几乎完全一样。茉莉精油可以作为令人愉快的香水直接使用，有放松心情、舒缓压力的作用。

奇妙用途

调理和舒缓肌肤 稀释过的茉莉油有助于治疗红肿、干燥、敏感和发炎的肌肤，尤其适用于精神紧张所导致的症状。

淡化疤痕 这种精油具有淡化红斑，缩小疤痕的作用，所以常作为抗妊娠纹配方的主要成分。你也可以将稀释过精油直接涂抹在疤痕上。

舒缓压力 吸入茉莉油带来的改变，可以通过脑电波检测出来。它可以缓解压力和精神抑郁，同时还可以增加精力和幸福感。芳樟醇，是茉莉精油中的天然成分，具有舒缓压力的作用。研究显示，吸入芳樟醇可以降低许多基因的活性，它们在压力下容易变得过于亢奋。

抗抑郁症 在基础按摩油或沐浴油中，加入茉莉精油，它具有很好的抗抑郁功效，可以快速提升幸福感和愉悦感。

吃出美丽

花茶 用茉莉花与绿茶一起制成花茶，带有淡淡的甜香，富含抗氧化成分，并带有令人放松的芬芳。

制作香水

将茉莉精油与玫瑰、橙花和依兰依兰等精油调配在一起，可以制成带有**迷人花香的香水**。也可以搭配橙皮油。

茉莉植株（*Jasminum officinale* Plant）
花朵中丰富饱满的芬芳通过溶解萃取而出，然后消散而去，留下特有的浓郁花香精华，充满异域风情。

精油
这种深色精油是一种传统的催情药。和许多浓香型精油一样，少许即可持续很长时间。

茉莉植株
（*Jasminum sambac* Plant）
这种阿拉伯茉莉，夜晚开花，可以用来制作中国茉莉花茶。

天竺葵 *Pelargonium graveolens*

令人吃惊的是，天竺葵精油是由叶片，而非这种欢快植物的花朵制成的。香叶天竺葵（*P.graveolens*），或者玫瑰天竺葵（rose geranium），是培育最为广泛的用来制作精油的品种。这种精油对肌肤具有**清爽**、**平衡**的作用，适用于干性或油性肌肤，或者易于长粉刺的肌肤。它的**再生**功效有助于恢复疲劳的肌肤。

精油
这种绿色或琥珀色的精油，在水果薄荷的基础上，带有浓郁甜美的花香味。

植株
这种开花植物的叶片经过压制，可以制得具有再生和抗菌功效的精油。

制作香水

试着将天竺葵精油与佛手柑、葡萄柚、广藿香、檀香和玫瑰木等精油调配在一起，制成**明快娇柔的香水**。

奇妙用途

调理和舒缓肌肤 天竺葵油适用于各类肌肤，对肌肤具有平衡作用。它可以清爽干燥敏感的肌肤并保湿，可将稀释后的精油涂抹于患处，但应避免碰到受损的肌肤。

修复和保护肌肤 稀释后的天竺葵油很适合晒伤的肌肤和疤痕，同时也有助于伤口和溃烂的皮肤愈合。

对抗衰老 天竺葵油的细胞再生功能，使其成为复原肌肤老化或抚平皱纹的灵丹妙药。

应对油性肌肤和头皮屑 在爽肤水或其他面部用品中加入天竺葵油，可以清洁和复原松弛或油性的肌肤。与基础油混合后，涂抹在头皮上，可以治疗头皮屑，平衡皮脂分泌。涂抹1小时后，正常洗净即可。

治疗粉刺 精油的杀菌和消炎作用，有助于控制粉刺。将精油稀释后，涂抹于患处即可。

应对头虱 试着在无香型洗发水中稀释一两滴天竺葵油，有助于消除头虱。

提升幸福感 这种精油用于洗澡或作为按摩油时，令人非常愉快。它具有平衡身心的作用，是不错的抗抑郁良方。

有助解毒 按摩时使用天竺葵油，有利尿作用，有助于水分和废物的排出，减少浮肿。

夜来香 *Oenothera biennis*

夜来香娇美的花朵是它美丽的名片，不过其灵魂核心是它的种子。它的种子可以制成**浓郁**、**滋润**的精油，对肌肤具有多重功效。这种精油富含天然的必需脂肪酸，如ω-6亚油酸，可以**强化**皮肤膜。同时，它还含有可以**抗衰老**的ω-3族γ-亚麻酸（GLA）。

奇妙用途

对抗衰老 夜来香中的γ-亚麻酸（GLA）拥有天然消炎和肌肤复原的功效，对于年老或与日晒相关的受损皮肤，具有恢复细胞活力的作用。

治疗粉刺 易于长粉刺的肌肤同样也需要保湿。这是一种干性精油，可以快速轻易地被肌肤吸收，并且不会阻塞毛孔。这种灵丹妙药可以治疗局部小问题，如斑点。使用时，可以直接涂抹在肌肤上。

调理和舒缓肌肤 虽然夜来香可以制成浅淡的干性精油，但它可以渗入肌肤，保持皮肤柔软、富有弹性。它的保湿成分使皮肤不易变干，不易长湿疹和粉刺。它可以通过增加细胞吸收氧气的能力，使细胞保持最佳状态，并可预防感染。你既可以直接使用这种精油，也可以自制产品或按摩油。配方中，精油的占比至少要有5%～10%，以确保其对肌肤的功效。

吃出美丽

补充剂 日常的夜来香补充剂可以有效改善肤色，增加细胞呼吸（肌肤细胞吸收和利用氧气的能力是健康肌肤的重要特征）。晒伤和环境损伤会导致皮肤过早衰老，夜来香可以使肌肤具有更好的复原能力。同时它可以增加前列腺素的水平，这种激素如果失衡，会使肌肤失去弹性、产生皱纹，并出现炎症。

植株
这种淡黄色花朵可以食用，可给沙拉和配菜增添色彩和营养。喷过杀虫剂的花朵绝对不可食用。

锦囊妙计

健康的指甲 每天用一两滴籽油给指甲做护理。这样做有助于调理角质，使角质软化，并可改善指甲脆弱易碎的问题。

补充剂
它们通常为胶囊状，内含浓缩的油脂。按时服用与在局部肌肤涂抹具有相同的功效。

精油
该精油是由这种植物的种子压制而成的。它不容易保存，所以最好以胶囊的形式保存，而不是放入开口的瓶中。

药草

薄荷 *Mentha piperita*

在肌肤上涂抹薄荷，可以使循环系统**功能增强**，使人首先感到**凉爽**、**清新**，之后感到微微**发热**。它具有**止痛**效果，可以用来治疗神经痛、肌肉疼痛和头痛。同时它也是很好的**抗菌剂**。许多美容用品中都会用到它。通常来说使用该精油前应先稀释，其在最终的混合物中所占的比例不应超过1%。

药草
作为最常见的医用薄荷品种，胡椒薄荷（*Mentha piperita*）是由水薄荷（*Mentha aquatica*）和绿薄荷（*Mentha spicata*）天然杂交而成的。

精油
薄荷油带有清新、刺激的薄荷醇味，色泽上从清透到浅黄色都有，同时轻薄如水。

茶叶
酿好的薄荷茶具有收敛性，适合作为爽肤水进行外敷。

制作香水

试着将薄荷精油与薰衣草精油、橙花油、柠檬精油和松油调配在一起，可以制成有助于**放松心情的香水**。还可以搭配桉树精油和迷迭香精油。

吃出美丽

药草茶 饮用薄荷茶，有助于开胃，并可以改善肌肤状况。

奇妙用途

清洁爽肤 在清洁剂和爽肤水中加入薄荷油及其萃取液，可以用来应对油腻并易长粉刺的肌肤。可以利用薄荷快速制作爽肤水，先酿制一些薄荷茶，放置冷却后，即可用来洁面爽肤。

调理和舒缓肌肤 在乳液和身体油中添加薄荷油，可以清爽并舒缓经日晒雨淋之后的肌肤。试着将一些酿好的薄荷茶或几滴精油放在一碗温水中混合，然后做足浴，令人感到清爽惬意，特别适合用来放松疲倦的足部。

抗病毒作用 薄荷油具有杀死病毒的功效，可以用来治疗疱疹，甚至可以治疗更为顽固的单纯疱疹病毒。只需取少许稀释后的精油，轻拍于患处即可。

抗菌作用 可以在唇膏和手霜中添加这种精油，它是一种有效的抗菌剂。

缓解叮咬 薄荷油是天然的驱虫剂，还可以缓解昆虫叮咬和其他炎症，如蜂群、毒葛和毒栎引起的皮肤问题。用基础油稀释后，轻拍于感染处即可。

去除体臭 薄荷油是除臭剂和足疗用品中的有效成分。其具有抗菌和除臭功效，可以用来对抗口臭，还可以用于牙科治疗。

调理头发和头皮 薄荷浓茶放凉后，可以用来洗头发，能提亮发色，治疗头皮屑。

减轻头痛 这种精油有助于清醒凝神。一直以来是治疗紧张性头痛的安全有效的良方，功效与扑热息痛之类的常规药物相似。在稀释后的薄荷溶液中加一滴桉树精油，可以增强效力。

香蜂叶 *Melissa officinalis*

香蜂叶也被称为蜜蜂花。这种精油具有**提神**的柠檬香气，对于皮肤炎症和肌肤过敏问题具有**镇静**、**消炎**的功效，所以常被用于护肤品中。它可以辅助**治疗**湿疹和溃烂之类的皮肤疾病。通常来说，这种精油需要充分稀释，在最终成品中所占的比例不应超过1%。

奇妙用途

调理和舒缓肌肤 充分稀释后的蜂花油，对发炎过敏的肌肤具有镇静作用。可以用它来治疗皮肤溃烂和湿疹的问题，特别是这些疾病与精神压力有关时。它可以缓解由昆虫叮咬造成的红斑和炎症，也适用于太阳晒伤引发的皮肤病，但是不可直接涂抹在皮肤上。

改善肤色 蜂花油是自制爽肤水的绝佳原料。它可以促进血液循环，提亮面色，同时可以紧致肌肤，改善肤色。

对抗衰老 这种精油中的抗氧化成分出奇的高，有助于对抗由于自由基损伤造成的皮肤老化问题。

修复并保护肌肤 香蜂叶中的两种化合物——咖啡酸和阿魏酸，已被证实可以深入皮肤内部，保护肌肤免受紫外线伤害。

杀菌抗病毒 这种精油具有抗菌性，可用来治疗粉刺和其他皮疹。同时它还有助于对抗疱疹病毒，可以用来治疗疱疹，将酊剂或稀释后的精油轻拍于患处即可。

缓解头痛和偏头痛 蜂花油具有提神的香气，可以治疗偏头痛和头痛，特别是这些与肩颈紧张有关。

吃出美丽

药草茶 饮用香蜂叶茶，可以提神，缓解神经衰弱。此外，还可以治疗紧张性头痛和偏头痛。

药草
香蜂叶是薄荷家族的一员，具有与薄荷相似的抗菌功效。原产于中南欧地区。

精油
这种金黄色的油也被称为蜂花精油，带有柠檬味和草本香气。其具有使人心旷神怡的效果，所以广受芳疗师们的欢迎。

制作香水

试着将蜂花精油与天竺葵、玫瑰、茉莉等精油以及选好的柑橘精油调配在一起，制成一种可以**提神的香水**。甘菊精油和薰衣草精油也是不错的搭配。

广藿香 *Pogostemon cablin*

这种药草的叶片制成的精油具有**激发**、**强化**的功效，可以帮助肌肤组织**再生**，具有淡化疤痕组织和妊娠纹的功效。同时它还可以**复原**老化肌肤，减少皱纹。其**抗菌性**可以用来治疗问题肌肤，如粉刺。其醉人的芳香有助于排除压力和焦虑感。

叶片
维多利亚时代，广藿香叶在运送到英格兰的途中，会被放置于印度羊绒披肩之间，以免其受到飞蛾的侵扰。

药草
广藿香原产于马来西亚和印度。芳香的嫩叶经过蒸汽蒸馏后可获得这种精油。

制作香水

试着将广藿香精油与雪松、生姜、檀香、香草等精油和选好的柑橘精油调配在一起，可以制成**充满阳刚和泥土气息的香水。**

精油
除了有刺激作用，广藿香油还带有木头味和麝香味，辛辣刺激，颇受香水制造商的赞誉。不同于绝大多数精油，这种精油历久弥香。

奇妙用途

修复并保护肌肤 广藿香油具有再生功效，可以减少皱纹、疤痕和妊娠纹。在血清、乳液和乳霜中添加后，可制成治疗蛛状静脉曲张的传统药方。对于粗糙、破裂、脱水的肌肤而言，它也是极好的保湿剂。

杀菌作用 广藿香油有助于治疗粉刺、油性肌肤、泪囊炎和脓疱。它具有抗真菌作用，可以治疗足癣和其他真菌感染。

清爽肌肤 广藿香油是不错的收敛剂，可以平衡皮脂分泌，修复油性和粉刺型肌肤。

驱虫作用 广藿香油是极好驱虫剂，紧急情况下，可以直接涂抹在皮肤上，有助于缓解昆虫叮咬。

舒缓压力 在芳香疗法中使用广藿香油，可以缓解神经衰弱、精神紧张和焦虑感。

解毒作用 在按摩油中添加广藿香油，可以最大限度地发挥其利尿作用，有助于对抗水肿和脂肪堆积。

催情作用 令人兴奋的广藿香是传统的催情药，据说可以驱散紧张感和昏睡感。

广藿香油是极好的驱虫剂。

迷迭香 *Rosmarinus officinalis*

这种原产于地中海地区的植物具有**清洁**功能。它的活性成分有鼠尾草酸和迷迭香酸，前者有**防腐**和**抗氧化**作用，后者可以**消炎**。它可以**促进**血液和淋巴液循环，是治疗肤色暗沉和头皮问题的良方。通常使用前要充分稀释，其在最终产品中所占的比例不应超过1%。

奇妙用途

滋润肌肤和头发 迷迭香油具有收敛性，是很好的爽肤水和平衡型护发素，可以治疗脱发及头皮屑。使用时，直接用基础油稀释即可。

对抗衰老 不论是饮用迷迭香茶，还是用精油或酊剂按摩，迷迭香中大量的抗氧化剂有助于减少炎症，预防氧化损伤。氧化损伤会导致过早衰老。

滋养按摩 按摩时，迷迭香油可以刺激淋巴系统，帮助机体排毒，治疗脂肪堆积和水肿。它的温热功效很适合在运动前后放松肌肉、缓解酸痛。

驱虫作用 迷迭香油有助于去除虱子和治疗疥疮。将酊剂直接轻拍于溃烂处和昆虫叮咬的地方，可以减轻炎症，加速皮肤愈合。

抗氧化作用 迷迭香油中的鼠尾草酸是一种强效抗氧化剂，可以作为产品中的天然防腐剂。近期研究显示，它可以预防长波紫外线（UVA）对肌肤细胞的损伤，意味着它具有防晒的功效。

增强注意力和记忆力 迷迭香油可以振奋精神，有助于集中注意力和增强记忆力。在人疲劳虚弱、无精打采的时候，可以使人恢复精力。倒些在手上，有助解除时差带来的疲惫感。

动手自制

制作酊剂 在大号罐子中，放入四分之三新鲜或干燥的药草。上面倒500毫升的伏特加、白兰地或者苹果醋，并进行搅拌。密封后，在阴凉处存放至少3周，每周摇晃3次。最后，用棉纱布将其过滤至深色瓶中。

药草
新鲜或干燥的迷迭香是常用的厨房原料。除了可以增添风味，还可以作为防腐剂，杀灭引起食物中毒的细菌。作为茶饮还可以改善消化不良。

精油
这种精油是新鲜花冠经过蒸汽蒸馏而成的。在中世纪，人们相信这种精油的浓烈洁净气味可以击退恶魔，使人免受瘟疫之灾。

酒精浸泡
在水中稀释酊剂，可以缓解头痛和消化问题。

酊剂
将迷迭香酊剂涂抹于伤口和痛处，或者用水稀释后可做成护发素。

制作香水

将迷迭香精油与薄荷、薰衣草、柏树、橙子和苦橙叶等精油调配在一起后，其气味**芳香清新**，可使人思路清晰。

鼠尾草 *Salvia officinalis*

鼠尾草具有**收敛**和**消炎**作用，有助于**清爽**肌肤。它含有迷迭香酸，具有强力**抗菌**、**除臭**功效。它还有温和的利尿作用，有助于**排毒**。同时它可以**促进**循环，使人凝神静心。使用时应充分稀释，不要过量使用，**避免在孕期使用**，否则容易引发疾病。

药草
它的名字出自拉丁语“*salvare*”，意为治愈或挽救。

制作香水

试着将鼠尾草精油与佛手柑、苦橙叶和薰衣草等精油调配在一起，可以制成**提神的古龙香水**。柠檬精油和迷迭香精油也是不错的搭配。

精油
这种精油带有刺激的草本味，可以用来应对疲劳感和紧张感。

锦囊妙计

喉咙保养 使用浓茶，或者在水中倒点酊剂，可以作为有效杀菌的漱口水或漱口剂，治疗口腔溃疡、齿龈炎、口臭和喉咙痛。

奇妙用途

调理和舒缓肌肤 在油膏和洗涤剂中加入鼠尾草油，可以治愈伤口和擦伤。稀释后的精油还有助于疱疹结痂，减轻湿疹和牛皮癣症状。

改善肤色 鼠尾草油或草药溶剂可以加快血液流动，缩小毛孔，从而改善肤色。

对抗衰老 鼠尾草油中的抗氧化成分有助于延缓衰老，并减少自由基对人的危害。

滋养头发 鼠尾草油可作为护发素，能控制头皮屑，使银发重现亮丽光泽。使用时，先用水或醋稀释即可，将其涂抹在头发上，静置几个小时，然后正常洗头发即可。强化治疗时，可以放置一整夜。

缓解压力 这种精油可以改善神经系统，增强机体力量和活力。在任何压力环境它都可以起镇静作用。

去除体臭 在天然除臭剂中添加精油或酊剂，有助于杀死那些导致体臭的细菌，并带来长久的自然清香。足浴时添加此物，可以舒缓并消除足部的疲劳。

吃出美丽

药草茶 研究显示，如果按时饮用鼠尾草茶或将其作为补充剂服用，可以减少出汗过多的情况，特别是在更年期。

百里香 *Thymus vulgaris*

千万不要被这些小叶片所迷惑，这种芳香的、含有树脂的药草威力很大。自古以来，百里香都被用于沐浴，以**缓解**疼痛。百里香中的活性成分百里香酚，具有很强的**杀菌**作用。它的香气可以**激发**情绪、**提神醒脑**。这种精油对于肌肤具有**温热**、**清爽**的作用，有助于加快血液循环。

奇妙用途

调理和舒缓肌肤 百里香油和酊剂可以有效地治疗湿疹，不过一般应稀释后再使用。不要给过敏或受损的肌肤，或两岁以内的婴儿使用。

改善肤色 稀释后的百里香油和酊剂对于循环系统具有促进和强化的作用，有助于提亮肤色。抗氧化的酚类和黄酮类物质可以防护自由基的损伤。

治疗粉刺 实验室检测显示，百里香酊剂比过氧化苯甲酰（绝大多数抗粉刺乳霜或洗护用品的活性成分）更为有效，可以杀死痤疮丙酸杆菌，这种细菌会使皮肤毛孔感染，形成斑点、粟粒疹和青春痘，从而引发粉刺。

杀菌作用 将百里香油充分稀释后，用敷布蘸取，可以治疗感染、疖子和溃烂。它还有助于根除身体或头上的虱子和疥疮，同时还可以有效地治疗白念珠菌（*Candida albicans*），以及指甲的真菌感染和足癣。

调理头发和头皮 在护发素和头皮护理品中，加入百里香油或酊剂，有助于清除头皮屑和缓解脂溢性皮炎之类的问题。

缓解疼痛 在温热的擦剂和乳液中混入这种精油，非常适合擦在疼痛的关节和肌肉上。

舒缓压力 用百里香油调制而成的按摩油，可以在焦虑紧张、情绪低落的时候，助你恢复信心、改善睡眠质量。

药草
这种娇美的药草，带有刺激的芳香，是常见的厨用和医用药草。

精油
它具有很强的抗菌性，并且是天然的防腐剂，所以使用时，浓度不应超过3%。

制作香水

将百里香精油与薰衣草、葡萄柚、松木和迷迭香等精油调配在一起，可以制成**提神、令人兴奋的香水**。丁香精油和柠檬精油也是不错的搭配。

锦囊妙计

制作抗菌乳液 在水中掺入百里香酊剂，可以制成抗菌剂，用于治疗划伤、擦伤或口腔溃疡。你还可以用新鲜的药草酿制出浓茶，以替代酊剂。

酊剂
这种药草的防腐成分在酒精基底中保持活性（参见41页）。

茶 *Camellia sinensis*

茶，特别是绿茶和白茶提取物，是常见的化妆品原料。茶提取物具有**消炎**和**抗癌**作用，有助于**防护**晒伤和环境损害，并具有**抗衰老**的功效。由于种茶时会使用大量的杀虫剂，所以应选择有机品种，以获得最佳的营养成分。

绿茶
制作这种精致的茶叶时，稍经蒸汽加工，然后将新鲜采摘的茶叶烘干。它富含一种抗氧化的茶多酚，称为儿茶素。

白茶
这种茶来自于茶树的芽和叶，会在日照下枯萎，然后稍经加工以保留其抗氧化成分，或者进一步加工成人们日常饮用的茶。

黑茶
发酵和烘干，会赋予黑茶一系列不同的抗氧化成分——绝大多数的茶黄素和茶红素，这些元素同样存在于绿茶中。

锦囊妙计

护发素 制作一份浓稠的绿茶汁，可以给头发增添光泽。放凉后，充分涂抹在头发上。保持10分钟后，正常洗头发即可。

奇妙用途

对抗衰老 茶提取物富含抗氧化剂。加到化妆品中，有助于延缓由炎症和氧化应激导致的过早衰老。绿茶中含有抗氧化的儿茶素，无论是外敷，还是饮用，都可以增强肌肤对抗紫外线的防护功能，避免皮肤过早老化。

清爽肌肤 由于茶中含有咖啡因、β-胡萝卜素和维生素C之类的活性成分，以及抗氧化的茶多酚，其提取物可以加快循环，改善肤色和肌肤组织活性。

日晒防护 黑茶、绿茶和白茶都有吸收紫外线的功效，用于局部位置时，可以防护日晒。但是切不可仅依靠茶提取物来防晒。

排毒作用 茶具有温和收敛的功效和利尿作用，有助于缓解浮肿和水肿。

吃出美丽

绿茶 一杯绿茶会有抗过敏的功效，比如对抗花粉热、缓解湿疹的症状等。

白茶 每天饮一杯白茶，有助于降低患癌症、风湿性关节炎的风险，也可减少皱纹。

圣约翰草 *Hypericum perforatum*

众所周知，圣约翰草与**镇静剂**一样有效，可以提升情绪，缓解抑郁。而其作为酊剂或浸软油进行外敷时的功效则少有人知。它对肌肤具有**消炎**作用，对神经疼痛具有**镇静**功效，可以**愈合**小伤口和被擦伤的皮肤。

奇妙用途

调理和舒缓肌肤 圣约翰草浸软油对于由湿疹、牛皮癣和狼疮引发的皮肤炎症具有缓解作用。外敷精油、酊剂或浓茶，可以治疗唇疱疹和病毒性皮肤损伤。这种精油可以直接涂抹，不过它会增加皮肤的光敏性，所以切不可在晒太阳前使用。

治疗划伤、擦伤和青肿 圣约翰草油或酊剂是治疗神经痛、关节炎和肌腱炎的灵丹妙药，此外还可以缓解皮肤溃烂、烫伤、晒伤、划伤和擦伤的疼痛和炎症。你也可以将酊剂轻拍在伤口上。

缓解肌肉酸痛 圣约翰草油有助于缓解肌肉疼痛。作为按摩油，效果最佳。

抗抑郁作用 这种药草可以舒缓神经，是温和缓解抑郁和更年期焦虑的良方。圣约翰草的安神、抗抑郁功效还可以提高睡眠质量，使人获得健康的肌肤和发质。

圣约翰草具有安神、抗抑郁的功效，可以助你安眠。

药草
对于这种黄色花朵的药草的利用可以追溯到古希腊，古希腊人相信其可以保护他们免受恶魔的侵扰。如今，它则作为有效的抗抑郁药而闻名。

酊剂
圣约翰草作为酊剂（参见41页），有助于让药草的活性成分快速进入血液循环中去。

浸软油
制作这种深色精油时，将新鲜的花朵浸泡于一种基础精油中，如橄榄油（参见26页），其具有消炎止痛的功效。

金缕梅 *Hamamelia virginiana*

金缕梅具有**收敛**、**凉爽**和**清新**的功效，通常作为溶剂或药草水（也称为纯露），用来让皮肤**清洁**、**凉爽**、**焕然一新**。它富含抗氧化的酚类和单宁，可以**平复**皮肤炎症，**缓解**皮肤的过敏、粗糙和疼痛症状。金缕梅还可以被用来清洗伤口，并治疗青肿和溃烂的皮肤。

细枝
金缕梅萃取液是灌木的细枝经过蒸汽处理而来的。

药草
金缕梅原产于美洲，作为治疗肿胀、炎症和皮疹的外用药，已有很长的历史了。

药草水
你从大多数药剂师那所购买到的金缕梅萃取液，都是细枝经过蒸汽处理的馏出液，有些人会觉得它的收敛性太强。药草水（纯露）作为这种加工方式的副产品，对于肌肤的作用则较为温和些。

奇妙用途

应对油性肌肤 蒸馏而来的金缕梅油适用于绝大多数皮肤类型，不过对于非常干燥的皮肤它的作用可能会过于强烈。它对于平衡油性肌肤和对抗晒斑特别有效，可以直接轻拍于面部，或者将其制成产品。

调理和舒缓肌肤 金缕梅是镇静湿疹、牛皮癣和过敏之类的皮肤问题的传统药方，并且可以直接用于患处。

收敛作用 它的收敛性对于缓解静脉曲张和收缩蛛状静脉曲张同样有效。

治疗划伤、擦伤和青肿 对于皮肤轻伤，金缕梅可用来给伤口清洗消毒和止血。它有助于治愈青肿、昆虫叮咬，并可有效敷治扭伤。

放松眼部 使用金缕梅药草水，可以消除眼部疲劳，去除眼袋和浮肿。将化妆棉或面巾在药草水中浸一浸，然后敷在闭合的眼睛上，放置20分钟。

金缕梅特别是适于平衡油性肌肤和干燥的斑点。

琉璃苣 *Borago officinalis*

琉璃苣制成的调理油，富含亚麻酸（GLA），这是具有**消炎**作用的必需脂肪酸。它可以**修复**肌肤，特别是那些由晒伤或老化造成的肌肤损伤。使用时加少许精油，有2%~10%即可。

奇妙用途

调理和舒缓肌肤 琉璃苣油中含有油酸、棕榈酸和硬脂酸，使其具有润肤作用。亚麻酸（GLA）具有抗炎性，可以缓解湿疹、牛皮癣和脂溢性皮炎。无论是作为补充剂口服，还是直接涂抹在肌肤上，都具有美白的效果。这种精油不易存放，所以自制时最好做成胶囊状，而不是放在开口瓶中保存。干燥的药草可以制成药草茶，或者用棉球轻拍于肌肤的患处上。

对抗衰老 琉璃苣油对于肌肤具有舒缓、滋润、治愈和提高弹性的功效。它的再生性使其尤为适合熟龄肌肤。同时它还可以阻止水分的流失，增强肌肤细胞活力。

强化指甲 琉璃芦油中的亚麻酸（GLA）有助于强化指甲，并保持角质健康。使用时，直接抹上去即可。

种子
琉璃苣通过大规模的商业种植，以获得富含油脂的种子。

药草
这种植物的嫩叶有黄瓜味，可以加在鸡尾酒或沙拉中，同时其花朵可作为增色的配菜食用。

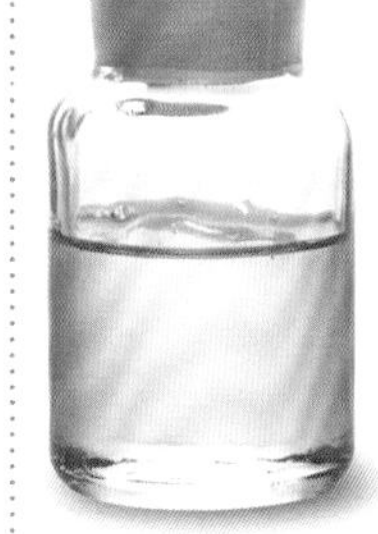

籽油
这种油中约24%为具有消炎性的亚麻酸（GLA），含量超过夜来香或黑醋栗的籽油。

紫草 *Symphytum officinale*

紫草是辅助**治疗**划伤、擦伤和骨伤的传统药方。它还具有**消炎**和使皮肤**复原**的功效。叶片富含单宁和尿囊素，有助于预防水分的流失，可**促进**细胞生长和修复。

奇妙用途

调理和舒缓肌肤 紫草含有尿囊素，具有愈合和消炎的功效。它适合各类肌肤，对肌肤发炎、干燥和破裂特别有效。

日晒防护 紫草含有迷迭香酸，具有消炎和抗氧化的作用，使皮肤免受紫外线损伤。

治疗划伤、擦伤和青肿 自古以来，紫草酊剂、油膏、乳霜或浸软油就被用来治疗伤口、溃烂、昆虫叮咬和其他皮肤炎症。它的杀菌性有助于防止伤口感染。因紫草会在内部伤口治愈前使表面愈合，所以不能用于很深的伤口或易感染的皮肤上。

滋养头发 将紫草叶浸泡在热醋中，放置冷却，然后用来冲洗头发，可使头发柔软且易于梳理。

药草
叶片含有尿囊素成分，有助于皮肤的新细胞生长，并与其他成分一起缓解炎症，保持肌肤健康。

浸软油
这种油可以在皮肤上大面积涂抹，有助于扩大疗效。

柠檬草 *Cymbopogon citratus*

柠檬草是一种效力很强的兴奋剂，可以**令人神清气爽**，并具有**收敛**作用，适合油性或易于长粉刺的肌肤。它还可以**缓解疼痛**，具有很强的**抗菌**作用，有助于治疗划伤、擦伤和蚊虫叮咬等皮肤问题。此外，它还可以作为**驱虫剂**。通常来说，使用前先将精油稀释，其在最终的混合物中所占的比例不应超过1%。

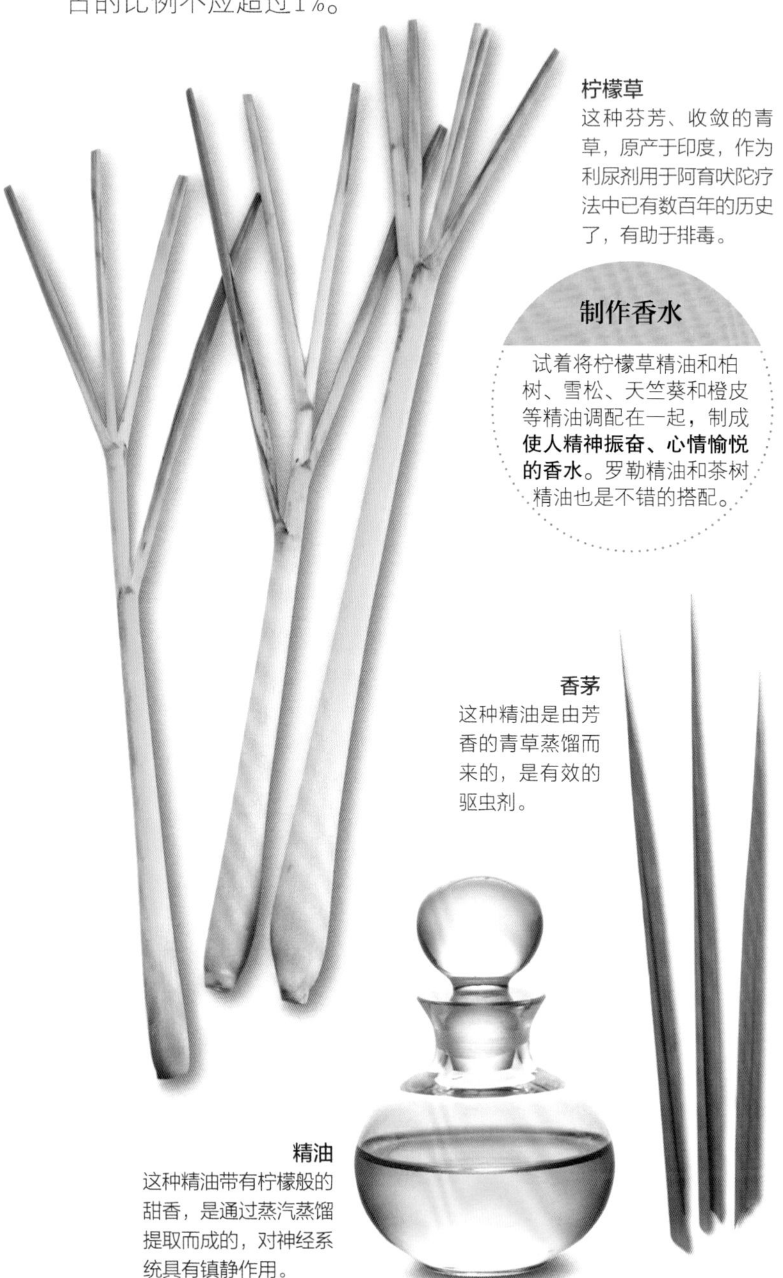

柠檬草
这种芬芳、收敛的青草，原产于印度，作为利尿剂用于阿育吠陀疗法中已有数百年的历史了，有助于排毒。

香茅
这种精油是由芳香的青草蒸馏而来的，是有效的驱虫剂。

精油
这种精油带有柠檬般的甜香，是通过蒸汽蒸馏提取而成的，对神经系统具有镇静作用。

制作香水

试着将柠檬草精油和柏树、雪松、天竺葵和橙皮等精油调配在一起，制成**使人精神振奋、心情愉悦的香水**。罗勒精油和茶树精油也是不错的搭配。

奇妙用途

收敛作用 柠檬草油对肌肤有收敛和抗菌作用。用于面部蒸汽法，可以给肌肤做深层清洁，缓解毛孔粗大和阻塞的问题。

修复并保护肌肤 这种精油有助于治疗皮肤问题，如粉刺、湿疹和足癣。

清爽肌肤 药草水（也称为纯露）是制作精油的副产品，并保留了植物的精华。可用于护肤乳液和乳霜中，或者将其当成爽肤水使用。

应对体臭 柠檬草油的清新芳香和抗菌作用，有助于解决汗水过多的问题。由于其活性成分，如柠檬醛和月桂烯，具有杀菌作用，所以可以用来除臭。

驱虫作用 柠檬草油是天然驱虫剂的主要成分，可以对抗蚊子和跳蚤。这种精油还可以应对虱子、疥疮和蜱虫。另一品种是香茅，驱虫效果更好，是天然杀虫剂的主要成分。

抗抑郁作用 这种精油还具有温和的抗抑郁作用。吸入柠檬草油可以缓解压力和神经衰弱。

缓解头痛 柠檬草油可以缓解头痛和时差给人体带来的不适。

吃出美丽

花茶 这种美味可口的药草茶（参见另一侧），可以提高情绪和集中力。同时还有助于消化和排毒。

柠檬草茶 制作柠檬草茶时，每一杯中加2茶匙切碎的茎梗或干叶，用开水浸泡5分钟，然后过滤、饮用。

玫瑰草 *Cymbopogon martini*

玫瑰草油是由这种芳香的青草蒸馏而成的，它与柠檬草是“近亲”，野生于印度。这种精油带有甜甜的玫瑰花香，令人心情愉悦。它以护理皮肤闻名，具有**平衡**作用。它有助于给干燥的肌肤**补水**，或者使油性肌肤的皮脂分泌恢复正常。同时它还可以**调理**疲劳或衰老的肌肤，使其**复原**。

制作香水

试着将玫瑰草精油与玫瑰、天竺葵、葡萄柚和依兰依兰等精油调配在一起，可以制成**充满活力和花香的香水**。檀香精油和橘皮精油也是不错的搭配。

青草
玫瑰草这种芳香的青草，与柠檬草和香茅同属于一个大家族，带有玫瑰的香气，而非柑橘味。

药草水
这种草药水与所有纯露一样，保留了植物的香气和活性成分，不过更为稀薄，所以可以直接用于皮肤或头发上。

精油
制作这种精油时，可在植物开花前，采集干燥的青草，经过蒸汽蒸馏将其提取而成。有时玫瑰草也会被称作印度或土耳其天竺葵。

锦囊妙计

面部蒸汽 在一大碗开水中加几滴玫瑰草精油，进行面部蒸汽护理，可以使毛孔通畅，调理疲倦的肌肤，并使皮肤紧致。可找块毛巾，将面部和蒸汽碗一并包围上。

奇妙用途

修复并保护肌肤 玫瑰草油对各类肌肤都有平衡补水作用。它有助于缩小疤痕和妊娠纹。可将玫瑰草油在浅淡的基础油中稀释，如扁桃仁油，然后涂抹在患处。

改善肤色 在护理脸部和身体的产品中加玫瑰草油，可以从整体上改善肤色。

对抗衰老 玫瑰草油可以刺激细胞再生，减轻皱纹和细纹。作为护肤品的原料，它有助于提亮疲劳或衰老的皮肤。

抗菌作用 这种精油和花水是控制油性肌肤的有效成分，还可以治疗粉刺、皮炎、足癣和轻微的皮肤感染。

缓解压力 在按摩油中加入玫瑰草油，可以提振精神，舒缓情绪，增强身体机能。它有益于缓解压力、精神紧张和焦虑感。

催情作用 这种精油在安抚神经的同时，还可以提振精神，并为其带来催情良药的美誉。

玫瑰草油可以促进细胞再生，并减少皱纹和细纹的出现。

芦荟 *Aloe barbadensis*

芦荟凝胶出现在数以百计的美容品中。对于烧伤的患处，它具有**清凉**的效果，有助于伤口**修复**和**愈合**，同时可以**缓解**湿疹和牛皮癣之类的肌肤问题。直接使用芦荟，效果最佳。如果你无法直接从芦荟叶上收集新鲜的汁液，可以寻找100%的芦荟汁产品和纯凝胶，而不是从浸渍过的叶片上萃取得到。

奇妙用途

治疗烧伤和其他伤口 芦荟常常会当做是治疗烧伤的植物，因为这是凝胶和花水外敷时最常见的使用方式，可以治疗多种烧伤，从太阳晒伤到更为严重的烫伤和灼伤均可治疗。芦荟有助于软化小伤口附近的肌肤，防止它们在愈合时变得干燥。

调理和舒缓肌肤 芦荟凝胶和药草水具有消炎作用，有助于舒缓日晒过多的肌肤。同时它还可以防止组胺的形成，对过敏性体质有帮助，如接触性皮炎。此外它已被证明有助于治疗牛皮癣。

改善肤色 凝胶和花水有助于淡化暗斑。

清爽肌肤 芦荟汁可用来清洁皮肤或改善油性肌肤。每天可根据需要与爽肤水一起使用。

治疗粉刺 芦荟成分中的抗菌性有助于杀死引发粉刺的细菌。

对抗衰老 在美容品中加入凝胶或汁液，有助于肌肤补水保湿。同时还可以抚平皱纹和细纹。

调理头发和头皮 芦荟萃取液中的天然水杨酸有助于去除头皮上的头皮屑。对于脂溢性皮炎，芦荟已被证明可以缓解多鳞发痒的症状。

护理牙齿和牙龈 你可以将新鲜的芦荟凝胶稀释成汁液，作为漱口水或牙膏的成分。用来漱口时，它还可用来治疗齿龈炎（一种口腔炎症），去除唇疱疹和口腔溃疡。在牙龈上涂抹新鲜的芦荟凝胶，有助于缓解疼痛和炎症。

须后护理 男士可以把芦荟凝胶当作须后膏来使用。它可以缓解过敏发炎的肌肤，促使伤口和疤痕的愈合。

叶片
在超过200种以上的芦荟中，仅有两种得到商业化种植——库拉索芦荟（*Aloe barbadensis miller*）和木立芦荟（*Aloe arborescens*），其中前者应用最为广泛。

汁液
这种汁液在洁面膏和润肤霜中的应用越来越多，它可以软化并保护肌肤。

凝胶
新鲜凝胶从叶片中获取，并且不做任何添加。如果你希望使用由增稠的汁液制成的凝胶，就需要确保芦荟（库拉索芦荟）是主要成分，而不是水分或增甜剂为其主要成分。

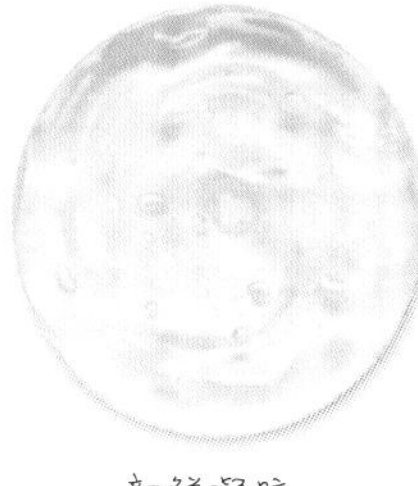

新鲜凝胶

汁液凝胶

鳄梨 *Persea gratissima*

鳄梨富含维生素、矿物质、健康脂肪、卵磷脂和植物固醇（植物激素），所有这些对于身体的内外伤皆有疗效。这种油十分**滋润**，可以**复原**肌肤。无论是口服还是外敷，鳄梨都可以深层**滋养**肌肤，有助于对抗与疾病和皮肤过早老化有关的自由基。

果油
这种深绿色的果油是由鳄梨果肉压制而成的，它不稳定，应放入深色瓶中，在凉爽处保存。使用时，最好与其他载体油一起稀释至10%。

果实
鳄梨除了富含维生素A、维生素B_1、维生素D和维生素E，泛酸、蛋白质、卵磷脂和脂肪酸以外，还有大量抗氧化成分。

奇妙用途

调理肌肤和头发 鳄梨油有助于给干燥的肌肤补水，促进皮肤细胞的再生。这种油中脂肪酸含量高，意味着它非常适合用来护理足部、膝盖和肘部的肌肤，修复因造型、日晒或寒冬造成的头发损伤。它可以直接涂在小块的非常干燥的肌肤上。因为它比较黏稠，如果要每天使用的话，可以与较为稀薄的油一起调配，浓度为10%～25%。将新鲜的鳄梨捣成细腻的糊状，制成可以深层滋养、舒缓各类肌肤的面膜。在皮肤上静置20分钟，然后洗净，皮肤会恢复红润。

修复并保护肌肤 按时使用鳄梨油，有助于减少妊娠纹。于淋浴后双手打湿，涂抹。

对抗衰老 鳄梨油可以给疲倦黯淡的面色增添光泽。脂肪酸和植物固醇（植物激素）有助于给成熟性肌肤补充活力，使其恢复生气。

防晒作用 虽然鳄梨油本身不可以作为防晒霜使用，但可以增强日晒时皮肤与头发的防护效果。这种油还有助于缓解晒伤造成的疼痛。

吃出美丽

鳄梨 食用鳄梨可以获取丰富的生物素，生物素的缺乏会导致肌肤干燥，头发和指甲脆弱。这种水果富含滋养成分，有助于对抗引发疾病和皮肤过早老化的自由基。

鳄梨油 在沙拉中添加鳄梨油可以显著提高两种保护肌肤的抗氧化物质——番茄红素和β-胡萝卜素的吸收效率，均增加两至四倍。

鳄梨油可以给疲倦黯淡的面色增添光泽。

橄榄 *Olea europaea*

橄榄油滋润浓稠，富含健康脂肪、有助**肌肤再生**的酚类抗氧剂、维生素E、鲨烯和ω-9油酸，具有**滋养**、**愈合**的功效。它在日常的天然美容品中有多重用途。

奇妙用途

清洁调理肌肤 橄榄油可以深入肌肤，长效补水，保持肌肤光滑柔软。在化妆棉上滴一两滴特级初榨橄榄油，可以温和有效地擦除防水眼妆，并且不会刺激娇嫩的肌肤。

对抗衰老 橄榄油中的抗氧化成分和维生素E，有助于防止细胞退化，可以预防肌肤过早老化。鲨烯可以针对水分流失提供有效防护。

强化指甲 在指甲和角质上擦一点橄榄油，除了可以调理和保护外，还可以增添光泽。

调理头发和头皮 橄榄油可以有效治疗头发干枯和头皮敏感。可在洗发前将其作为预处理，或者当成过夜的发膜。

抑菌作用 橄榄油还是一种抑菌剂，橄榄叶的提取物已被证明可以治疗唇疱疹和真菌感染，如念珠菌、鹅口疮和足癣。

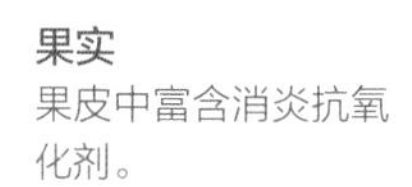

果实
果皮中富含消炎抗氧化剂。

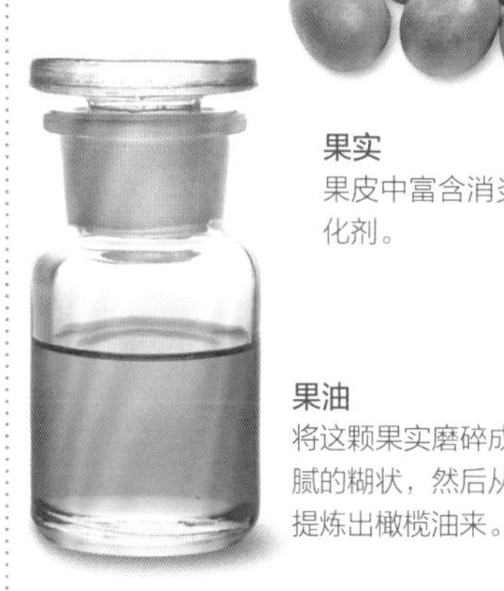

果油
将这颗果实磨碎成细腻的糊状，然后从中提炼出橄榄油来。

吃出美丽

橄榄油 它有助于从食物中摄取至关重要的脂溶性维生素，保持肌肤健康。存放时应远离热源和光线。

石榴 *Punica granatum*

石榴油从果籽中提取而来，具有**抗老化**、**护理**和**滋润**的作用。石榴皮和髓中的提取物同样也富含抗氧化成分安石榴苷，它可以**缓解炎症**，有助于维持胶原蛋白的合成。

奇妙用途

修复并保护肌肤 石榴皮中含有的鞣花酸，一种高效消炎剂，有助于烧伤和皮肤溃烂的愈合。同时它还可以强化皮肤的细胞膜，减少自由基对皮肤的损伤，并防止水分流失。

调理舒缓肌肤 这种油可以滋养和修复干燥的肌肤，以及湿疹、牛皮癣和晒伤的肌肤。其中的皮克尼克酸可以缓解炎症和肿胀。

对抗衰老 外敷含有这种油或提取物的产品，已被证明可以缓解炎症，从而改善皮肤的弹性。研究表明，果皮提取物与这种油一起使用时，可以提高胶原蛋白的生成，促进肌肤细胞的生长，有效延缓肌肤老化。

防晒作用 配制防晒用品时，加入提取物、果油和果汁。所有这些生物活性成分，可以保护肌肤细胞免受紫外线造成的损伤。

护理牙齿和牙龈 用石榴粉与水一起漱口，可以应对口臭。

果籽
果籽富含护肤营养，并且是植物纤维的优质来源。可以作为健康饮食的一部分。

籽油
这种清透的金黄色油是由果籽和树脂制成的。它含有胶原蛋白增强成分异黄酮（植物激素），它也出现在大豆中。

吃出美丽

果汁 饮用由果皮和果籽制成的果汁，它富含有益的抗氧化成分，可以加快循环，并改善肤色。

覆盆子 *Rubus idaeus*

近期研究显示覆盆子和覆盆子油含有大量抗氧化成分。其中一种是**消炎剂**鞣花酸。覆盆子叶的提取物具有**护理**和**抗菌**作用，有助于**缓解**和**镇静**敏感性肌肤。

籽油
选购冷压籽油，与溶剂萃取而成的油相比，它可以保持更多的营养和植物素。

果实
覆盆子富含β-胡萝卜素、维生素C、叶酸和抗氧化的植物营养素，可以促进健康和美丽。

奇妙用途

保护并修复肌肤　这种籽油的抗氧化成分α-生育酚和γ-生育酚（维生素E）的含量出奇的高。同时它还含有α-亚油酸，这是一种具有消炎作用的ω-3必需脂肪酸。

调理肌肤　叶片提取物具有温和的收敛性，有助于使皮肤表面紧致。如果你是油性肌肤，可以使用由覆盆子叶制成的高浓度溶剂，来作为爽肤水。

调理和舒缓肌肤　这种籽油足够温和，适用于敏感性肌肤。它具有滋润、软化的作用，有助于改善皮肤弹性和保湿性。鞣花酸成分使籽油可用来调理肌肤问题，如牛皮癣和湿疹。也可以将生的、成熟的覆盆子捣成浆，快速制成面膜，使疲倦的肌肤恢复生气。

防晒作用　研究显示，覆盆子籽油有助于吸收中短波紫外线，这表明它可以作为有效成分添加到防晒霜中。

吃出美丽

覆盆子　这种水果含大量植物营养素，具有抗癌作用，有助于减肥。

草莓 *Fragaria vesca*

新鲜的草莓除了美味可口以外，还富含重要的营养成分、维生素、矿物质和抗氧化剂，因此对于健康、皮肤和头发有益。它们常用来现制美容品，帮助**清洁**、**护理**和**滋养**肌肤。

果实
这种微酸的甜莓果的抗氧化作用，在水果和蔬菜中可以排进前十名。

奇妙用途

调理肌肤　草莓含有水杨酸，有助于去除死亡细胞和杂质，并收缩毛孔。

保护并修复肌肤　鞣花酸有助于应对由环境损伤、过敏和污染造成的炎症。治疗晒伤时，准备一杯草莓叶浓茶，然后放凉。将凉茶轻拍在肌肤上，使肌肤凉爽缓和。

改善肤色　将草莓汁涂在肌肤上，具有提亮肤色的作用，是去除老年斑和雀斑的传统疗法。

护理牙齿和牙龈　草莓提取物是温和的洁牙剂，常用于儿童牙膏中。

对抗衰老　草莓提取物可以作为防光剂，来对抗肌肤老化。此外，它还可以增加细胞活性，减轻由紫外线照射造成的DNA损伤。

吃出美丽

草莓　草莓和草莓茶中的水杨酸、维生素C和α-羟基酸（AHAs），有助于清洁粉刺，平衡油性肌肤。

蓝莓 *Cyanococcus*

蓝莓原产于北美地区，长久以来其因营养价值和药用价值而受到称道。它是**抗氧化剂**的最主要植物来源之一，具有**抗衰老**的作用，富含可以**护理肌肤**的维生素A和维生素C。

奇妙用途

加快循环 蓝莓富含维生素C，是植物纤维的优质来源，有助于排毒，并可保持动脉和静脉健康。这样可以使皮肤更加健康，减少肌肤问题，如蛛状静脉曲张和斑点。

对抗衰老 新鲜草莓中的维生素C同时还支持胶原蛋白的制造，它可以维持肌肤弹性和气色。蓝莓含有抗氧化剂多酚，可以对抗造成皱纹的主要因素——自由基的影响。这也是为什么蓝莓越来越多地被商用化的原因所在。蓝莓中的花青素可以减少体内物质的产生，这些物质会加快胶原蛋白的分解。针对45～61岁的女性研究，每日涂抹稀释后的蓝莓提取物，坚持3个月，可以显著改善成熟性肌肤。

应对油性肌肤 新鲜蓝莓中的营养成分有助于使肌肤的油脂水平恢复正常，使皮肤不容易出现毛孔阻塞和粉刺。

果实
研究显示，与任何相同分量的食物相比，蓝莓中活跃的抗氧化物质含量最高。

植株
这种植物各个部分都富含抗氧化物质，不过茎秆提取物中的活性最强。

吃出美丽

蓝莓 100克蓝莓含有的抗氧化物质，相当于5份同质量其他水果或蔬菜的含量。

沙棘 *Hippophae*

沙棘因其可以**滋润**和**修复**干燥、受损和老化的肌肤，而得到高度赞誉。果籽和果肉制成的油都富含抗氧化剂类胡萝卜素、维生素E和植物固醇，有助于**护理**肌肤，使其**免受日常损伤**。

奇妙用途

调理肌肤 沙棘油中的抗氧化剂，如维生素A、维生素C、维生素E和β-胡萝卜素，有助于护理肌肤。

修复并保护肌肤 这种油非常适合肌肤、头发和指甲。除了具有滋润作用的ω-3脂肪酸、ω-6脂肪酸和ω-9脂肪酸外，它还富含ω-7脂肪酸，有助于应对肌肤干燥和弹性不足，支持胶原蛋白合成，促进细胞组织再生。

调理和舒缓肌肤 这种油富含脂肪酸，具有润肤滋养的作用，特别适合干燥、晒伤的肌肤。以补充剂口服，或直接抹在肌肤上，可以使干裂的肌肤柔润光滑。

吃出美丽

沙棘 这种莓果的维生素C含量超过草莓、猕猴桃，甚至橙子。微酸的汁液常用来调配果汁。

莓果
这种莓果汁富含改善肌肤的维生素。

植株
这种雌雄异株的植物，分为独立的雄性和雌性植株。雌性植株产有珍贵的橙色水果，与莓果相似。

补充剂
可以口服沙棘补充剂，来改善肌肤，因为这种油是高浓缩的，所以只需少量即可。

椰子 *Cocos nucifera*

椰子可以制成**保湿**、**滋养**的浅色油。它适合各类肌肤和发质，不过对**舒缓**和**软化**干性肌肤和头发特别有效。同时，它还有**消炎**作用，有助于伤口、水泡和皮疹的**愈合**。椰奶和椰子汁还可以用来**滋润**和**调理**肌肤和头发。

果实
椰子的脂肪含量比许多果籽和坚果要低，如扁桃仁。而与香蕉、苹果和橙子之类的常见水果相比，其糖分含量低，蛋白质含量高。

果汁
来自未成熟果实的椰子汁拥有纯净完美的电解质平衡，所以更有助于身体补水。

有机油
避免使用无臭无味、纯粹提纯的品种，而要选用有机的、冷压的，且未经加工的油。

果油
煮熟的椰油带有浓浓的椰香味，可以在室温下变硬，不过掌心一擦就会融化。分馏的椰油没有味道，适合作为精油的基底。

椰奶
这种奶主要从白色的椰肉提取而来，富含有益的脂肪。

吃出美丽

椰油 烹煮时作为黄油和其他食用油的健康替代品，因为它的耐热性非常好，所以与其他许多植物油相比，更适合用来进行烹煮。

椰子汁 椰子汁是一款佳饮，有助于补水，并保持体内pH的平衡。

奇妙用途

调理和舒缓肌肤 椰油可以被快速吸收，使肌肤如丝般光滑。针对嘴唇开裂、湿疹和皮炎，可以用其来取代矿物油，作为剃须油。试着抹在湿润的皮肤上，或者先湿润双手，即使是在身上大面积涂抹，这样也有助于椰油快速渗入肌肤。

清洁护理肌肤 椰油融清洁、保湿于一体，是绝佳的卸妆用品。可以把椰子汁当成轻型的洗面乳和爽肤水，用来去除灰尘、油脂，淡化斑点。

滋养头发 这种油可以作为过夜发膜，或者在洗发前用来做预处理。它可被用于应对头皮屑，可使干枯受损的头发恢复光泽亮丽。

抑菌作用 椰油中的脂肪酸有助于抑制真菌和细菌感染，是一款绝佳的多功能药膏，以保持指甲和足部健康。

护理牙齿和牙龈 在口中含少量椰油约20分钟，即“油拔法”。吐出来之后无需漱口。油拔法除了有助于减少口腔细菌，控制牙菌斑以外，还可以应对龋齿和牙龈感染。研究显示，对于控制口臭，椰油的作用与漱口水中的成分氯己定相似。

香草荚 *Vanilla planifolia*

香草荚是香草兰的果实。香草荚提取物具有**舒缓**和**软化**的功效，富含抗氧化剂，是**修复**粗糙或受损肌肤的理想良药。它的**抗菌性**有助于清除粉刺。长期以来香草荚一直受到香水师们的推崇，因其具有**恢复青春**的功效，所以近来越来越成为美容品制造商的心头爱。

奇妙用途

修复并保护肌肤 香草荚提取物富含抗氧化成分，可以保护肌肤免受环境污染和有毒物质的侵害，所以非常适合在面霜中使用。

治疗粉刺 香草荚具有杀菌作用，是治疗粉刺的极好原料。香草荚中的成分香草醛具有杀菌效果，有助于清洁肌肤，可减少青春痘和粉刺。

护理头发 香草荚提取物有助于使发质柔顺，减少分叉的作用。同时它有促进头发生长的美誉。

缓解疼痛 香草荚提取物中的香草醛，与辣椒中的辣椒素和肉桂之类香料中的丁香酚，具有相同的功效。外敷时，具有温和止痛的作用，能暂时缓解局部疼痛。在阿育吠陀疗法中，香草提取物被用来缓解牙疼。

缓解压力 在香熏精油中加入香草荚提取物，有助于在焦虑时振奋心情。

催情作用 香草荚提取物具有愉悦情绪的作用，这也是其作为催情良药的原因所在。

香草荚提取物有助于使发质柔顺，并减少分叉。

黑豆荚
这种经过加工的干豆荚比种子的风味和香气更加浓烈。

制作香水

试着将香草精油与檀香、雪松和佛手柑等精油调配在一起，可制成**温热催情的复方精油。**玫瑰精油和茉莉精油也是不错的搭配。

萃取液
采集这种萃取液时，将豆荚浸泡在酒精和水的溶剂中，是香草应用最广泛的形式。

锦囊妙计

护发素 将香草荚用椰油浸泡，制成芳香四溢的发膜，可以用来护理头发，为其增添光泽。使用品质最好的萃取液，以获得最佳效果。

未成熟的豆荚
绿色的豆荚慢慢干燥，直至变黑。当它们开始卷曲时，就可以使用了。

植株
香草本身不出产精油。芳香的香草醛成分可以通过溶剂或二氧化碳提取出来，可制成萃取液或纯油。

令人愉悦的柑橘

如今，柑橘类水果的香气在商品中如此夺目，以至于我们几乎都忘了它们的治疗作用。然而柑橘家族可以带来**清新欢快**、**令人鼓舞**的香气。柑橘的外皮富含精油，意味着由其制成的精油产量充裕，价格适宜。涂抹这种精油，对各种类型的肌肤具有**平衡**、**护理**和**排毒**的作用。

柠檬的用途 ▶

护理肌肤 柠檬油稀释后外敷，可以加快循环，适于护理静脉曲张，预防冻疮。除清爽成分有助于对抗皱纹和蛛状静脉曲张以外，对于油腻的肌肤，它还具有清洁作用。

抗菌作用 与绝大多数柑橘油一样，柠檬油也有抗菌作用。作为护肤配剂的成分，它有助于治疗皮肤问题，如粉刺。

排毒作用 精油的利尿作用可以缓解脂肪堆积和水肿。在开水中加一片柠檬后饮用，可用来排毒，因为它支持肝功能，并可以帮助清理淋巴系统。

护理头发 柠檬汁，不论是直接用来涂抹，还是与水混合地涂抹，都是护发良品，可以护理头发，增添光泽。

缓解头痛 柠檬油带有令人愉悦的香气，适于用治疗头痛，是保持头脑清醒和积极状态的一剂良药。

葡萄柚的用途

排毒作用　葡萄柚油具有利尿作用，有助于应对水肿和浮肿，并加快循环。

帮助减肥　研究显示，葡萄柚油有助于加快新陈代谢，帮助减肥。

预防皮肤癌　研究发现，小粒的浓缩精油可以抑制皮肤中的癌细胞。

护理肌肤　葡萄柚油具有温和的抗菌作用，是治疗油性肌肤、毛孔粗大和粉刺的良药。这种油可以作为产品的一部分，用基础油或水稀释，有助于紧致和护理肌肤。

增加幸福感　这种精油带有清爽提神、热情洋溢的香气，有助于提振精神。特别适合在深夜或过度放纵后，作为提神饮品。

酸橙的用途

排毒作用　酸橙油具有排毒作用。用于按摩油中，可以治疗水肿和脂肪堆积。

帮助减肥　酸橙油已被证明有助于加快新陈代谢，并有助于减肥。

应对油性肌肤和头发　稀释后的精油，具有护理肌肤的作用，有助于清洁油性或易于长粉刺的肌肤。作为洗发水的一部分，它可以调理并去除头皮上过多的油脂。对于头皮屑，可以试着把酸橙汁和水混在一起，在洗头发的时候，用于最后的冲洗。

抗菌作用　酸橙油具有舒缓、抗菌的作用。可以将精油稀释后，涂抹在唇疱疹、昆虫叮咬处和伤口上。

清醒思绪　酸橙油具有清爽、刺激的香气，可以使人保持创造力和思路清晰。

令人愉悦的柑橘（续）

▼ 橙子的用途

修复并保护肌肤 在护肤品中使用橙子油，有助于促进皮肤胶原蛋白的生成，并支持肌肤修复。它的愈合功效要归功于芳香成分柠檬烯，这也是一种不错的抗菌剂。刚挤出来的橙汁富含促进胶原蛋白合成的维生素C和抗氧化成分，按时饮用，有助于由内而外地改善肌肤。

护理肌肤 酸橙或苦橙可以通过茎叶制成苦橙叶油（参见77页），由花朵制成橙花油。这两种都可用来清爽和护理肌肤。将橙花水当作爽肤水直接用于肌肤，或者装入喷瓶中，当作面部喷雾。

排毒作用 按摩时，橙子油与基础油一起使用，可以加快循环，刺激淋巴系统、膀胱和肾脏，有助于肌体排出毒素。

增加幸福感 这种油带有愉悦的甜香味，既可以令人鼓舞，也可以使人恢复活力。橙花油和苦橙叶油还可以活跃思维。

柑橘和蜜橘的用途

应对油性肌肤 柑橘和蜜橘油具有收敛作用，适于用来应对油性肌肤和粉刺。

护理肌肤 这两种精油都可用于身体乳或按摩油中来治疗妊娠纹，并有助于护理松弛的肌肤，如减肥后的肌肤。

排毒作用 按摩时，柑橘和蜜橘油与基础油一起使用，有助于淋巴排毒。

增加幸福感 在所有的柑橘类水果的精油中，柑橘的甜香味最浓，具有温和镇静作用。这种油可以放松心情、温热舒缓，具有安神作用，特别适合撒娇小孩和孕妇。如果你有点犯恶心，柑橘还有有助于安抚胃部。蜜橘带有淡淡的柑橘甜香味，疗效相同。

佛手柑的用途

护理肌肤 佛手柑油特别适合混合性或油性肌肤，它能发挥其平衡作用。佛手柑中含有佛手内酯成分，会增加日晒的风险。确保使用的精油中不含有佛手内酯。在护肤品中添加佛手柑精油，适合各种类型的肌肤。

抗菌作用 这种油具有抗病毒和杀菌作用，很适合在基础油稀释后，轻拍于唇疱疹和粉刺上。

调理和舒缓肌肤 佛手柑油对干燥瘙痒的肌肤具有舒缓作用，有助于淡化疤痕。

增加幸福感 这些橘子的果实很酸，但外皮香气浓郁。这种水果赋予了伯爵茶独一无二的香气。用于芳香疗法时，它是一种平衡镇静的精油，带有提神的果香味。

坚果和种子

坚果油
扁桃仁是果实，而非真正的坚果。这种油由果籽压制而成，适合各种类型的肌肤。

坚果粉
可以制成富含维生素E的温和磨砂膏，可以去除死皮，并促进肌肤再生。

扁桃仁 *Prunus amygdalus dulcis*

扁桃仁富含维生素，可以制成功能多样的油，它足够温和，适合婴儿使用，并且可以**舒缓**敏感性肌肤。

奇妙用途

清洁护理肌肤 这种浅色的油适合敏感、发炎或干燥的肌肤，可以防止水分流失，并缓解炎症。它为皮肤提供了一道薄薄的保护层，滋养、呵护并使其保持柔软。磨碎的扁桃仁可用来清洁和去死皮。

滋养按摩 扁桃仁油吸收慢，是按摩时的绝佳润滑油。它可以作为基础油单独使用，也可以与其他油一起调配，如杏仁油和桃核油。

防晒作用 这种应对太阳照射的防晒系数（SPF）低，切不可单独作为防晒霜使用。

坚果油
这种油富含维生素和矿物质，并具有轻微的收敛性。

坚果
榛子富含蛋白质和健康脂肪，可以滋养肌肤。

榛子 *Corylus avellana*

榛子可以制成温和的**滋养**油，带有轻微的**收敛**性，特别适合油性肌肤或者需要修复的肌肤。

奇妙用途

调理和舒缓肌肤 榛子油适合敏感性肌肤，甚至是婴儿的肌肤。它可以使肌肤柔软并富有弹性，同时使肌肤具有收敛性，因为非常适合那些希望保湿的油性肌肤。同时它还有助于平衡油性和混合性肌肤。

修复并保护肌肤 榛子油可以深层渗透，可用来自制产品以应对粗糙受损的肌肤。将其与玫瑰果籽油调配在一起，可以治疗疤痕和妊娠纹。

护理头发 榛子油可用来平衡和护理发油。

坚果
夏威夷果中的硒、锌和必需脂肪酸有助于更好地燃烧体内脂肪。

坚果油
夏威夷果油是由这种原产于澳洲的坚果压制而成的，与人体的皮脂相似，有助于平衡肌肤。

夏威夷果 *Macadamia ternifolia*

营养丰富的夏威夷果可以制成具有**保护**和**修复**功效的油，特别适合晒伤的肌肤。

奇妙用途

修复并保护肌肤 在所有坚果中，夏威夷果的单一不饱和脂肪酸含量最高，其中约22%为可以修复肌肤的ω-7棕榈油酸。作为一种如丝般柔滑的润肤油，它含有脂肪酸和固醇（植物激素），有助于修复肌肤的防护功能，并阻止水分流失。它可用来配制防晒用品，也是护理头发的良方。

对抗衰老 夏威夷果油具有再生、保湿、润肤的功效，富含棕榈油酸，有助于延缓肌肤和细胞衰老。

苦楝子 *Melia azadirachta*

苦楝子制成的油具有**抗菌**和**保湿**功效，这种油可用来治疗感染、皮疹和炎症。

奇妙用途

修复和保护肌肤 苦楝子油中发现了两种消炎成分——宁玻林(nimbidin)和印楝素(nimbin)，它们已被证明可以缓解湿疹和牛皮癣症状。

对抗衰老 苦楝子油可以预防和抚平皱纹。

抗菌作用 苦楝子油可以阻止病毒入侵和感染细胞，适合用来治疗唇疱疹。

驱虫作用 苦楝子油是一种高效的驱虫剂，常用于天然头虱药方和驱蚊剂中。

籽油
苦楝子油是由这种树木的果实和种子压制而成，仅需少许就可以使用很久。

种子
苦楝子可用来制成外敷的药油膏，因为它们有毒，所以切不可生食。

摩洛哥坚果 *Argania spinosa*

这种来自摩洛哥的坚果制成的**滋润**型多功能油，充满异域风情。摩洛哥坚果油可用来**护理**和**保护**头发和肌肤。

奇妙用途

修复并保护肌肤 摩洛哥坚果油富含呵护肌肤的脂肪酸、固醇和抗氧化剂，特别是维生素E含量高，非常适合疤痕、妊娠纹和晒伤的肌肤。睡前，在嘴唇上涂上极少的摩洛哥坚果油，有助于在夜晚愈合和修复肌肤。

调理和舒缓肌肤 在皮肤和指甲上涂一点摩洛哥坚果油，可以滋补并恢复活力。为了方便抹开，使用前宜先打湿双手。按时使用，可以显著减少油腻，并改善油性肌肤。

护理头发 这种油非常适合护理干枯受损的头发。

籽油
摩洛哥坚果油的脂肪含量与橄榄油相同。这是一种干性油，所以色泽浅淡，并易于吸收。

种子
摩洛哥坚果的种子经过压制，制成滋润的油，带有坚果的香气和味道。

荷荷巴 *Simmondsia chinensis*

由受保护的荷荷巴制成的油具有**焕发活力**和**滋润**的功效，并被推荐用于各种类型的肌肤。

奇妙用途

清洁和护理肌肤 荷荷巴油作为卸妆油，适用于各种类型的肌肤。有助于排出和溶解那些阻塞毛孔的灰尘和油脂。这种油可以深层渗透，有助于软化坚硬粗糙的肌肤，并护理问题肌肤，如牛皮癣和湿疹。

修复并保护肌肤 荷荷巴油易于吸收，其组织结构与人体皮脂相似。它有助于熟龄肌肤和暴露于户外的肌肤保持滋润。

护理头发和头皮 单独使用荷荷巴油，可以护理干燥的头发和头皮。同时它还可以促进头发生长。

籽油
荷荷巴并非真正的油，而是一种液体蜡。它特别稳定，富含蛋白质和矿物质。

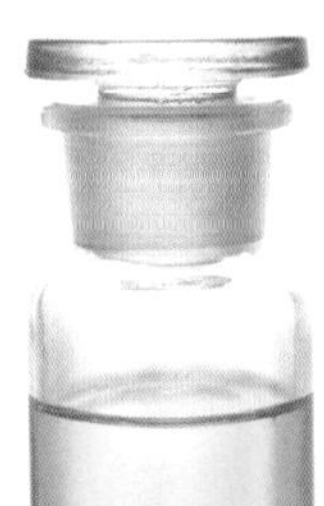

种子
荷荷巴灌木的种子一般会被捣碎，制成具有愈合功效的药膏。

种子
大麻油是由一种工业化的大麻品种的种子制成的，保留了植物的营养。

籽油
虽然这株植物都可以用来压制成油，但是大麻籽油的品质最高。

大麻 *Cannabis sativa*

大麻中含有**保湿**的ω-必需脂肪酸，其比例与人体的肌肤相似。它可以制成**平衡**油，适合各种类型的肌肤。

奇妙用途

修复和保护肌肤 大麻油适合绝大多数类型的肌肤，特别有助于肌肤保湿。提纯后的大麻油无色，并且几乎无味，所以适用于许多美容品。可以将其加入护肤乳液和其他产品中，有助于肌肤应对极端的气温变化。

调理并舒缓肌肤 这种油中必需脂肪酸和蛋白质含量出奇的高。它色泽浅淡、不油腻，是一款很棒的天然润肤霜和保湿霜，可用来应对干燥、红肿或饱经风霜的肌肤。

籽油
亚麻籽油中的ω-3族α-亚麻酸（ALA）具有高效消炎作用，可以内服或外敷。

种子
亚麻籽富含植物激素木酚素，除了具有温和的雌激素作用，还可以抗氧化。

亚麻 *Linum usitatissimum*

这些种子具有**滋润**、**新生**的功效，特别适合干性肌肤。请选择冷压榨和未经过滤的有机油。

奇妙用途

对抗衰老 亚麻籽油中的ω-3脂肪酸有助于肌肤细胞的保护和新生，可提亮暗沉的肌肤，抚平皱纹。

调理和舒缓肌肤 亚麻籽油有助于肌肤锁水，是护理干性肌肤的佳品。它的消炎功效有助于改善肌肤问题，如湿疹和牛皮癣。这些种子含有呵护肌肤的必需脂肪酸，所以可以作为健康饮食的一部分。

治疗粉刺 这种油适合清洁和护理油性或者易于长粉刺的肌肤，也可清洁和护理痤疮。

精油
浓稠的蓖麻油最适合用来调配，将其加入基础油中，稀释至10%~15%。

坚果
蓖麻植株的得名是因其可用来替代海狸香——用海狸的会阴腺制成的香料。

蓖麻 *Ricinus communis*

蓖麻籽制成的浓厚的植物油，可以用来**护理**肌肤，并给肌肤提供**保护**层，有助于肌肤**修复**。

奇妙用途

调理和舒缓肌肤 用蓖麻油调配化妆品，可以治疗干裂的肌肤。

护理头发和头皮 蓖麻油可以有效改善干枯脆弱的发质，所以常被用于护发和护肤品中。

修复并保护肌肤 蓖麻油油腻滋润，常用于化妆品中，特别是它可以帮助干燥的肌肤有效锁水。

杏 *Prunus armeniaca*

杏仁制成的**柔肤**油适用于各种类型的肌肤。这种**舒缓**油有助于保持肌肤弹性和水分。

奇妙用途

调理和舒缓肌肤 杏仁油可以缓解干燥、红肿和过早老化的肌肤问题。它可以在肌肤表面形成一层薄薄的保护层，以帮助肌肤应对环境损伤。

清洁和护理肌肤 这种油有助于吸附和溶解那些阻塞毛孔的灰尘和硬油脂。

对抗衰老 杏仁油可以使肌肤柔顺，有助于改善肌肤弹性，抚平细纹。

滋养按摩 与有些油相比，肌肤对杏仁油的吸收较慢，所以非常适用于按摩和配制肌肤精华霜。

杏核
杏核富含滋润的油脂。

核油
这种润肤油有助于舒缓和调理肌肤。如果找不到杏仁油，可以试着桃仁油来替换，它们品质相同。

葡萄籽 *Vitis vinifera*

葡萄籽制成的**舒缓**油，适用于易长粉刺的肌肤或敏感性肌肤。这种油可以深层渗透，用来**调理**干性肌肤。

奇妙用途

护理肌肤 温和收敛的葡萄籽油富含亚油酸（ω-6），有助于紧致、清爽和调理肌肤。

缓解敏感肌肤 这种温和油非常适合应对肌肤敏感问题。它不致敏，所以对于那些对坚果过敏的人来说，是替换坚果油的不错选择。

治疗粉刺 葡萄籽油具有收敛性，所以有益于易长粉刺的肌肤和油性肌肤。

滋养按摩 葡萄籽油可以使肌肤如丝缎般光滑，可用来按摩，并作为早产儿的润肤油。

水果
葡萄籽压制而成的奢华油，具有厨用和美容双重功效。

葡萄籽油
这丝滑不油腻的油富含抗氧化剂、维生素和矿物质，可以滋养各种类型的肌肤。

小麦胚芽 *Triticum vulgare*

小麦胚芽制成的油富含抗氧化剂，可以促进天然细胞**修复**，重现肌肤**活力**，并预防细纹。

奇妙用途

对抗衰老 小麦胚芽可以使肌肤焕发活力，有助于预防眼角纹和嘴角纹的生长。

修复并保护肌肤 这种油可以在孕期有效预防妊娠纹，是治疗烧伤、疮伤和其他皮肤问题的良方。

调理和舒缓肌肤 这种滋润的油富含抗氧化剂、保护肌肤的维生素E，以及β-胡萝卜素，是用来按摩和护理肌肤的理想用油。

小麦胚芽
胚芽是小麦种子的内核，新生的小麦从这里发芽而出，它是小麦营养最为丰富的部分。

小麦胚芽油
在所有籽油中，小麦胚芽油的维生素E含量最高，带有鲜明的香气，浓厚黏稠。

油滑滋润的蜡脂

蜡脂可以增加清洁剂和身体霜、面霜的**滋润**效果。与油相比，它们的防护作用更加持久，特别适合用来配制**保湿剂**，以保护干燥、粗糙或皲裂的肌肤。作为肌肤的保护层，它们可以预防水分流失，促进破损的皮肤**自然愈合**。

蜡大戟蜡的用途 ▶

适合极端素食主义者 蜡大戟蜡是由同名的沙漠植物制成的，适合素食主义者。常用来替代其他非素食的蜡脂，如蜂蜡。

调理和舒缓肌肤 蜡大戟蜡是滋润型蜡脂，可以防止水分流失，所以可被用来制作保护性产品，如润唇膏。其具有消炎作用，有助于平复肌肤瘙痒，并减少斑点。

修复并保护肌肤 蜡大戟蜡富含营养和脂肪酸，对肌肤而言不会太黏稠，非常适合需要一定滋润和保护的肌肤。

棕榈蜡的用途 ▶

调理和舒缓肌肤 棕榈蜡作为口红和润唇膏中的常见成分，可以对肌肤形成保护层，有助于嘴唇保湿柔软。这种无味的低敏感性蜡脂可用于各种类型的肌肤，并且特别适合敏感性肌肤。

使化妆品增添质地和光泽 棕榈蜡是化妆品中重要的增稠剂。在所有天然蜡脂中最硬，并且熔点高，在口红和润唇膏之类的产品中加上少许，有助于其保持稳定性和弹性。

可可油的用途

修复并保护肌肤 可可油是一种干性蜡和不错的润肤剂，它可以形成保护层，预防水分流失，有助于肌肤保持柔软。它支持胶原蛋白合成，因此有助于预防皱纹和妊娠纹，并改善肌肤弹性和肤色。

缓解敏感肌肤 这种温和的蜡脂适合绝大多数肌肤类型。它是一种闭合剂，可以延缓肌肤的水分蒸发，所以这些易长粉刺和斑点的人不能用其做面部保养，它会阻塞毛孔。

调理和舒缓肌肤 这种油脂对肌肤和头发而言，是天然的乳化剂和软化剂。它具有惊人的滋润护理功效，是配制肌肤和头发护理产品的理想原料。

可可果
它们可以被制成蜡质油，用来滋养肌肤和头发。

乳木果油的用途

调理和舒缓肌肤 乳木果油是极好的滋养成分，有助于改善肌肤状况，如湿疹、牛皮癣、肌肤过敏和斑点，特别适合干燥、受损的肌肤。

修复并保护肌肤 乳木果油是温和有效的润肤剂，含有油酸，一种饱和脂肪酸，可以与肌肤自身的皮脂完美兼容。它易被吸收，据说还有助于其他活性成分的吸收。在调配剃须膏时添加乳木果油，可以使剃须更加顺滑。

对抗衰老 这种油脂非常适合添加到护肤品中，含有5%~10%的植物固醇（植物激素），有助于促进肌肤细胞生长。它还含有天然抗氧化剂维生素E，有助于保护肌肤免受自由基的损伤。

没药 *Commiphora myrrha*

没药具有**抗菌性**，有助于修复伤口。它可用来护理干燥受损的肌肤，是重要的**抗衰老**物质，可以延缓皱纹和其他肌肤老化症状的出现。用于芳香疗法时，可以**刺激**和**增强**情绪。

制作香水

将没药油与乳香、檀香和香草油混合在一起，制成**适合男士的浪漫香水**。雪松、柏树和柠檬油也是不错的搭配。

奇妙用途

调理和舒缓肌肤 没药油是加快皲裂肌肤愈合的绝佳成分。加入润唇膏和药膏中，可以提高效力。

抗菌作用 长期以来，没药油被用来治疗许多皮疹，包括粉刺、足癣和湿疹。这种不刺激的油还可以直接轻拍于局部区域——伤口、溃烂、烧伤、创伤以及唇疱疹之类的局部皮肤。

对抗衰老 没药油长期以来被誉为肌肤的保鲜剂，常用于高档化妆品和美容品中，有助于预防皱纹和皮肤老化。

护理牙齿和牙龈 没药油是漱口水中的高效抗菌成分，可以治疗感染或炎症，如口腔溃疡、牙周炎、咽喉痛、牙龈流血、口臭和鹅口疮等。

提高注意力 在芳香疗法中使用没药油，可以激发使命感，并强化克服困难的决心。

缓解疼痛 在芳香疗法中，用没药油进行按摩，有助于缓解疼痛。还可以在棉布袋中放少许树脂，然后使其溶解在水中进行沐浴。

没药可用来抗老化，延缓皱纹的出现。

安息香 *Styrax benzoin*

安息香具有**抗菌**、**愈合**和**镇静**的功效，非常适合用来配制护肤品。同时它作为固定剂，也是焚香和香料中的常见成分，可以延缓香气的发挥，使其更加持久。

奇妙用途

修复并保护肌肤 安息香油可以有效治疗干燥、过敏、瘙痒及皲裂的肌肤。它常被用来配制化妆品，以缓解这些症状。

抗菌作用 安息香油适合加在药膏和油膏中，用来愈合伤口。但切不可直接涂在肌肤上。

治疗粉刺 把这种精油加到护肤膏、药膏和乳液中，有助于治疗粉刺和其他皮疹。

对抗衰老 这种精油可以整体提升熟龄肌肤的弹性，因此常出现于天然抗老化产品中。

缓解疼痛 安息香油可以加快循环，用在按摩油中，有助于缓解肌肉僵硬以及关节炎和风湿病的疼痛。

增强幸福感 这种精油对神经系统和消化系统具有镇静作用，还有助于缓解沮丧情绪。

树脂
这种树是金缕梅的“近亲”，它的树皮可以制成糖浆状的树脂，是香水中的重要成分。

精油
这种油由树脂提取而成，带有甜蜜温热，如香草般的芳香，并具有抗菌作用。

制作香水

将安息香精油与乳香、檀香、依兰依兰、广藿香、玫瑰和佛手柑等精油混合在一起，可以自制出**富有东方情调的辛辣香水**。

肉桂 *Cinnamomum zeylanicum*

这种香料的使用具有悠久的历史，从宗教仪式中的焚香到**温热**的足部按摩中都可见到肉桂。它使化妆品具有**抗菌**功效，但带有**刺激性**的香气，不可大量使用。切不可直接涂抹，并避免在孕期使用。

树皮
肉桂富含抗氧化剂，抗菌效果一流，开胃助消化，并可保持肌肤健康。

奇妙用途

抗菌作用 肉桂油可以有效对抗多种细菌、病毒和寄生虫，特别是虱虫和疥疮。

缓解疼痛 这种精油具有温热功效，可以应对手足冰冷和血流不畅的现象。它可以有效治疗风湿病，特别当疼痛因寒冷潮湿的天气而加剧时。

舒缓压力 肉桂油可有助于对抗神经衰弱，驱散沮丧感和颓废感。

吃出美丽

肉桂 在燕麦粥、烤蔬菜或吐司中撒上这种富含能量和抗氧化剂的粉末，可以赋予炖菜和腌制品浓郁的风味。也可以用肉桂棒搅拌热巧克力或牛奶咖啡。

肉桂粉
研究证明，肉桂粉可以平衡血糖，使肌体获取更多能量，使肌肤更加健康。

精油
这种浓烈温热的油是由树皮和叶片经蒸汽蒸馏而来的，应小心使用。

乳香 *Boswellia thurifera* syn. *B. carteri*

乳香具有**护理**和**焕新**的功效，是**恢复**气色的最重要精油之一，特别是针对成熟性肌肤而言。同时它也可以**修复**肌肤损伤，具有**抗菌消炎**的作用，有益于伤口**愈合**。其鲜明的芳香可以**提神镇静**，**舒缓**神经。

树脂
这种树脂被誉为“沙漠的珍珠”，是树木干涸的汁液，必须由人工采摘，所以价格不菲。

制作香水

将乳香精油与依兰依兰、天竺葵、佛手柑、广藿香、快乐鼠尾草和柏树等精油调配在一起，可制成**定心镇静的香水**。

精油
这种芳香馥郁的精油，是由树脂经过蒸汽蒸馏而来的，具有镇静身心的功效。

锦囊妙计

爽肤水 使用这种简易的爽肤水可以清洁肌肤，收缩毛孔。在50毫升水中加一两滴乳香油，然后用棉球擦拭皮肤。

树皮
这种树木原产于印度和阿拉伯半岛，剥去羊皮纸一样的外树皮，露出绿色的内树皮，它是芳香树液的来源所在。

奇妙用途

修复并保护肌肤 乳香油中的乳香脂酸具有消炎和修复的作用，所以它是护肤产品中的常见成分。

对抗衰老 乳香油有回春之效，特别是针对成熟性肌肤。它可以尽量减少皱纹和细纹，并缩小疤痕和斑点。

护理肌肤 乳香油的收敛性可以从整体上护理肌肤。做5分钟的面部蒸汽护理（参见另一侧），有助于清洁毛孔，加快循环，并使肌肤紧致。

抗菌作用 外敷乳香油有助于伤口和皮肤溃烂的愈合。切记要先稀释，不可将其直接用于肌肤。

舒缓压力 这种精油常用于芳香疗法中，它可以缓解焦虑情绪，平复并提振精神，增加精力和注意力，帮助冥思。

缓解疼痛 乳香中的乳香酸酯是一种高效抗菌剂。作为按摩调配油或乳液的一部分外用时，有助于缓解肿胀，舒缓关节炎和风湿疼痛。

抗癌特性 初步研究显示，乳香中的成分可以对抗许多种癌症，其中包括皮肤癌。

增强幸福感 这种油可用于芳香疗法，有助于增加满足感和积极性。

面部蒸汽　在一大碗开水中加五六滴乳香油。找块毛巾，湿润后将面部与蒸汽碗一并包围，然后深呼吸，肌肤会变红润。

桉树 *Eucalyptus globulus*

这种会开花的树可以被制成**温热**、**抗菌**的精油，除了非常适合用来**缓解疼痛**以外，还可以**愈合伤口感染**，如口腔溃疡和昆虫叮咬。它具有调理作用，可以有效治疗肌肤问题，如蛛状静脉曲张。虽然略带药味，不过它已被证明有助于**提高注意力**，并**驱散沮丧感**。

精油
蓝桉油是由原产于澳洲的树叶蒸馏而成的，是知名度最高的桉树油。

树种
虽然桉树有数百种不同的品种，不过尤加利，即蓝桉树，种植最为广泛，应用也最多。

制作香水

将桉树精油与薰衣草、胡椒薄荷、杜松子和柠檬等精油调配在一起，可制成**舒缓压力的混合液**。柏树精油和百里香精油也是非常好的搭配。

奇妙用途

抗菌作用　将桉树油直接轻拍在皮肤上，可以治疗感染、伤口、疱疹和溃疡，并可治疗昆虫叮咬的局部皮炎。它还有助于去除虱子，治疗真菌感染，如足癣。其"近亲"柠檬桉，带有柠檬的香气，同样也有很高的抗菌功效，但在使用时人体感觉更为凉爽。

护理肌肤　桉树油可以刺激循环系统，加快受影响部位的血液流动。它有助于缩小蛛状静脉曲张的面积。对于油性或易长粉刺的肌肤，可在做清洁护理的面部蒸汽时加几滴桉树油。

缓解疼痛　桉树油可以治疗风湿病和关节炎，特别是当这些病症是因寒冷潮湿的天气而引起时。柠檬桉对于治疗肌肉和关节疼痛特别有效。

增强幸福感　桉树油具有提神功效，可用来治疗疲劳、注意力不集中、头痛和虚弱等。桉树油（*Eucalpytus radiata*）较为温和，特别适合婴儿和虚弱的人群，如正在康复的病人。

桉树油可以治疗风湿病和关节炎，特别当这些病症因是寒冷潮湿的天气而引起时。

茶树 *Melaleuca alternifolia*

茶树油是急救包的必备品，具有一流的**抗菌**作用，加入药膏和油膏中有益于**伤口和溃疡愈合**。它具有刺激作用，可以**强化**免疫系统，有助于身体**对抗感染**。一般来说，茶树油不会致敏，可以直接涂抹在肌肤的局部区域上，如斑点上。如有过敏迹象，请勿继续使用。

奇妙用途

抑菌作用 茶树油具有极好的抗真菌作用，可用来治疗真菌性疾病，如足癣和癣菌病。

杀菌作用 治疗唇疱疹、疣、瘊子时，每日将茶树油轻拍于患处，可以抑制伤口四周的细菌，避免生疖和脓疮。

修复并保护肌肤 绿花白千层油作为同一家族的一种原料，主要用来治疗皮肤疾病和呼吸道疾病。通过蒸汽吸入时，它还有助于治疗急性感染，如感冒、流感、鼻炎和鼻窦炎。

治疗划伤、擦伤和青肿 茶树油可以刺激疤痕组织生长，有益于肌肤愈合。

治疗粉刺 茶树油对易于长粉刺的肌肤具有抗菌和护理的功效，可以在患处直接涂上少许，或者用来做面部蒸汽护理。

治疗头皮屑 用茶树油做刺激头皮的按摩，有助于对抗头皮屑，平衡油性发质。

应对体臭 含有茶树油的香皂、爽身粉和除臭剂，具有极好的对抗体臭的功效。

护理牙齿和牙龈 茶树油被充分稀释后，用作漱口水，可治疗口臭、口腔溃疡和牙龈感染。

树种
作为真正的澳洲土著，抗菌的茶树仅生长于新南威尔士州相对小的一块区域里。

制作香水

将茶树精油与丁香、桉树、薰衣草、柠檬、松树、迷迭香和百香果等精油调配在一起，可以制成**室内清新喷雾**。

锦囊妙计

杀菌洗液 使用浓度为10%的溶液（茶树油与水的比例为1:10），除了冲洗和清洁感染的伤口和黏膜上的溃疡外，还可以治疗虱子。

精油
这种精油是由茶树叶经过蒸汽蒸馏而成的，清透的液体带有令人愉悦，但有轻微药味的香气，能让人联想起桉树。

雪松 *Cedrus atlantica*

雪松油是历史最为悠久的一种精油，可用来**改善**疲倦的气色，使其**焕发**活力。它兼具**抗菌**和**收敛**作用，适于**平衡**油性肌肤和头发，有助于控制皮肤感染，促进皮疹的消退。**令人振奋**的香气特别适合芳香疗法，可治疗神经紧张、焦虑、沮丧和嗜睡。

精油
这种油带有温和的香脂和木头香气，变干后，木头味更加浓郁。它可以使人保持冷静，缓解肌肤的瘙痒症状。

树种
这种长寿树的松针带有泥土的香气，浓厚的精油来源于其树皮。

制作香水

将雪松精油与薰衣草、佛手柑、没药和檀香等精油混合在一起，可以制成**简易的迷情香水**。茉莉精油或迷迭香精油也适用。

奇妙用途

调理和舒缓肌肤 雪松油中芳香成分倍半萜烯含量最高，其具有高效抗菌作用，所以雪松油有益于治疗皮肤的红肿发痒症状。使用时先用基础油稀释，避免皮肤过敏。

修复并保护肌肤 这种精油还可以用来愈合伤口，治疗足癣和皮肤溃烂。

应对油性肌肤和头发 这种精油可以平衡油性或易长粉刺的肌肤。它还是治疗油性发质的良方。在水中滴上几滴，可以快速制成具有收敛功效的洗发水，或加在橄榄油之类的基础油中，洗发前做护理。它还有助于治疗头皮屑和脂溢性皮炎。

排毒作用 雪松油有助于刺激淋巴液流动，减少水分堆积，帮助身体排毒。

缓解疼痛 在按摩油中加入雪松油，其温热功效有助于舒缓因用力过猛而造成的疼痛，以及关节炎引发的痛苦。

舒缓压力 治疗神经紧张、长期焦虑、沮丧和疲劳时，雪松油可以舒缓心情，提振精神。

这种油可以平衡油性或易长粉刺的肌肤。

檀香 *Santalum album*

檀香的使用自古就有，主要用于典礼和宗教仪式上。研究证明，它具有**抗菌消炎**作用，所以可用来**焕发**肌肤活力并**保护**肌肤。它特别适合干燥或受损的肌肤，其具有温和的**收敛性**，可用来**平衡**油性肌肤。

奇妙用途

调理和舒缓肌肤 檀香油具有抗菌作用，非常适合用来舒缓干燥、缺水、瘙痒或发炎的肌肤。可以选购已调配好的产品，或者在涂抹前，用合适的基础油将其稀释。

应对油性肌肤 檀香油具有温和的收敛性，有助于平衡油性肌肤或易长粉刺的肌肤。

修复并保护肌肤 这种油有助于减少疤痕和斑点，有证据显示它可以保护肌肤免受紫外线的伤害。

抗菌作用 这种精油可有效治疗粉刺和烧伤，并可缓解瘙痒，抑制引发痘疹的细菌。

抗抑郁作用 檀香油可以驱散沮丧感和焦虑感，帮助睡眠，有助于恢复活力和能量。

催情作用 檀香可以令人振奋，充满活力，这成就了其作为催情良药的美名。

防晒作用 檀香油已被证明可以预防由紫外线照射和有毒化学物质造成的皮肤癌。科学家们正在考虑将这种成分作为可行的天然防晒剂用于人们的日常生活。

精油
配方设计师会使用纯精油，如果想要每天都用的话，可以买来后用基础油调配。认准“*Santalum album*”字样，以避免碰到次品。

树种
这种常青树生长缓慢。心材，即年长树木的中心部分，以其油脂而为人称道。过度开采和盗伐已经使这种树木濒临灭绝。因此，请确保你买的油的来源是可持续的。

制作香水

将檀香精油与依兰依兰、玫瑰、玫瑰草、黑胡椒和茉莉等精油调配在一起，可制成**温热浪漫的香水**。佛手柑精油和香根草精油也可用来搭配。

锦囊妙计

须后润肤霜 在一茶匙的浅色油如榛子或杏仁油中，滴2~4滴檀香油，可将其作为速效润肤霜。

柏树 *Cupressus sempervirens*

柏树以其**温热提神**的精油而为人所知，同时它还有**舒缓**、**放松**的功效，它非常适合用来**缓解肌肉疼痛**。此外，它还可以**刺激**循环系统，并有效地**调理**肌肤和静脉。清新的芳香使人仿佛如身临松树林中。

树种
柏树原产于地中海地区，并作为观赏树木而被广泛种植，其作为药用油已有一千多年的历史了。

精油
这种精油是用新鲜叶片和球果经过蒸汽蒸馏而成的，对于由循环系统造成的肌肤问题特别有效，如静脉曲张和蛛状静脉曲张。

制作香水

将柏树精油和松树、柠檬、薰衣草、生姜、杜松和天竺葵等精油混合在一起，可以制成**室内空气清新剂**。

奇妙用途

护理肌肤 柏树油可以调理静脉系统，有益于治疗静脉曲张、痔疮和毛细血管破损。它既适合油性或水分过多的肌肤，也适合松弛的肌肤部位，如因减肥而造成的皮肤松弛。未经稀释不可使用，可用水（如洗浴或面部蒸汽）或基础油稀释。

排毒作用 这种收敛性强，可用于调配的按摩油，可以治疗水肿，有助于减少脂肪堆积。它可以刺激循环系统，并帮助排毒。

对抗体臭 柏树油的收敛性同样有助于应对汗水过多的情况。它具有很强的除臭作用，所以是缓解脚臭的良方。

缓解疼痛 在按摩油配剂或乳液中加入柏树油，有助于缓解肌肉痉挛和痛经。

缓解压力 柏树油具有恢复精神、调节紧张情绪的作用，可用来治疗因压力而造成的紧张和疲劳。

柏树油可以治疗水肿，有助于减少脂肪堆积。

苦橙叶 *Citrus aurantium* var. amara

与橙花制成的橙花油和果皮制成的橙皮油一样，橙树上的苦橙叶也可以提供对人体有益的精油。**平衡**油性肌肤和头发是其对身体护理最有价值的功效之一。它具有**抗菌**、**护理**的作用，可用来治疗问题肌肤。**怡神**的香气有助于人们**放松**身心。

奇妙用途

清洁护理肌肤 在乳液或爽肤水中加入苦橙叶油，有助于通过控制油脂分泌，来平衡油腻的肌肤。它还可以加在洗发水中，来控制油腻的头发和头皮。

强化按摩 它可以深层护理肌肤。如用在按摩油中，有助于强化和调节消化系统。

肌肤焕新 苦橙叶油与它的“近亲”橙花油一样，有助于改善暗沉、疲倦的肤色，并因此常被加入护肤品配方中。购买时要分辨真假，苦橙叶中会掺入其他柑橘树的馏出物。购买时应认准“*Citrus anrantium* var. amara”字样，有时也被称为“Neroli petitgrain”。

抗菌作用 可以用苦橙叶油清洁粉刺、青春痘和其他皮疹。它有助于伤口在愈合时保持洁净，并可对伤口及周边皮肤加以保护。稀释后，将其涂抹在患处即可。

应对出汗过多 苦橙叶油具有收敛作用，可用来控制汗水过多的现象。它的抗菌性还有助于控制体臭。因此它是天然除臭剂的优质原料，可在家自制。

缓解压力 苦橙叶油具有镇静作用，可以有效地治疗焦虑、神经衰弱以及与紧张有关的症状。当人们感受恐慌易怒时，它有助于使人放松身体，使呼吸顺畅，降低过快的心跳。

叶片
苦橙叶油是从橙树的绿色茎叶中提取而来的。

树种
当鲜绿未成熟的橙子还是樱桃般大小时将其采摘，经过提取而制成这种具有清洁护理功效的精油。这种橙子也因此而得名为回青橙或小果实。

精油
这种精油带有木头般的草木香气，可以使暗沉的肤色恢复活力。它是经典古龙水的必备原料。

制作香水

将苦橙叶精油与橙花、玫瑰草、天竺葵和橙子等精油混合在一起，可调配成**提振精神的香水**。薰衣草精油和檀香精油也是不错的搭配。

奶制品

新鲜奶制品作为洁面乳和面膜外用时，有助于**补水保湿**，使人**恢复**气色。作为健康饮食的一部分，有证据表明，含有钙和维生素D的有机牛奶制品有助于身体的热量燃烧，使人保持体重稳定。其健康脂肪还有助于**降低血压**。

生牛奶
许多营养学家相信牛奶经过巴氏杀菌会减少其营养价值，所以推荐未经巴氏杀菌的牛奶或生牛奶。切记如果正处于孕期，最好还是避免饮用未经消毒的奶制品。婴儿和年长者则应征询专家意见。

牛奶
确保购买的牛奶和奶制品是有机的，以获取最多的营养成分，应尽量避开有害物质，如激素和杀虫剂。

酸奶
使用富含益生菌的酸奶，同时选择无糖产品，是对肌肤最为有益的。

乳脂
将乳脂中的健康脂肪涂在皮肤上，可以使气色焕然一新，使肌肤恢复活力。

锦囊妙计

泡澡 牛奶是天然的乳化剂。在鸡蛋杯大小的牛奶中加入精油，然后混入洗澡水中，有助于油脂更加均匀地分散在水中。

奇妙用途

护理并舒缓肌肤 洗浴时加入全脂牛奶，有助于软化肌肤，平复干燥、瘙痒的皮肤。

治疗粉刺 越来越多的化妆品制造商开始在面膜、乳霜和洁肤乳中使用奶制品中发现的益生菌。研究显示，这些产品中的有益菌——嗜酸乳杆菌可以防止有害细菌在皮肤上的繁殖，防止皮肤长痘。

修复并保护身体 牛奶中的一半脂肪是饱和脂肪，另一半是健康脂肪，如油酸（橄榄油中也有）、棕榈油酸和共轭亚油酸（CLA）。全脂、有机或青草饲养的乳牛，出产的奶制品中抗氧化剂和健康ω-3脂肪酸的含量更高，这些有助于改善肌肤、发质和指甲的健康状况。与此相反，非有机的奶制品含有转基因生长素和抗生素，并有杀虫剂残留。

促进新陈代谢 奶制品中含有新式的维生素B_3（烟酸），可以有助于保持机体体重的稳定，促进机体能量的消耗。奶制品中的钙还可以加快脂肪的新陈代谢。

消化健康 酸奶中的活性益生菌可以改善肠道的微生物菌群，有助于消化系统、免疫系统和必备营养成分的新陈代谢，以保持肌肤红润。

吃出美丽

选择非乳制品 如果希望获得有益菌的好处，但又对奶制品过敏，或者奶制品不耐受，仍然可以从发酵食品如味噌、豆腐、朝鲜泡菜、德国泡菜或者羊奶中，获取有益菌。

燕麦 *Avena sativa* L.

燕麦既可以**消炎**，又可以**抗氧化**，是**保护**并**舒缓**各类肌肤的理想原料。

奇妙用途

清洁和调理肌肤　不论是吃下去，还是用来涂抹，燕麦都可以用来滋润肌肤。它可以改善人体的消化功能，帮助肌肤排毒。燕麦片或燕麦胶可作为磨砂洁面膏来去除死皮，再现更为润滑的皮肤。燕麦可以给疲倦的皮肤补水，并使之重现活力。

修复并保护肌肤　可以用燕麦来治疗肌肤问题，如湿疹、晒伤和过敏反应。如果皮肤瘙痒难耐，可以在洗澡时，用棉布袋装一把燕麦，滋润肌肤，并缓解瘙痒症状。

燕麦胶
燕麦胶可用于化妆品配方中，或溶解于洗澡水中，它能让人泡个舒服的澡。

燕麦颗粒
燕麦除了植物纤维外，还富含健康脂肪和抗氧化的营养成分。

麦麸 *Triticum vulgare*

麸皮可用于去角质的产品中，除了作为**抗氧化剂**以外，它还可以用来**调理肌肤**。

奇妙用途

对抗衰老　麦麸有助于成熟性肌肤补水，并保护其免受自由基的伤害。研究显示，麦麸还含有对抗自由基的阿魏酸，它是抗老化的脸部产品的重要成分。

调理并舒缓肌肤　麦麸具有柔和的清洁作用，可增加产品的润肤效果，可用于敏感性肌肤、湿疹和牛皮癣。

防晒作用　麦麸提取物可以吸收紫外线，有助于在日晒时保护肌肤。请牢记先在肌肤局部试用。

麦麸
麦麸是加工精制小麦时的残留物，富含蛋白质、维生素B和矿物质。作为不可溶性纤维的优质来源，它可提高食物通过消化道的效率。

糖 *Sucrose*

作为一种天然的保湿剂，糖通过在肌肤表面**聚拢水分**，帮助肌肤保湿。此外，它还具有温和但有效的**去角质**功效。

奇妙用途

清洁并调理肌肤　糖粉中兼有乙醇酸和果酸（AHAs），有助于去除死皮，甚至无需摩擦，便可平衡肌肤。

肌肤去角质　与盐结晶相比，糖颗粒中含有较多圆角，因此更适合敏感性肌肤。洗脸时，若不适合使用强力去角质的产品，不妨试试糖粉。

红糖
与其他糖相比，红糖中含有较多的天然杀菌成分和乙醇酸，有助于肌肤焕发光彩。

糖粉
糖粉保留了砂糖中的乙醇酸和果酸，但对肌肤的作用要更为温和些。

豆荚
这种香料常用于亚洲美食和中药中，事实上，它是这种树木的干果。

精油
这种精油是新鲜和部分干燥的果实经过蒸汽蒸馏而制成的。

八角 *Illicium verum*

八角带有浓烈的甘草味，是潜在的**抗菌剂**和**除臭剂**，具有一系列**平衡肌肤**的功效。

奇妙用途

抗菌作用 八角油有助于对抗肌肤上的细菌或真菌，可用来治疗头上的虱子和螨虫。

对抗体臭 八角油常被用于香皂中来去除体臭。它可以用作天然口气清新剂。

应对油性肌肤 八角的平衡作用有助于治疗油性肌肤。

舒缓压力 八角油具有镇静作用，可以平复过快的心跳，有助于睡眠。它适合与柑橘、雪松、香茅、薰衣草、苦橙叶或玫瑰草等精油调配在一起。

豆荚
小豆蔻籽可以制成具有刺激和排毒作用的油，有助于改善循环系统和消化系统的功能。

精油
这种精油是将即将成熟的果籽经过蒸汽蒸馏制成的。

小豆蔻 *Elettaria cardamomum*

小豆蔻油具有**抗菌**作用，可用于天然**漱口水**和**除臭剂**中，还可以**促进**循环。

奇妙用途

对抗体臭 小豆蔻油是身体和足部除臭剂的极佳添加物，它可以杀死引发臭味的细菌。

护理牙齿和牙龈 作为漱口水，小豆蔻油有助于杀死引发牙周病和口臭的病菌。

排毒作用 按摩时使用这种油可以促进血液循环，帮助机体排出毒素，同时具有温和的利尿作用。

提高幸福感 小豆蔻油有助于安抚胃部不适，并使人在疲劳时恢复精神。

催情作用 这种精油同时还有催情良方的美名。

干花苞
虽然我们将丁香当作一种香料，不过实际上它是一种药草，来自于这种树木干枯的花苞。

精油
这种精油是从叶片、茎秆和花苞中提取而成的。长期大面积使用，会引发皮肤过敏。

丁香 *Eugenia caryophyllata*

丁香油还具有**抗菌**作用和**止痛**效果。通常，使用前应将其充分稀释，在最终的混合物中，丁香油的浓度不应超过1%。

奇妙用途

治疗粉刺 丁香油有助于杀死引发粉刺的细菌。它的消炎性还有助于缓解引发疼痛的炎症和红肿的青春痘。

护理牙齿和牙龈 丁香油是有效的抗菌剂，它可以保持牙齿和牙龈健康，有助于缓解牙龈红肿和牙齿疼痛。

提高注意力 丁香油可以提高注意力。

催情作用 丁香油具有催情作用。

黑胡椒 *Piper nigrum*

黑胡椒可以给化妆品和芳香疗法配剂增添**温热**辛辣的气息。取少许外敷，还可以起到**抗菌**、**保持精力充沛**的作用。黑胡椒具有缓解疼痛的作用，是按摩油的理想补充成分，它可以缓解肌肉和关节疼痛。

奇妙用途

缓解疼痛 黑胡椒油具有消炎功效，对于治疗疲劳、四肢疼痛和肌肉酸痛的产品来说，是极好的添加物。

治愈伤口、擦伤和瘀斑 黑胡椒油可以刺激循环系统，有助于加快瘀斑愈合，并具有抗菌功效。

缓解压力 黑胡椒油可以提高注意力，并有助于应对精神萎靡和疲劳。

吃出美丽

黑胡椒 这种香料对食物而言，远远不只是风味的意义。研究显示，其主要成分胡椒碱具有抗氧化、消炎和抗菌功效，有助于保护消化道免受疾病困扰。

制作香水

将黑花椒精油与广藿香、香草、红木、薰衣草、葡萄柚和佛手柑等精油混合在一起，可以制成**辛辣刺激的香水**。

精油
这种精油是由未成熟果实干燥压碎后，经蒸汽蒸馏而成的。如果没有充分稀释，会刺激皮肤。

胡椒籽
胡椒籽是原产于印尼的攀援藤木的干果。

盐 *Sel*

盐可以增加护肤品**清洁**、**保湿**和**舒缓**的功效。应选择没有添加抗结剂或碘的纯盐。用于化妆品时，它可以作为增稠剂、乳化剂和**防腐剂**。

奇妙用途

调理并舒缓肌肤 盐有助于肌肤保持天然水分平衡。它如同保湿剂，可以在肌肤上聚拢水分。

修复并保护肌肤 矿物盐，如死海盐，富含镁和钙，可以通过增强肌肤的屏障功能，来提高保湿性。对于油性或易长粉刺的肌肤，还起到平衡的作用。

排毒作用 浸泡盐水，有助于皮肤排毒，并改善肤色。

护理牙齿和牙龈 温水与盐可以制成极好的漱口水，有助于缓解和治愈牙龈疼痛和出血。

盐可以通过增强肌肤的保护功能，来提高保湿性。

死海盐
死海盐富含呵护肌肤的矿物质，有助于治疗湿疹和牛皮癣之类的肌肤疾病，应确保其来源是可持续的。

海盐晶体
这种晶体通过海水蒸发来收集，可以调理和舒缓肌肤。

泻盐
泻盐中的硫酸镁含量特别高，非常适合用来缓解肌肉疼痛。

白兰地
有些人喜欢用白兰地制作酊剂，因为它带有淡淡的甜香味。

伏特加
高度伏特加无色，非常纯，是制作酊剂的理想基底。

蒸馏醋或白醋
这种清透、精制、发酵的温和的醋是用蒸馏酒精制成的，由5%~8%醋酸和水组成。它非常适用于绝大多数美容方式。

苹果醋
这种生机食品是用苹果汁或苹果渣制成的，常与其酵母一起售卖，即瓶中如云团状的益生菌。

酒精 *Ethanol*

酒精是上佳的天然**防腐剂**。它还可以作为精油的**固定剂**，是天然**溶剂**，可以作为自制酊剂的基底（参见41页）。自制化妆品时，应使用高度食用酒精，如伏特加或白兰地。

奇妙用途

溶解作用 酒精主要有助于提高溶解和调配精油的效率。它非常适合用来制作身体喷雾和天然香水。对于酊剂而言，它可以将药草中的活性成分溶解到溶剂中。

抗菌作用 酒精可以在皮肤受伤时起到杀菌作用。在自制化妆品时添加，还可以作为有效的防腐剂，预防有害细菌的滋生。

护理头发和头皮 试着在250毫升的水中放入4茶匙迷迭香碎末或一大根新鲜药草，浸泡一整夜，然后用滤网或咖啡过滤器过滤。用这种液体按摩头皮，自然晾干后，正常洗头发，或者用冷水简单冲洗一下。

与苯甲酸酯类的合成防腐剂相比，酒精对肌肤的危害较小。

醋 *Acetic acid*

醋是一种廉价的传统家用美容品，具有**收敛**、**除臭**和**抗菌**的功效。内服时，对身体具有**平衡**和**碱化**的作用。它还可以**调理**和缓解肌肤红肿或发炎的状况。

奇妙用途

调理和舒缓肌肤 在洗澡水中加醋，有助于舒缓干燥瘙痒的肌肤。同时它还可以有效地治疗晒伤和昆虫叮咬引起的皮肤疾病。

治疗粉刺 对于油性或易长粉刺的肌肤，醋具有平衡作用。直接涂抹，有助于杀死细菌，并使破损处结痂。

护理头发和头皮 用醋洗头皮可以去除头皮上堆积的杂质，呵护头发，使头发柔软。它还可以有效地缓解头皮发痒和去除头皮屑。

吃出美丽

苹果醋 每天早上，用水送服一两汤匙苹果醋，有助于身体排毒和碱化，可使肌肤保持洁净。它还可以促进新陈代谢。

锦囊妙计

对抗脚臭 在一大盆或塑料碗的温水中加上一杯醋。让疲倦的双脚好好泡上20分钟，除了使人感到舒缓以外，还可以对抗脚臭。

天然基底

水 *Aqua*

除了具有**保湿**作用以外，水分还是天然溶剂以及温和的**清洁剂**和**爽肤水**，它可以给产品带来轻微的**清爽**功效。自制产品时，可以使用矿泉水或已过滤的水作为原料。

奇妙用途

清洁并护理肌肤 凉水具有紧致和护理肌肤的功效。此外，使用水基产品或者水油乳液，肌肤会感觉轻盈，产品也易于吸收。

清洁肌肤 面部蒸汽中的热水有助于打开毛孔，清洁肌肤。如果想要获得更好的护肤效果，可以在面部蒸汽时加几滴精油，如乳香和桉树精油。研究显示，虽然软水可以缓解皮肤干燥，但是饮用富含钙和镁的硬水，更有益于心脏和骨骼。

吃出美丽

水 确保每天至少饮用2升水，有助于保持有效的肾脏功能，去除毒素和使肌肤暗沉的废物。

水
水可以在体内补水，并保持外在洁净。如今的自来水中含有大量工业污染物，简易的台式过滤器就也可以过滤掉这些杂质。

黏土 *Phyllosilicates*

黏土是**护理**肌肤、**加快**循环和**恢复**气色的天然良方，它可以去除灰尘、油脂和死皮。在美容产品中，将黏土与花水、药草水或芦荟汁混合在一起，可获得最佳效果，也可以在最终的混合物中加入少许基础油。

奇妙用途

排毒作用 黏土有助于刺激循环系统，帮助肌肤排出毒素和杂质。

清洁并调理肌肤 它具有深层清洁的作用，特别是对于油性或易长粉刺的肌肤而言。它还有紧致和护理的功效，有助于改善下垂肿胀的肌肤以及粗大的毛孔。当你不想或者不能使用香皂时，可以试着在洗澡水里溶解一点黏土，这样做，可以清洁并舒缓肌肤。

护理并舒缓肌肤 如果皮肤出现湿疹或晒伤，或者被昆虫叮咬了，黏土可以起到舒缓的作用。

你可以试着在洗澡水中溶解少许黏土，以取代香皂。

高岭土
高岭土也被称为中国黏土，富含钙、硅、锌和镁。它具有轻微的吸收性，可以用于面膜和其他适用于敏感性肌肤的化妆品中。

膨润土
膨润土富含矿物质，是蒙脱石和火山灰的混合物，具有很好的吸收效果，非常适合油性肌肤和头皮。

生黏土
生黏土是由海中的黏土制成的，是高效吸收剂。除了非常适合做面膜，还可以用于敷布或者泥敷剂，来排出肌肤中的杂质。

FACE
面部护理

不论你是哪种肌肤或者属于哪个年龄层，你都可以通过**健康**的护肤习惯和一系列高效的**天然**护肤品，来向世人展示自己的**美丽**容颜。这些产品既可以通过购买获得，也可以自制而成。

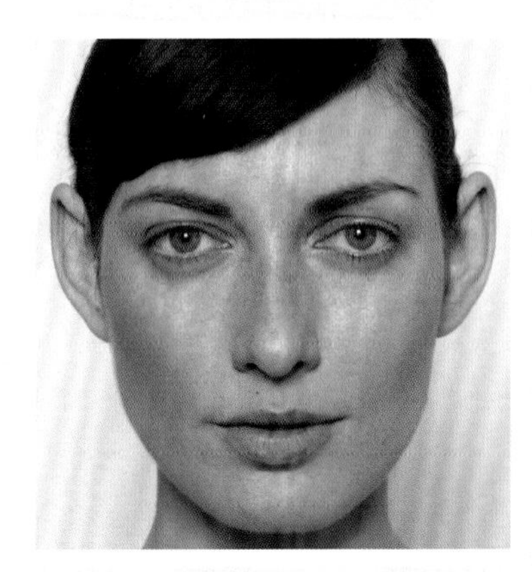

肌肤类型

作为制定护肤计划的至关重要的第一步，我们需要清晰地分辨出自己的肌肤类型，再根据我们的生活方式和饮食习惯来将其加以调整。每个人都对自己的肌肤状况多多少少了解一些，你可能已经做过测试，查看过对照表，抑或你拥有自己的美容顾问。但是肌肤类型会随着时间而改变，所以最好定期进行复查。

分辨肌肤类型

肌肤类型并非是一成不变的，所以我们应把它当做参考，而非准则。不过，这张简易流程表可以帮助你掌握你的基本类型情况。

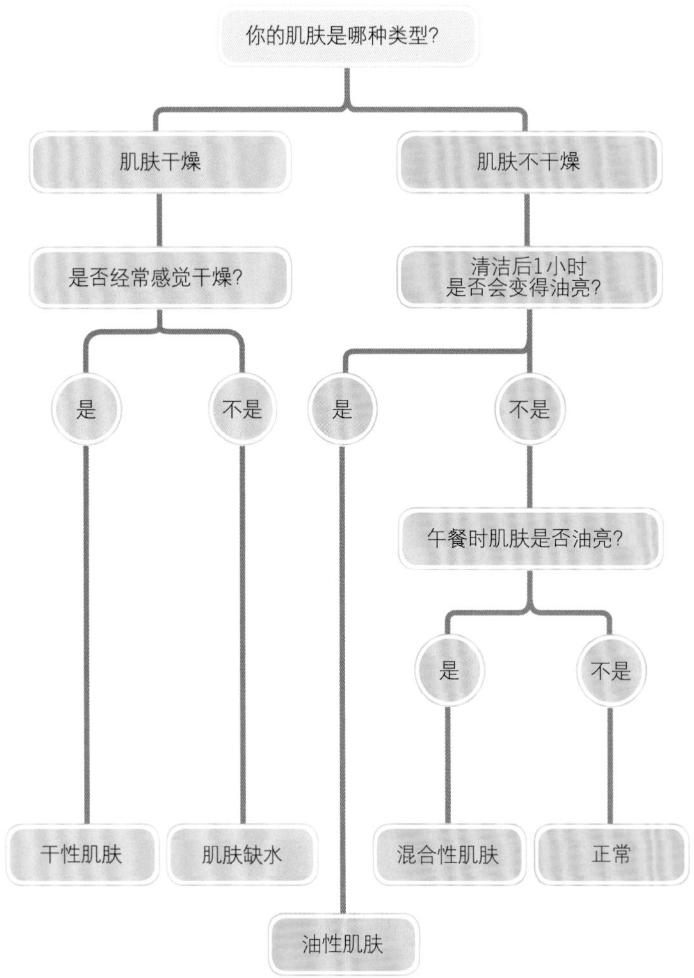

你的肌肤是哪种类型?

肌肤干燥

是否经常感觉干燥?

是 → 干性肌肤

不是 → 肌肤缺水

肌肤不干燥

清洁后1小时是否会变得油亮?

是 → 油性肌肤

不是 → 午餐时肌肤是否油亮?

是 → 混合性肌肤

不是 → 正常

正常肌肤

许多人会想方设法地让自己的肌肤类型恢复“正常”。从美的角度来看，所谓的正常肌肤不过是一个简称，即皮肤无斑点，红润光亮，短时间接触外在的风吹日晒可以复原，不会太油腻或太干燥，至少可以在一段时间内进行自我调节以对抗老化。

分辨肌肤类型可以帮助我们学习如何呵护自己的肌肤。

肌肤的影响因素

遗传在很大程度上决定了我们的肌肤类型，除了肤色和肤质以外，还包括对某些肌肤问题的敏感性。在预防性护理中，通常会参考家族史。例如，如果你知道你的母亲皮肤白皙，并容易被晒伤，而你的肌肤类型又与她相似的话，就需要格外注意防晒了。

不过，遗传并非代表一切。饮食习惯和护理方式对于肌肤健康同样也有着重要的影响。在我们的一生中，肌肤类型也不是一成不变的，其中绝大多数的显著变化出现在激素剧变的时期，如青春期、怀孕期和更年期。

肌肤作为一个活体器官，一直处于动态之中，并且会对身体内外的变化作出回应。如果你认为自己是“敏感性肌肤”的话，你可能会出现食物过敏，或者比较容易被美容品或化妆品刺激到。去除过敏原后，你的肌肤则会完全变成另外一种类型。

正常肌肤

正常的肌肤柔软顺滑，不容易出疹子，并且健康红润。它仅需最低限度的正常清洁，使用清爽的润肤霜，即可保持肌肤洁净、健康。随着年龄的增长，正常的肌肤容易变得干燥，因此需要更为滋润的润肤霜。

草本疗法 接骨木花、药蜀葵、金盏菊和薰衣草。

精油 天竺葵、薰衣草、玫瑰草、乳香和玫瑰。

护肤的基本原则

不论我们的肌肤是何种类型，它都会从定期的保养和日常护理中受益。与身体的其他部位相比，面部肌肤纤薄娇嫩，所以需要小心照料。根据本篇中的肌肤类型知识，选择适合你的产品和护理方式。即使你属于正常肌肤，你也需要参考92~93页的“容光焕发的保养之道”一节中的详细内容。

清洁

早晚需要给皮肤做彻底清洁。不要使用强效洁肤乳或者用力擦洗。选用有机认证的产品，以确保洁肤乳中没有大量会刺激肌肤的强效清洁剂和防腐剂，并且使用后应冲洗干净。如果你使用油基洁肤乳，应使用棉布或超细纤维清洁布，它除了可以擦掉妆容和灰尘外，还可以去除残留的洁肤乳。在使用棉布或清洁布时，应轻轻将肌肤拍干，不要用力擦拭。

爽肤

虽然不少人觉得爽肤水可有可无，但事实上，不论是使用简单的草本水或花水，还是更为复杂的产品，爽肤水都是护肤过程中至关重要的一步。一瓶优质的有机爽肤水，富含滋润的草本提取物和抗氧化剂，有助于调整肌肤，并为涂抹滋润霜作准备。运动后，用爽肤水清爽面部，防止汗水阻塞毛孔，使肌肤看起来斑斑点点的，同时会避免加重已有的肌肤问题，如粉刺。

滋润

不论是何种肌肤类型，都需要滋润，即使是容易出油和（或者）易长粉刺的肌肤。好的润肤霜有助于保持肌肤健康、光亮、柔嫩。根据自己的肌肤情况，来选择合适的润肤霜。正常的或混合性肌肤只需要轻盈的乳液，而容易干燥的肌肤则需要滋润霜的呵护。油性肌肤最适合凝胶型产品。不论是哪种肌肤类型，你都需要在夜间使用滋养霜，它可在睡觉时修复肌肤。应使用有机认证的产品，以确保肌肤获得其所需要的一切的同时，没有任何人工的化学成分来伤害肌肤。

敷面膜

每周敷一两次优质面膜不单纯是一种享受，它还可以深层清洁、复原、调整和有效滋润肌肤，令其光彩照人。避免使用带有非必需的色素和防腐剂的强效或合成面膜。相反，可以用矿物质黏土（参见128～131页的配方）自制简易面膜，或者选择用优质草本提取物制成的产品，它除了有抗氧化成分外，还有必需脂肪酸这种呵护肌肤的成分，有助于巩固肌肤的天然保护层，并加以修复。

去角质

每周温和去角质一两次，可以去除暗沉老化的肌肤细胞，促进新细胞生长，使健康肌肤自然循环（参见14～15页）。去角质可以使肌肤更加光滑亮丽。使用优质的磨砂膏或磨砂乳，无需用力擦洗，否则会适得其反，特别是对于娇嫩的面部肌肤而言。避免使用强效的化学去皮剂，可选择使用天然成分的产品，如燕麦、碎种子和黏土。

防晒

许多面霜中含有防晒成分。如果你一天中的绝大多数时间是在室内的话，这些成分不是必须的，它只是给你的肌肤添加了化学品而已。多数女性仅仅在早上涂抹一次防晒霜。如果你整天都待在室外，这种方式起不到防晒效果，所以你必须按时重新涂抹，以保持其效力。

如果你要在户外待一整天，用矿物质制成的优质有机防晒霜是必须的。即使是多云或者冷天，紫外线依然会通过水、沙子和雪来反射。黝黑肌肤远非健康红润的体现，它只是肌肤预防晒伤的自我保护而已。当肌肤由黝黑变成晒伤时，这种损伤会增加皮肤癌的患病几率。

自制蜂蜜燕麦磨砂膏（参见122～123页）。它可以温和去除脸部的角质，使肌肤柔软、光滑和湿润。

SPF的奥秘

大多数人知道防晒系数（SPF），但是极少数人真正明白它的含义。你可能会认为SPF30的防晒效果是SPF15的两倍，但事实却并非如此，因为SPF等级并不是线性的。没有哪 种防晒霜可以做到百分之百防晒，但是如果你是容易晒伤的敏感性肌肤，数值高一点，其效果是不同的。切不可将防晒霜作为唯一的防护手段。在正午时分，找块阴凉地躲避阳光暴晒是明智的选择，可能的话尽量穿戴防护衣和帽子。

防晒等级

SPF 15

SPF15：抵挡93%的紫外线照射。

SPF 30

SPF30：抵挡97%的紫外线照射。

SPF 35

SPF50：抵挡98%的紫外线照射。

干性肌肤

干性肌肤娇嫩，并容易脱皮和生长细纹，简单来说，它无法有效地保湿。它会造成皮肤不适的症状，如清洗后皮肤感觉瘙痒紧涩。在极少数情况下，它还会引发湿疹、牛皮癣、龟裂、开裂和感染。干性肌肤通常是由基因决定的，但是随着年龄增长，皮肤的油脂分泌减少，皮肤干燥在人群中会越来越常见。

适于使用

选择温和的美容产品。使用适合敏感性肌肤的洁肤乳，它不含有可能导致干燥的酒精或香料。清洗肌肤时，应使用大量的温水，切不可用开水，开水会去掉脸部的天然油脂，这些油脂是有助于肌肤保持湿润的。每周一次的温和去角质，可以去除死皮。避免使用含有盐和糖的磨砂膏，而要选择擦拭效果温和的产品，如燕麦，不会给肌肤造成压力。此外，燕麦还含有皂苷（植物性洁肤乳），可以温和地去除油脂、灰尘和死皮。

选择温和轻柔的香皂或洁肤乳，避免使用除臭皂及除臭产品，它们含有酒精、香精、维甲酸、水杨酸或者果酸（AHA），参见18~19页。

用毛巾轻轻拍干肌肤，不要在洗浴时用力擦洗，或者总是使用丝瓜络（海绵），或其他强效去角质的洗浴工具。

在洗浴和洗手后，立刻使用滋润的保湿乳。与乳液相比，酊剂或者浓厚的乳霜可能效果会更好，不过它们渗透的速度较慢。

选择植物油成分的产品，以取代那些用矿物油制成的产品。全天应根据需要重新涂抹。

尝试使用加湿器，不要让室内温度过高。

冷天外出或者使用日常清洁产品时，要戴手套。

尝试穿着天然纤维的衣服，尽可能使用低敏感性的洗衣粉，注意与肌肤接触的一切事物。

轮廓线
前额及眼睛的四周部位容易长细纹和皱纹。

红斑及干癣
对长斑的、干性或发炎的肌肤来说，脸颊及发际线容易成为肌肤问题的重灾区。

干燥或脱皮的肌肤
鼻孔可能会变得特别干燥，特别是在寒冷的天气中。

锦囊妙计

未经提纯的椰油可用来治疗所有干性肌肤问题，并改善肌肤的健康状况。每天在皮肤上涂抹两次，可缓解炎症，减少水分流失。研究显示，这种实惠的油脂有助于治疗过敏性皮肤炎——一种导致肌肤干燥红肿的过敏反应。

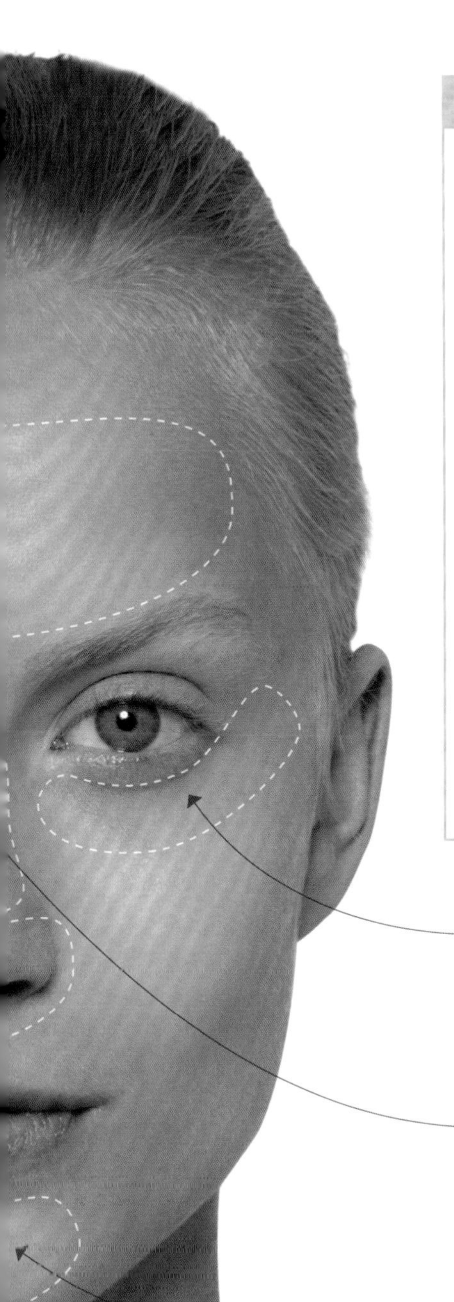

天然助手

在产品中使用草本植物以及精油，并且（或者）选用保湿补充剂。

草本治疗 甘菊、玫瑰、紫草、药蜀葵和万寿菊。

精油 甘菊、茉莉、橙花油、玫瑰草、玫瑰和檀香。

滋润油 鳄梨、摩洛哥坚果、葡萄籽、橄榄、玫瑰果籽和小麦胚芽。

有效补充剂 锌、亚麻籽、夜来香和紫草。

缺乏弹性
娇嫩的眼周区域缺乏柔韧和弹性，会导致眼睛肿胀和眼周皮肤长细纹。

看不见毛孔
干性肌肤有一个好处，与其他类型的肌肤相比，干性皮肤的毛孔几乎看不见，特别是鼻子和下巴区域的皮肤。

干癣
下巴的肌肤很容易干燥。通常来说，极端天气和（或者）强效洁肤乳会使肌肤状况进一步恶化。

避免使用

如果你的肌肤非常干燥，通常要不了多久，就会变得粗糙脱皮，特别是在手背、胳膊和腿部。不过如果可以避免一些不良事项，则可以减轻这些症状。面对炎热酷寒，干性肌肤会龟裂脱皮，出现瘙痒或发炎。虽然室内加热器和空调已经成为大多数人的基本生活电器了，但是它们会使这些问题进一步恶化。

将洗浴时间限制在5～10分钟。如果肌肤特别干燥，每天只洗一次澡。试着保持身体凉爽。

避免暴露在极端天气中，如风吹日晒或者寒冷的气候。

切不可使用日光浴床，因为来自日光浴床的紫外线照射和长时间的日晒会使肌肤变干燥。

合理饮食

检查身体对食物或化学品的过敏情况 过敏原可能会使肌肤变干，或者进一步恶化。可以通过微调饮食，来进行观察。

食用ω-3脂肪酸（会出现在鱼油、橄榄油、坚果和种子中）有助于提升肌肤的保湿性。科学研究显示，按时服用亚麻籽和琉璃苣油的补充剂，可以显著提高肌肤的含水量，并减少粗糙的斑点。

饮水是肌肤健康的必要条件 科学尚无法证明额外饮水可以帮助肌肤锁住更多的水分，但是它的确可以让肌肤更加容光焕发。应确保每天饮用至少2升的水。

容光焕发的保养之道

我们的肌肤是整体健康和幸福感的一面镜子。美丽健康的肌肤不应该是奢侈品，不是只有那些能够承担昂贵护肤品的极少数人才能享有。对于大众而言，拥有良好生活习惯和谨慎选择就可以得到。按时使用适合自己肌肤类型的天然护肤品，保持营养丰富的合理膳食，就可以让我们的肌肤清透水润、容光焕发。

每日护理

1

清洁

使用洁面乳或者清洗剂，可去除妆容和灰尘。好的清洁产品会使肌肤洁净，但不会干涩。

使用方法

在每天早晚进行清洗，可遵循使用说明，卸去所有妆容。

2

爽肤

使用爽肤水，清爽肌肤，收缩毛孔，去除残留的洁面乳，并为肌肤保湿作准备。爽肤水会保持皮肤湿润，而不会使其干燥。

使用方法

每天两次，将爽肤水滴在脱脂棉上，擦拭肌肤，特别适用于毛孔粗大的肌肤。

3

涂抹精华液

精华液，也称为浓缩液，可以给肌肤提供特殊的营养成分，如抗氧化剂或抗老化植物萃取液。与滋润霜相比，它们的渗透效果更好。好的精华液吸收快，没有刺痛感。

使用方法

在滋润霜和（或者）化妆品之前使用。轻拍于肌肤上，使其充分渗入肌肤中。

4

滋润保湿

滋润霜的滋润程度取决于肌肤类型（参见86～87页）。可以使用单纯的坚果油或者乳霜。使用后，肌肤应感觉柔软滋润，不会感到油腻。

使用方法

早上化妆前使用轻盈的面霜，晚间清洗后应使用滋润型面霜。轻拍于干燥部位，并避开眼睛四周。

每周护理

敷面膜

面膜可以深层清洁肌肤，去除所有的灰尘，还可以改善肌肤状况。油性肌肤的人应使用具有温和收敛作用的面膜，而干性肌肤的人则应使用滋润型面膜。这样可以使肌肤感觉洁净光亮，为涂抹滋润的精华液和润肤霜作好准备。

使用方法

爽肤后，先敷于脸部的中间位置，然后是脸颊。根据使用说明确定时间长短，大约10分钟，敷完后将其冲洗干净。

去角质

脸部去角质可以去除死皮，清爽肌肤，并为吸收精华液或滋润霜作好准备。好的磨砂膏或磨砂乳，会用微小的颗粒温和地去除皮肤的角质，而不会使其红肿。

使用方法

爽肤后，用指尖在脸上小范围打转，并避开娇嫩的眼周部位，之后将脸上残留的去角质产品冲洗干净。

重要的植物萃取物

这种天然植物萃取液经过时间的检验，有助于使肌肤光亮健康。

玫瑰 有助于肌肤保湿，具有舒缓作用，增加肌肤光泽，减少红肿。

扁桃仁油 扁桃仁油轻盈易吸收，有助于平衡肌肤的水分，是适合各类肌肤的天然滋润霜。它可以改善肤色，使你拥有“健康青春的容颜”。

摩洛哥坚果油 这种油的维生素E和脂肪酸含量高，除了非常适合治疗各类皮肤病，还可以预防肌肤因为氧化而过早衰老的问题。它还含有植物固醇，可以促进肌肤的新陈代谢，缓解炎症，获得极佳的锁水效果。

可可油 这种油不仅为我们带来巧克力的风味，同时还对干性肌肤格外有效，包括脸部和身体。可可油制作的乳液和乳霜滋润、细腻、黏稠。它富含抗氧化成分，使肌肤柔软润泽，增加弹性，减少干燥。

拯救肌肤

- 形成良好的日常习惯，每天清洁、爽肤、涂精华液和滋润霜。这样做有助于保持肌肤年轻，预防长斑。
- 保湿前用冷水打湿脸部，这是早上的简单梳洗方法。
- 每天饮用足量的水（一天至少2升）。这样做有助于保持肌肤清透，可由内而外地保湿。
- 运动可以改善肤色，使肌肤保持弹性。运动还可以增加皮肤的血液流动，使其健康红润。

尝试如下配方：

基本洁面膏，103页；
两段式洁面乳，104页；
乳香爽肤水，107页；
橙花油面部喷雾，107页；
可可油滋润霜，109页；
摩洛哥坚果滋润霜，110页；
生黏土净化面膜，131页。

混合性肌肤

如果只有某些地方油腻，其他地方是中干性皮肤，这就是所谓的混合性肌肤。混合性肌肤可能会在长斑和长粉刺的同时，伴有一块块干燥脱皮。这种类型的肌肤可以采用混合型护肤方式，在脸部油腻的部位使用对应类型的产品和涂抹方式，而在较为干燥的区域采用另一种方式。你可能会发现，混合性肌肤会随着日常习惯的简单改变而自我调整。

适于使用

许多混合性肌肤的人会发现他们可以自己调节肤质。你是否使用某些太干或太油的产品，或者某些含有刺激性防腐剂、色素或香精的产品？你是否在清洗和擦洗时太过用力？

使用温和的洁面乳和香皂。避免使用除臭香皂和含有酒精、香精、维甲酸、水杨酸或果酸（AHA）的产品，参见18~19页。

使用花水作为爽肤水，如玫瑰或橙花。

定期滋润，避免使用会阻塞毛孔的浓厚乳霜，应使用较为轻盈的乳液。

尝试用水基化妆品替代油基产品。绝大多数有机化妆品会在配方中用水作基底，尝试使用这些水基化妆品以减少脸部的油腻程度。

避免使用

造成油性或干性肌肤的因素有些是无法控制的，如年龄、基因和激素变化。不过下面这些行为可以用来帮助我们。

拒绝强效产品，如不够温和的洁面乳和去角质产品，它们会让干燥的部位更加干燥，使油腻的部位更易出油。

不要带妆睡觉，否则会长斑和粉刺。

减少风吹日晒，天气晴朗时，使用矿物质成分的防晒霜；寒冷或起风时，则多穿戴衣物。

天然助手

制作或购买含有这些药草和精油的产品。每天服用补充剂的话，还可以平衡肌肤。

草本治疗 玫瑰、薰衣草、接骨木花、蒲公英、牛蒡、紫草、西洋蓍草和金盏花。

精油 天竺葵、依兰依兰、佛手柑、薰衣草、玫瑰草、乳香、橙花油、玫瑰和茉莉。

滋润油 榛子、荷荷巴、葡萄籽、小麦胚芽和鳄梨。

有效补充剂 维生素B和锌。

薰衣草

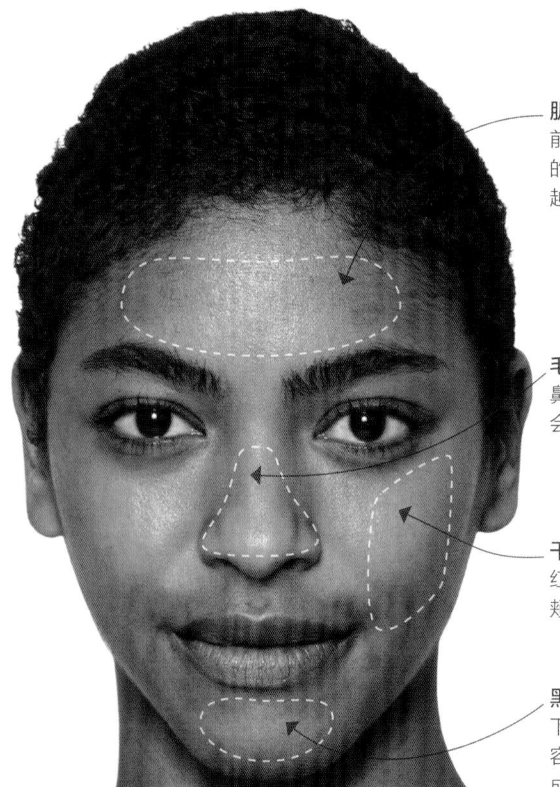

敏感性肌肤

通常来说，敏感性肌肤干燥，且易于脱皮、发痒和红肿，还容易出现过敏反应和毛细血管破裂。任何年龄或性别的人都可能出现敏感性肌肤，但是遗传基因和风俗习惯起到一定的作用。比如，许多与敏感性肌肤有关的皮肤问题，如粉刺、湿疹、牛皮癣和红斑痤疮，易于在家族中代代相传，而亚洲人对于清洁剂特别敏感。

适于使用

在医师的指导下做个过敏测试，有助于找出你的过敏原，并加以回避。即使皮肤敏感问题是由食物过敏或不耐受引发的，也会因为在肌肤上使用强效化学品，而导致进一步恶化。

做斑贴测试。对于不熟悉的产品，要在使用前做斑贴测试。

使用温和产品。应使用温和、天然、有机和（或者）低敏感性的产品，因为它们低泡，所含成分极少。每天用它们清洗和滋润两次。

涂抹滋润霜。趁着肌肤仍然湿润时涂抹滋润霜，然后拍干。

避免使用

应对敏感性肌肤的关键在于“温和”。小心呵护肌肤意味着要学会避免那些会刺激它的情况。

不要洗热水澡和淋浴。每天用温水淋浴或洗浴一次已经足够了。

拒绝使用浓香型肥皂、高效除臭剂，以及强效去角质产品和爽肤水。

不要带妆睡觉，如果可以的话，避免使用防水型化妆品，因为需要强效清洁剂才能将它们洗干净。

在室内外避免接触极端气温。可能的话，不要晒太阳；如果不行的话，需要涂抹用矿物质制成的优质防晒霜。

天然助手

制作或购买含有这些药草和精油的产品。你可能希望每天都作补充，帮助镇静肌肤。

草本治疗　金盏花、燕麦、绿茶、芦荟、紫草、万寿菊、繁缕和药蜀葵。

精油　甘菊、罗马甘菊、薰衣草和玫瑰。

滋润油　杏仁、鳄梨、扁桃仁、荷荷巴、小麦胚芽、玫瑰果籽和琉璃苣。

有效补充剂　益生菌、ω-3脂肪酸、维生素B_5和维生素E。

药蜀葵

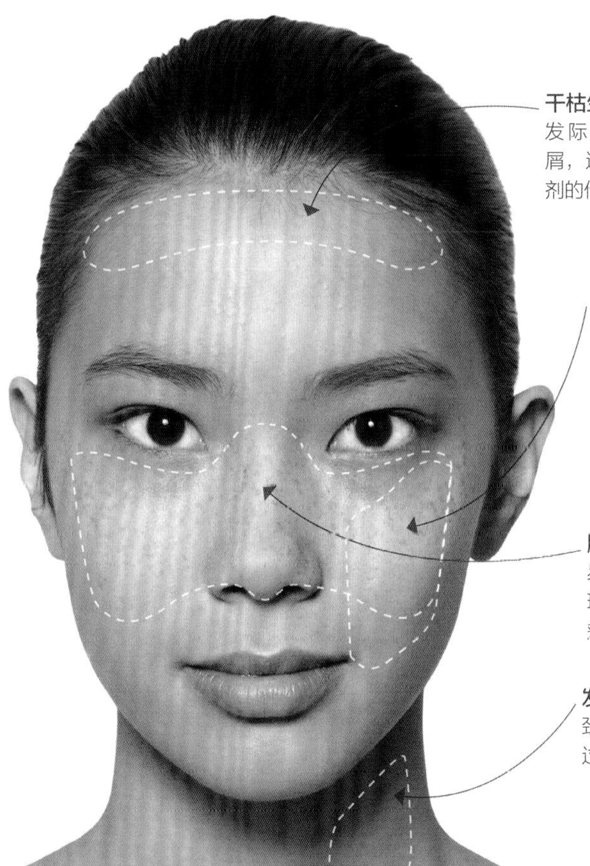

干枯生屑
发际线和脸颊容易干枯生屑，这种问题会在强力定型剂的作用下进一步恶化。

炎症斑点
脸颊和发际线容易出现红色、凸起和发炎的斑点。脸颊还会变得瘙痒刺痛，或者感觉像被烧伤了。

脸红
易于泛红或大面积的红斑通常横跨于鼻子和脸颊处。

发红
颈部的肌肤可能会因为过敏反应而发红。

油性肌肤

油性肌肤通常是基因遗传或激素改变的产物。身体分泌的激素除了会在青春期引发油性肌肤外，还会在月经期、孕期和更年期引发油性肌肤。这些改变会促使身体分泌出较多的油脂，与死皮混合在一起，阻塞毛孔，不过油脂也可以滋润肌肤，不容易使皮肤长皱纹。

适于使用

油性肌肤可能有点暗沉，易长青春痘和粉刺。你不能引发激素的改变，但是仍有许多其他改变可以尝试。使用温和收敛的美容品，有助于平衡肌肤，并保持毛孔清洁。

每天早晚清洁两次。必须按时清洁，以保持毛孔清洁，并减少皮脂的堆积。不要用力擦洗，或者让肌肤“纯洁无瑕”，应将肌肤上的产品彻底冲洗干净。

使用收敛爽肤水，有助于一整天控制油腻光亮。如果你汗水很多，可用爽肤水擦脸，这样可确保毛孔保持洁净。

使用“不会引起粉刺”的产品。如果产品上有这种标志，意味着它不含任何会阻塞毛孔的成分。

随身携带装有温和紧致的金缕梅药草水或橙花水的喷瓶，以便白天喷药草水在脸上。

试着用水基化妆品取代油基产品。绝大多数有机化妆品会在配方中使用水作基底。尝试使用这些产品，以减少脸部的油腻感。

滋润，即使是油性肌肤同样也需要保湿。选择轻盈的乳液，而非浓厚的乳霜，或者使用不含油脂的滋润霜。

因为油腻情况会根据天气而改变，所以要随着季节变化来调整护肤品。在冷天，皮肤有点干燥时，使用较为轻盈的乳液；而到了较为暖和的时节，可以使用深层清洁的产品。

长痘的原因

成年后，粉刺和斑点的出现远非简单的油性肌肤或正常的激素出现了变化这么简单。它们还与不良饮食习惯、环境毒素有关，可能是其他问题的副作用结果，如肝功能衰竭或多囊性卵巢综合征。压力也是造成肌肤问题的原因之一。不论是身体上的，还是精神上的，压力可以使皮肤趋向油性肌肤和长痘。除了日常的护肤以外，我们还要抽点时间自我放松和减压。

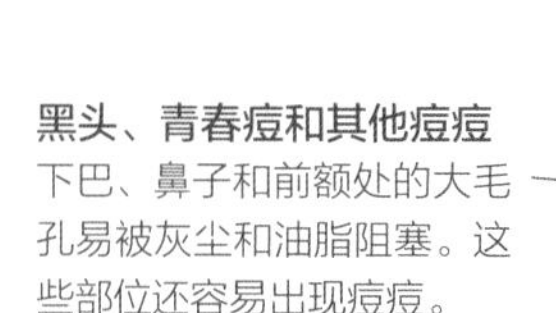

黑头、青春痘和其他痘痘
下巴、鼻子和前额处的大毛孔易被灰尘和油脂阻塞。这些部位还容易出现痘痘。

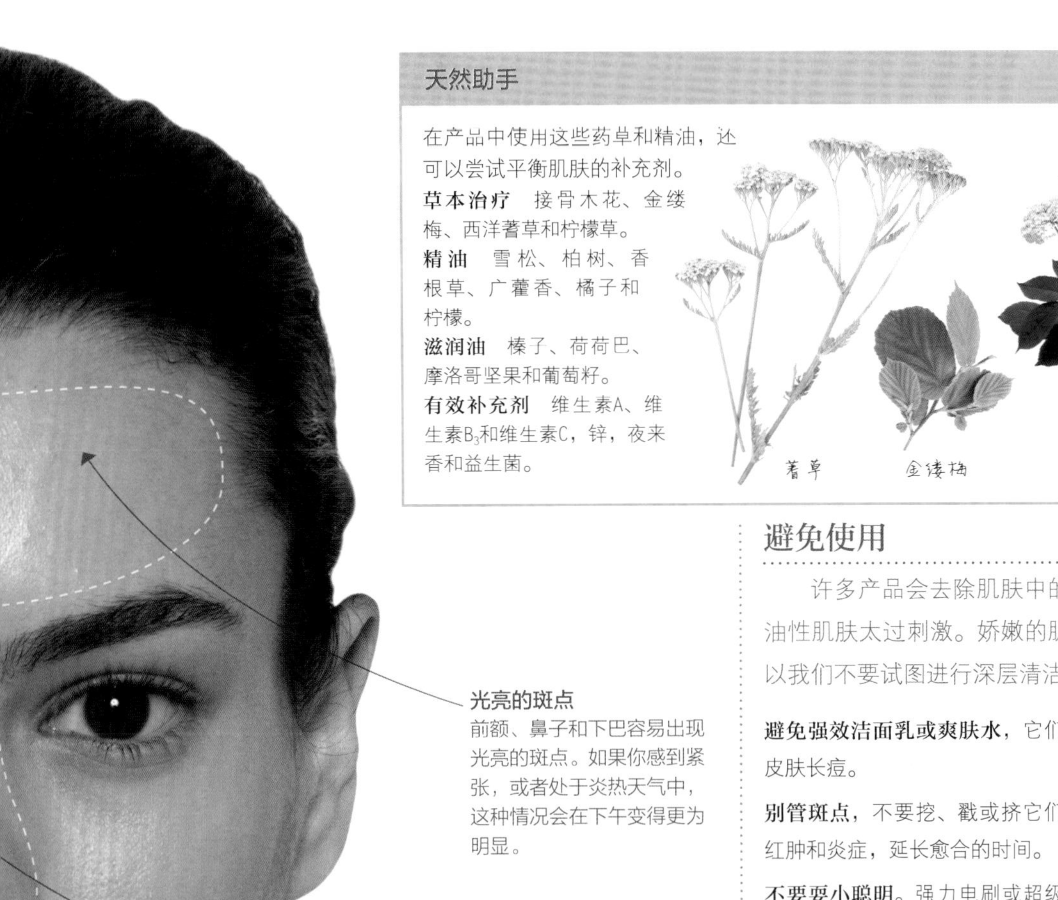

天然助手

在产品中使用这些药草和精油，还可以尝试平衡肌肤的补充剂。

草本治疗 接骨木花、金缕梅、西洋蓍草和柠檬草。

精油 雪松、柏树、香根草、广藿香、橘子和柠檬。

滋润油 榛子、荷荷巴、摩洛哥坚果和葡萄籽。

有效补充剂 维生素A、维生素B_3和维生素C，锌，夜来香和益生菌。

光亮的斑点
前额、鼻子和下巴容易出现光亮的斑点。如果你感到紧张，或者处于炎热天气中，这种情况会在下午变得更为明显。

毛孔粗大
鼻子和下巴处会出现毛孔粗大的情况。这样会导致油脂分泌过多并难以控制油亮的范围。

锦囊妙计

黏土面膜可以暂时从毛孔中吸出油脂和灰尘，使油性肌肤在随后的几个小时里，看起来更为清爽。与任何一种护肤手段一样，我们可能会滥用面膜，所以应保持每月一两次即可，或者用于特定的场合，肤色需要特别好时。

避免使用

许多产品会去除肌肤中的基本油脂，这对油性肌肤太过刺激。娇嫩的肌肤需要呵护，所以我们不要试图进行深层清洁。

避免强效洁面乳或爽肤水，它们会刺激肌肤，导致皮肤长痘。

别管斑点，不要挖、戳或挤它们，这会加重皮肤的红肿和炎症，延长愈合的时间。

不要耍小聪明。强力电刷或超级洗涤器，作为深层清洁肌肤的快捷手段，可以去除肌肤上的油脂，但是随着肌肤重新调整，会使油脂分泌更为旺盛。

合理饮食

科学家们试图要确定究竟是哪些食物最终与油性或问题肌肤有关。许多食物，如巧克力、咖啡、牛奶或炸薯条等高脂肪食物，已被证明与油性肌肤密切相关，但是尚没有发现何种食物与问题肌肤存在必然联系。

保持健康 多脂肪、加工食品、糖、盐和添加剂的饮食习惯，会引发炎症，导致长痘。确保摄取需要的所有的营养，以促进肌肤健康（参见126～127页）。

服用益生菌 肌肤是肠道健康的体现。食用富含益生菌的食物，如酸奶，可以平衡油性肌肤。

熟龄肌肤

我们陷入这样一个误区中，熟龄肌肤护理的目的是为了看起来更年轻。而那些夸大其词的允诺，如“一夜年轻10岁”或者“快速减少老化迹象”，说得太好了，仿佛真的一样。但是在自己的年纪看起来健康，并保持最佳状态，才更加理性，并是可以实现的。

适于使用

肌肤是最易显现身体出现老化迹象的器官。一般来说，在生活中越巧妙地护理肌肤和整体健康，老化的速度就越慢。应根据肌肤的变化，选择美容产品。

日夜滋润。根据特定的肌肤类型和需求来选购产品。

优质防晒霜有助于保护肌肤。选择不含化学成分的有机和用矿物质制成的产品。

让肌肤呼吸。可以的话，不化妆出去走走，吸入大量的新鲜空气，有助于给肌肤细胞充氧，运动出汗可以促使毒素排出。

充足的睡眠。这样做不用花一分钱，研究显示，缺乏睡眠会使肌肤状态比实际年龄老10岁。

额外护理。当你确实需要好好打扮一番时，需要做一次额外的提升，为什么不妨试试面部按摩。你可以与专业治疗师预约时间，或者学习自己按摩（参见120~121页）。

锦囊妙计

为了预防或减少老年斑，可以使用矿物质成分的优质防晒霜，并选择有机产品。柠檬和安息香精油具有提亮肤色的作用。注意寻找含有甘草（可以淡斑）和乙醇酸（柑橘和木瓜制成的温和磨砂膏）的产品。

纤薄化

眼睛和脸颊周围的肌肤会随着年龄增长而愈加纤薄。这与皮肤弹性不足及环境干燥有关，会导致细纹和眼袋的出现。

下垂、细纹和皱纹

随着胶原蛋白合成的减少，与其有关的肌肤弹性不足会导致细纹的出现。下巴轮廓、颈部、眼睛和前额常常会出现浮肿和松垂。

对抗自由基

自由基是依附于肌肤细胞的不稳定分子，它是肌肤过早老化的主要原因。虽然自由基是身体的产品，但是污染和合成化学品会使其加重。抗氧化剂有助于中和自由基，所以要选择那些富含维生素E的产品，确保膳食中含有大量新鲜的天然食品。

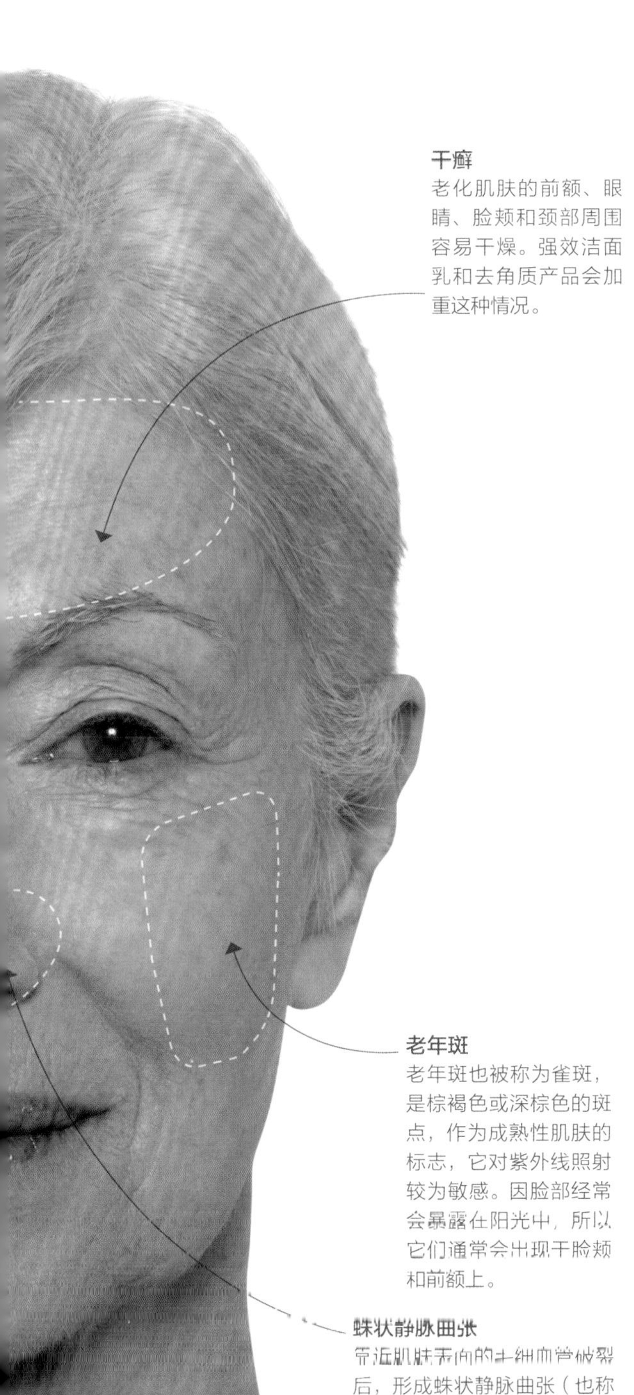

干癣
老化肌肤的前额、眼睛、脸颊和颈部周围容易干燥。强效洁面乳和去角质产品会加重这种情况。

老年斑
老年斑也被称为雀斑，是棕褐色或深棕色的斑点，作为成熟性肌肤的标志，它对紫外线照射较为敏感。因脸部经常会暴露在阳光中，所以它们通常会出现于脸颊和前额上。

蛛状静脉曲张
靠近肌肤表面的毛细血管破裂后，形成蛛状静脉曲张（也称为线性静脉曲张），通常会出现在鼻子、脸颊和下巴上。它们还会在激素剧变时出现，如怀孕期和更年期。

天然助手

在产品中使用这些药草和精油，或者试着每天补充。

草本治疗 玫瑰、紫草、药蜀葵根、万寿菊和白茶或绿茶。
精油 乳香、没药、玫瑰、玫瑰草、薰衣草、橙花油和广藿香。
滋润油 可可油、杏仁、鳄梨、玫瑰果籽和扁桃仁。
有效补充物 维生素A、维生素C、维生素D和维生素E，辅酶Q-10，夜来香、硒和锌。

避免使用

随着年龄的增长，肌肤也在发生变化。作为肌肤组织的潜在的支撑，胶原纤维会扭曲缠结，导致皱纹和细纹的出现。你可以借助一些手段，来延缓这种不可避免的进程。而且越早做，未来你的肌肤会越好。

清洁时不要用力擦洗皮肤。每天两次，用温和的洁面乳去除灰尘和妆容，彻底洗净，然后拍干。

不要吸烟。吸烟会加重自由基的损伤，导致肌肤过早老化。

不可酗酒。酗酒会使肌肤干燥，加快蛛状静脉曲张的出现。

限制日晒，否则会加重胶原蛋白的损伤。使用矿物质成分的优质防晒霜和防晒乳。

不要过分信任标签，并谨慎选择产品。某些抗老化产品，如去角质产品，会在使用一段时间后留下夸张的肌肤老化迹象。

合理饮食

多喝水，可以保湿，并使肌肤红润。

食用健康脂肪酸，如ω-3脂肪酸（鱼油、坚果和坚果油，以及蛋黄）和ω-6脂肪酸（种子和籽油、全谷物、夜来香和琉璃苣油）。

食物要色彩多样。鲜艳的有机水果和蔬菜、绿茶和黑巧克力富含抗氧化剂，有助于对抗自由基。

肌肤抗衰的保养之道

年轻的肌肤和熟龄肌肤可以使用相同的美容品，不过要做些许改进，并且要格外注意皱纹部位和娇嫩的肌肤。选择的产品应富含维生素A、维生素E、抗氧化剂、ω-脂肪酸、胶原蛋白激活成分和肽类物质，所有这些都被证明可以减少皱纹及其他老化迹象。

每天护理

1 清洁

选择轻盈温和的洁面乳，除去妆容和尘垢。好的洁面乳在使用后，肌肤会感觉洁净柔软。

使用方法

每天早晚进行清洁，使用化妆棉，并遵照洁面乳上的使用说明，卸去所有的化妆品痕迹。

2 爽肤

爽肤水可以清爽肌肤，收缩毛孔，去除残留，并为滋润脸部作好准备。收敛性弱的爽肤水不会使人感觉干涩，并具有抗皱纹的作用。

使用方法

每天两遍，用脱脂棉擦拭肌肤，特别是毛孔粗大的区域。

3 使用精华液

精华液可以补充激活胶原蛋白中的肽类物质和抗氧化的植物提取物。与滋润霜相比，它的渗透效果更好，应在涂抹滋润霜或化妆品之前使用。精华液可以快速吸收，没有刺痛感。

使用方法

在肌肤老化的部位涂抹上精华液，让肌肤吸收。

4 滋润

选择抗氧化剂和激活胶原蛋白的乳霜，内含抗老化的植物提取物，可以保护和修复肌肤。使用轻盈但滋润的乳霜，让肌肤感觉柔软，不会油腻发黏。

使用方法

化妆前使用。轻轻向上涂抹，并集中于嘴唇、眼睛的边缘部位以及两眉之间。

5 使用晚霜

选择的产品成分可以滋润肌肤，并在夜间激活胶原蛋白，减少皱纹。抗氧化剂有助于修复肌肤的晒伤和老化问题，同时肽类物质可以激活胶原蛋白。适宜的晚霜应该滋润保湿，但不会增加肌肤负担。

使用方法

睡前使用，轻轻拍敷在肌肤上，并集中在易于长皱纹的部位。

每周护理

敷面膜

面膜可以滋润和清洁肌肤，并去除尘垢。抗老化的面膜应该富含营养成分，并给肌肤补充抗氧化剂。选择合适的面膜，可以使肌肤光滑、滋润、清透。

使用方法

在爽肤后，还没有涂精华液之前，将面膜敷在肌肤上，保持10～15分钟，然后用温水冲洗干净多余的精华液。

尝试如下配方.

乳香爽肤水，107页；
摩洛哥坚果滋润霜，110页；
野玫瑰滋润霜，111页；
乳香日霜，112页。

重要药本植物

某些植物具有抗氧化作用和消炎作用，可以对抗老化。

乳香　这种精油具有消炎抗老化的作用。它有助于调理肌肤，减少细纹和皱纹。它还可以保护健康的肌肤细胞。

玫瑰果籽油　临床研究证明，定期使用这种油可以修复晒伤，减少皱纹和老年斑。它富含天然维生素A、视黄酸和亚油酸。

鳄梨油　研究发现，这种油可以调动和增加结缔组织中的胶原蛋白，有助于保持肌肤柔软灵活，使其看起来更加年轻。鳄梨油富含维生素、卵磷脂和必需脂肪酸。

白（绿）茶　这是极好的抗氧化剂的天然来源。晒伤、压力和不良饮食产生的自由基，会损伤肌肤，导致肌肤过早老化。白茶和绿茶可以清除这些自由基，从而保护肌肤，修复损伤。

拯救肌肤

- 以富含抗氧化成分的植物提取物，和富含ω-脂肪酸、具有消炎作用的植物油为基础，来确定膳食习惯和护肤方式，并选择值得信赖的护肤产品。
- 确保充足的睡眠和休息。只有休息时，肌肤和身体才可以进行自我修复。
- 保护肌肤，避免过多的日晒，外出应戴帽子和太阳镜并涂抹防晒霜。
- 定期享受有助于恢复的面膜。

RECIPES FOR YOUR FACE
面部保养的配方

利用这些**保养**配方呵护你的肌肤、嘴唇、牙齿和眼睛。每一种配方均取用**天然材料**的精华部分，即有益肌肤的**美容**成分。软膏、乳液以及水基喷雾是自制**护肤品**的基本类型。

洁面乳

基本洁面膏

适合各种类型的肌肤

使用这种呵护型洁面膏可以温和地**去除**灰尘和污垢。葵花籽油和乳木果油可以减少油脂和灰尘，薰衣草精油可以清洁并**治愈**各种类型的肌肤。膏状质地使其可以轻柔地抹在皮肤上，以**刺激**循环系统，并去除肌肤上的化妆品和日常污垢。使用后，用棉布或法兰绒布擦干净。

原料

制作140克分量

原料

90毫升葵花籽油
2茶匙橄榄油
1汤匙乳木果油
1汤匙蜂蜡
12滴薰衣草精油
8滴柠檬精油

制作步骤

1 除精油外，用隔水蒸锅加热其余所有原料，直至蜂蜡溶化，然后从热源上移开。

2 在混合物开始冷却时，放入精油。

3 倒入消毒罐中，使用前或盖上盖子前，要冷却1～2小时。存放在阴凉处，保质期可长达3个月。

使用方法

取硬币大小的分量，在皮肤上以小圈按摩，特别注意堵塞部位，如鼻子四周。保持2分钟，然后用干净的棉布或法兰绒布蘸温水将其洗净。

两段式洁面乳

快速

适合各种类型的肌肤

这种简易洁面乳中的油和水基原料使用时分为两个阶段，先**清洁**肌肤上的油污和妆容，然后进行爽肤和护理。依兰依兰和保加利亚玫瑰油带有异域风情的芳香，具有**平衡**和**保湿**作用。温和收敛的玫瑰花水可以**舒缓**并治疗破损的毛细血管或红肿部位。

制作100毫升分量

原料

75毫升玫瑰花水
2茶匙甘油
2茶匙扁桃仁油
8滴依兰依兰精油
4滴保加利亚玫瑰精油

制作步骤

1 在碗中将玫瑰花水和甘油混合在一起。

2 加入基础油和精油，并拌匀。

3 将混合液倒入消毒瓶中，盖上瓶盖。使用前摇匀。存放在阴凉处，保质期长达6周。

使用方法

使用化妆棉，在擦脸颊前，先扫过眉毛，向下到鼻子，再到下巴。注意避开娇嫩的眼周部位。

去角质洁面膏

适合各种类型的肌肤

富含高岭土的膏体可以**净化**、**舒缓**和**治愈**肌肤。它具有**去角质**作用，可以轻柔地蜕去死皮。橄榄油和椰油混合在一起，可以温和地**清洁**和**滋润**肌肤，使其光滑清爽。天竺葵不仅有多叶植物的芳香，还可以平衡皮脂分泌，这对干性和易长粉刺的肌肤而言十分有效。

制作140克分量

原料

2汤匙橄榄油
1茶匙椰油
1/2茶匙蜂蜡
1汤匙高岭土
6滴天竺葵精油

制作步骤

1 在隔水蒸锅（参见133页）中加入油和蜂蜡，直至蜡溶化，然后从热源上移开。

2 加入高岭土，拌匀。当混合物开始冷却时，倒入精油。

3 倒入消毒罐中，完全冷却约需1小时，然后盖上盖子。存放在阴凉处，保质期可长达3个月。

使用方法

打小圈以按摩肌肤。用棉布或法兰绒布蘸取温水将其清除。如有需要，可以在此之后用爽肤水护肤。

去角质洁面膏 ▶

爽肤水

玫瑰和芦荟爽肤水

适合正常和干性肌肤

以玫瑰花瓣浸液为基底制成的爽肤水，可以让肌肤**水润**、**清爽**。玫瑰是天然的**收敛剂**，有助于收缩毛孔，使肌肤**光滑**润泽。它还具有**镇静**作用，有助于缓解红斑痤疮和湿疹。芦荟以**舒缓**肌肤为闻名，具有很好的**清凉**功效，可用来**治愈**和**滋润**肌肤。

原料

制作100毫升分量

原料

100毫升矿泉水
1汤匙干玫瑰花瓣
1茶匙甘油
1茶匙芦荟汁

制作步骤

1 制作玫瑰花瓣浸液时，先煮沸矿泉水，在茶壶或玻璃碗中放入玫瑰花瓣，倒入开水，浸泡10分钟，然后滤汁。

2 在浸液中加入甘油和芦荟汁，充分搅拌，然后倒入消毒瓶中。一旦冷却，应立刻用盖子或喷嘴密封起来。存放在冰箱中，保质期可长达6周。

使用方法

使用前需摇晃。清洁后，用脱脂棉将其抹在脸上，避开眼睛。或者装上喷嘴，作为面部喷雾使用。

乳香爽肤水

快速

适合熟龄肌肤

在埃及的护肤品中，乳香的重要性毋庸置疑，并有文字记载。这种精油有很好的功效，包括促进细胞更新、加速结痂、促进伤口**愈合**。对于熟龄肌肤而言，这是一种很棒的精油。没药油也可以治愈肌肤，并有**消炎**和**收敛**的作用。

制作100毫升分量

原料

75毫升矿泉水
1茶匙甘油
3滴乳香精油
1滴没药精油

制作步骤

1 在碗中将矿泉水和甘油混合在一起。

2 加入两种精油，拌匀。然后倒入消毒瓶中，盖上盖子。存放在冰箱中，保质期可达6周。

使用方法

清洁后或需要增加清爽保湿时，可以使用爽肤水。在脱脂棉上滴几滴爽肤水，擦拭前额，向下到鼻子，再横跨脸颊，以去除所有的灰尘和妆容。装上喷嘴，可以作清新的面部喷雾。

橙花油面部喷雾

快速

适合各种类型的肌肤

剧烈运动或长时间通勤后，面部喷雾是清爽肌肤的完美选择。橙花油和橙花水具有迷人的芳香，能恢复和补救肌肤。它们可以作用于神经系统，缓解压力和焦虑，并修复干燥的肌肤。佛手柑带有清新的柑橘芳香，具有消炎作用，非常适合油性肌肤。

制作100毫升分量

原料

75毫升矿泉水
1汤匙橙花水
1茶匙甘油
5滴橙花精油
2滴佛手柑精油

制作步骤

1 在碗中将矿泉水和橙花水混合在一起。

2 加入甘油和精油，充分搅拌。倒入消毒瓶中，然后装上喷嘴。存放在冰箱中，保质期可长达6周。

使用方法

清洁后或需要增加清爽保湿效果时，将其喷在脸部或身体上。

玫瑰草面部喷雾

快速

适合油性和混合性肌肤

金缕梅和玫瑰草油可以**平衡**并**改善**肌肤。金缕梅药草水具有收敛性，与**舒缓**、**治愈**的芦荟汁混合在一起，可以**调整**和**清爽**肌肤。玫瑰草具有**抗菌**、**保湿**性，有助于平衡皮脂。同时柠檬油具有**收敛**、**护理**作用，制成的高效爽肤喷雾，芳香宜人，适用于油性肌肤。

原料

金缕梅药草水
金缕梅药草水可以清凉舒缓肌肤，具有收敛性，有助于温和地收缩毛孔。

玫瑰草精油
玫瑰草可杀菌保湿，有助于治疗粉刺。

芦荟汁
这种清透的汁液可以镇静肌肤，有缓解皮肤红肿和炎症的作用。

柠檬精油
这种油可以中和皮脂分泌，并作为收敛剂。它具有抑菌性，可以有效地治疗粉刺。

制作60毫升分量

原料

1汤匙芦荟汁
1汤匙金缕梅药草水
2汤匙矿泉水
2滴玫瑰草精油
1滴柠檬精油

制作步骤

1 在碗中将所有原料混合在一起。

2 倒入带有喷嘴的消毒瓶中，存放在冰箱中，保质期可长达6周。

使用方法

使用前需要摇晃，可用于清洁后或者任何需要清爽喷雾的情况。可以直接喷在脸部，注意避开眼睛，或者喷在脱脂棉或棉布上，然后轻轻擦在皮肤上。

面霜和精华液

可可油滋润霜

适合干性肌肤

将深层**滋润**的可可油与扁桃仁油和荷荷巴油调配在一起，可以制成滋润、**舒缓**的面霜。扁桃仁油和荷荷巴油中的必需脂肪酸可以使肌肤**润泽滋养**，改善其**柔韧性**。此外，蜂蜡可以提供某些额外的**保护**作用，有助于预防水分的流失。最终制成的丰润滋润霜，可以锁住肌肤中的水分。

制作100克分量

原料

2茶匙可可油
1茶匙扁桃仁油
1茶匙荷荷巴油
4汤匙矿泉水
1汤匙乳化蜡
1茶匙甘油

制作步骤

1 按照页面下方的方法一步步地制作乳液。

2 混合液变顺滑后，立刻倒入消毒罐中，冷却1小时。冷却之后，可以当作滋润霜使用。盖上盖子，存放在冰箱中，保质期可长达6周。

使用方法

大量涂抹在脸部和身体上，可缓解干癣。使用时，自下而上按摩脸部和颈部，但应避开娇嫩的眼部。

制作乳液

化妆乳液主要是油和水基原料的混合液，可通过添加乳化剂保持其物理性质的稳定。乳液可以将油溶性和水溶性原料混合在一切，兼有二者的益处，并且可以将其他难以调配在一起的原料混合起来。乳液是滋润霜和乳霜的基底。

1 在玻璃碗中放入可可油、扁桃仁油、荷荷巴油和蜂蜡，用隔水蒸锅将其一起加热，蜡溶化后，立刻从热源上移开。

2 用温度计，在炖锅中将矿泉水加热至80℃，加入乳化的蜡和甘油，搅拌至蜡完全溶解。如果溶解不彻底，可以重新加热水。

3 把热油混合液倒入热水混合液中，然后用手动搅拌器或搅拌棒不停搅动，直至其变顺滑为止。当混合液冷却后，继续搅拌几次。

茉莉和乳木果油滋润霜

适合干性肌肤

这种芳香型乳霜可以治疗肌肤的干癣。乳木果有可以**软化**和**滋养**肌肤，而杏仁油具有**修复**和**舒缓**作用。这种乳霜特别适合灼热发炎的肌肤和烧伤、起皱的肌肤，以及熟龄肌肤。

制作100克分量

原料

2茶匙乳木果油
1茶匙鳄梨油
1茶匙杏仁油
1茶匙蜂蜡
4汤匙矿泉水
1汤匙乳化蜡
1茶匙甘油
6滴茉莉纯精油
2滴天竺葵精油

制作步骤

1 在隔水蒸锅中溶化油脂和蜂蜡，制作乳液（参见109页）。蜡一旦溶化，即从热源上移开。

2 在炖锅中加热矿泉水至80℃，加入乳化蜡和甘油，搅拌至蜡完全溶化。

3 将热油混合液倒入热水混合液中，用手动搅拌器或搅拌棒不停搅拌，直至变顺滑。

4 混合液冷却后，继续搅拌几次。加入精油，拌匀。倒入消毒罐中，冷却后盖上盖子。存放在冰箱中，保质期可长达6周。

使用方法

向上按摩脸部和颈部的肌肤，避开娇嫩的眼部。早晚使用，使肌肤柔软光滑，特别注意干癣部位。

摩洛哥坚果滋润霜

适合干性肌肤

这种**滋润**的乳霜可以锁住肌肤中的水分，提高肌肤的保湿性。摩洛哥坚果油以**保湿**、滋润而闻名，乳木果油有助于滋养肌肤，富含维生素的鳄梨油可以**舒缓**干燥的肌肤。

制作100克分量

原料

1茶匙乳木果油
2茶匙摩洛哥坚果油
1茶匙鳄梨油
1茶匙蜂蜡
4汤匙矿泉水
1汤匙乳化蜡
1茶匙甘油
5滴乳香精油
2滴橙花精油
1滴佛手柑精油

制作步骤

1 在隔水蒸锅中溶化油脂和蜂蜡，制成乳液（参见109页）。蜡溶化后，立刻从热源上移开。

2 在炖锅中加热矿泉水至80℃，加入乳化蜡和甘油进行搅拌，直至蜡完全溶解。

3 将热油混合液倒入热水混合液中，用手动搅拌器或搅拌棒，不停搅拌，直至变顺滑。

4 混合液冷却后，继续搅拌几次。加入精油，拌匀。倒入消毒罐中，冷却后盖上盖子。存放在冰箱中，保质期可长达6周。

使用方法

在脸部和颈部向上打小圈，注意避开娇嫩的眼部。

野玫瑰滋润霜

适合各种类型的肌肤

玫瑰果油具有修复性，有助于**治愈**和**修复**熟龄肌肤或疤痕。它富含维生素和抗氧化剂，可以减小疤痕组织、色素沉着和皱纹。精油混合在一起，有助于治愈、**平衡**和**修复**肌肤。

制作100克分量

原料

2茶匙乳木果油
2茶匙玫瑰果籽油
1茶匙蜂蜡
4汤匙矿泉水
1汤匙乳化蜡
1汤匙玫瑰水
1茶匙甘油
2滴天竺葵精油
2滴迷迭香精油
2滴乳香精油
2滴广藿香精油
2滴玫瑰草精油

制作步骤

1 在隔水蒸锅中溶化油脂和蜂蜡，制成乳液（参见109页）。蜡一旦溶化，即从热源上移开。

2 在炖锅中加矿泉水加热至80℃，加入乳化蜡、玫瑰水和甘油，搅拌至蜡完全溶解。

3 将热油混合液倒入热水混合液中，用手动搅拌器或搅拌棒不停搅拌，直至变顺滑。

4 混合液冷却后，继续搅拌几次。加入精油，拌匀。倒入消毒罐中，冷却后盖上盖子。存放在冰箱中，保质期可长达6周。

使用方法

在脸部和颈部向上打小圈，注意避开娇嫩的眼部。

鳄梨和蜂蜜滋润霜

适合正常和干性肌肤

蜂蜜可以**软化**、**润滑**、**滋养**、**舒缓**和**保护**肌肤。浓缩鳄梨油富含维生素，可作**护理**用油。这种滋润霜还含有滋养的扁桃仁油，带有橙花油和橙子精油的芳香，可用于脸部的娇嫩肌肤。

制作100克分量

原料

2茶匙乳木果油
1茶匙扁桃仁油
2茶匙鳄梨油
4汤匙矿泉水
1汤匙乳化蜡
1茶匙甘油
1茶匙清透的有机蜂蜜
5滴橙子精油
5滴橙花精油

制作步骤

1 在隔水蒸锅中溶化油脂，制成乳液（参见109页）。油脂一旦溶化，即从热源上移开。

2 在炖锅中加矿泉水加热至80℃，加入乳化蜡和甘油，搅拌至蜡完全溶解。

3 将热油混合液倒入热水混合液中，用手动搅拌器或搅拌棒不停搅拌，直至变顺滑。

4 加入精油，在混合液冷却后，继续搅拌。倒入消毒罐中，冷却后盖上盖子。存放在冰箱中，保质期可长达6周。

使用方法

在脸部和颈部打小圈，注意避开娇嫩的眼部。先用豌豆大小的分量，不够的话，再添加。

乳香日霜

适合熟龄肌肤

这种乳霜可以**修复**和**护理**肌肤，其中的两种精油以**抗老化**而闻名。乳香具有修复性，可与号称肌肤保护剂的没药油搭配。它们调配在一起，可以**延缓皱纹**和老化迹象的出现。

制作100克分量

原料

1汤匙可可油
1茶匙摩洛哥坚果油
1茶匙蜂蜡
4汤匙矿泉水
1汤匙乳化蜡
5滴乳香精油
3滴没药精油

制作步骤

1 在隔水蒸锅中溶化油脂和蜂蜡，制成乳液（参见109页）。蜡一旦溶化，即从热源上移开。

2 在炖锅中加矿泉水加热至80℃，加入乳化蜡，搅拌至蜡完全溶解。

3 将热油混合液倒入热水混合液中，用手动搅拌器或搅拌棒不停搅拌，直至变顺滑。

4 混合液冷却后，继续搅拌几次。加入精油，拌匀。倒入消毒罐中，冷却1小时后盖上盖子。存放在冰箱中，保质期可长达6周。

使用方法

白天在洁净干爽的肌肤上使用，向上涂抹，注意避开娇嫩的眼部。

面部舒缓乳霜

适合干性和敏感性肌肤

生活中，敏感性肌肤除了会对压力作出反应，还会受到某些产品或原料的影响。这些反应通常会引发红斑、瘙痒或肌肤脱皮。金盏花可以**修复肌肤**，精油混合液能够呵护肌肤，所以这种乳霜具有**消炎**、**调理**和**镇静**的功效。

制作100克分量

原料

1汤匙可可油
1茶匙金盏花浸油
1茶匙蜂蜡
3汤匙矿泉水
1汤匙乳化蜡
1茶匙甘油
1茶匙芦荟汁
3滴罗马甘菊精油
1滴薰衣草精油
3滴玫瑰精油

制作步骤

1 在隔水蒸锅中溶化油脂和蜂蜡，制成乳液（参见109页）。蜡一旦溶化，即从热源上移开。

2 在炖锅中加矿泉水加热至80℃，加入乳化蜡，搅拌至蜡溶解。再加入甘油和芦荟汁。

3 将热油混合液倒入热水混合液中，用手动搅拌器或搅拌棒不停搅拌，直至变顺滑。

4 加入精油，并在混合液冷却后，继续搅拌几次。拌匀后，倒入消毒罐中，冷却并盖上盖子。存放在冰箱中，保质期可长达6周。

使用方法

清洁后，取豌豆大小的分量，以小圈轻抹于脸部和颈部，注意避开娇嫩的眼部。

夜来香滋润霜

适合熟龄肌肤

这种乳霜可以**舒缓**、**清爽**和**修复**肌肤。其特色是夜来香富含天然γ-亚麻酸（GLA）。GLA拥有**消炎**和**修复肌肤**的功效，可以改善肌肤肌理，使其光滑。

制作100克分量

原料

200毫升矿泉水
2汤匙玫瑰花瓣
2茶匙夜来香油
2茶匙荷荷巴油
1茶匙蜂蜡
1汤匙乳化蜡
1茶匙甘油
6滴玫瑰精油
4滴广藿香精油
2滴天竺葵精油

制作步骤

1 制作浸液时，在炖锅中煮沸矿泉水。在茶壶中放入花瓣，倒水。浸泡10分钟，然后滤液。

2 在隔水蒸锅中溶化油和蜂蜡，制成乳液（参见109页）。蜡一旦溶化，即从热源上移开。

3 在另一口锅中重新加热4汤匙浸液至80℃。加入乳化蜡，搅拌至蜡完全溶解。加入甘油，拌匀。在热油混合液中倒入浸液。用手动搅拌器或搅拌棒不停搅拌，直至变顺滑。

4 混合液冷却后，继续搅拌几次。加入精油，拌匀。倒入消毒罐中，冷却1小时后盖上盖子。存放在冰箱中，保质期可长达6周。

使用方法

向上抹在干燥的肌肤上，避开眼部。

橙花油和香蜂叶晚霜

适合各种类型的肌肤

这种**保湿**晚霜天然支持肌肤再生。荷荷巴油会在肌肤表面形成良好的保护薄膜，**软化**并**滋养**肌肤。再加上**滋润**的乳木果油和**提神镇静**的橙花精油，这种乳霜可以在睡觉时滋补肌肤。

制作100克分量

原料

1茶匙乳木果油
3茶匙荷荷巴油
1汤匙乳化蜡
1茶匙蜂蜡
200毫升矿泉水
1汤匙碎香蜂叶
1茶匙甘油
5滴橙花精油
2滴橙子精油

制作步骤

1 在隔水蒸锅中溶化油脂和蜂蜡，制成乳液（参见109页）。蜡一旦溶化，即从热源上移开。

2 制作浸液时，煮沸矿泉水。在茶壶中放入香蜂叶，倒水。浸泡10分钟，然后滤液。

3 在另一口锅中将4汤匙热浸液加热至80℃，然后倒入甘油。在热油混合液中倒入浸液。用手动搅拌器或搅拌棒不停搅拌，直至变顺滑。

4 混合液冷却后，继续搅拌几次。加入精油，拌匀。倒入消毒罐中，冷却后盖上盖子。存放在冰箱中，保质期可长达6周。

使用方法

向上按摩脸部和颈部，避开眼部。

天竺葵和荷荷巴滋润霜

适合油性或混合性肌肤

这是一种适合混合性肌肤的**平衡**乳霜。荷荷巴油和天竺葵油都可以调理皮脂腺，玫瑰草油有助于平衡皮脂分泌。玫瑰草还有**抗菌保湿**功效，可以有效治疗轻微的皮肤感染。

制作100克分量

原料

2汤匙荷荷巴油
3汤匙矿泉水
1汤匙乳化蜡
1茶匙甘油
8滴天竺葵精油
2滴玫瑰草精油

制作步骤

1 在隔水蒸锅中加热荷荷巴油，制作乳液（参见109页）。变热后，即从热源上移开。

2 在炖锅中加热矿泉水至80℃。加入乳化蜡和甘油，拌匀。

3 将热油加入热水混合液中。用手动搅拌器或搅拌棒不停搅拌，直至变顺滑。

4 混合液冷却后，继续搅拌几次。加入精油进行搅拌。倒入消毒罐中，冷却后盖上盖子。存放在冰箱中，保质期可长达6周。

使用方法

向上按摩脸部和颈部，避开眼部。

甘菊-金盏花滋润霜

适合敏感性肌肤

如果你是敏感性肌肤，这是最好的个性化滋润霜。尽量减少这种温和滋润霜中的其他原料含量。金盏花是调理肌肤的传统药草，而甘菊则具有**消炎**和**愈合伤口**的功效。

制作100克分量

原料

1汤匙可可油
2茶匙金盏花浸油
1茶匙蜂蜡
200毫升矿泉水
1汤匙甘菊干花
1汤匙金盏花干花
1汤匙乳化蜡
1茶匙甘油

制作步骤

1 在隔水蒸锅中溶化油脂和蜂蜡，制作乳液（参见109页）。蜡溶化后，即从热源上移开。

2 制作浸液时，煮沸矿泉水。在茶壶中放入花朵，倒上开水。浸泡10分钟，然后滤液。

3 在另一口炖锅中，将3汤匙浸液加热至80℃，然后加入乳化蜡和甘油，搅拌直至蜡完全溶解。

4 将热混合乳液倒入热混合浸液中，用手动搅拌器或搅拌棒不停搅拌，直至变顺滑。倒入消毒罐中，冷却后盖上盖子。存放在冰箱中，保质期可长达6周。

使用方法

向上按摩脸部和颈部，避开眼部。

美容霜

适合各种类型的肌肤

这种舒缓的面霜可以**修复**和**滋润**暗沉或疲倦的肌肤。丰富的优质和乳木果油可防止肌肤流失过多的水分，使其保持润滑柔软。这种油膏可用来**清洁**、**去角质**、缓和淤血和滋补。它含有摩洛哥坚果油，是治疗肌肤和头发的摩洛哥传统药方，而富含维生素和抗氧化剂的玫瑰果籽油，可以使肌肤**再生**，**改善**肤色。

原料

制作100克分量

原料

2汤匙摩洛哥坚果油
2汤匙玫瑰果籽油
2汤匙乳木果油
1汤匙蜂蜡
5滴柏树精油
5滴乳香精油
5滴佛手柑精油

制作步骤

1 在隔水蒸锅（参见133页）中加热油脂和蜂蜡，直至蜡融化。然后从热源上移开。

2 加入精油，然后倒进消毒罐中。使用前或盖上盖子前，先冷却1～2小时。将其存放在阴凉处，保质期可长达3个月。

使用方法

在肌肤上打圈按摩。它可以作为滋润、修复的凝霜，将其作为洁面乳时，用湿棉布或法兰绒布擦洗，可连同死皮一起擦掉。

面油

玫瑰草面油

快速

适合油性或混合型肌肤

将浅淡的葡萄籽油、**平衡**的荷荷巴油和大麻油调配在一起，有助于使肌肤**恢复**活力，重新平衡油性或混合性肌肤。玫瑰草精油带有玫瑰花的甜香味，具有抗菌作用，并可以**保湿**，有助于使皮脂分泌**恢复正常**。热情的柠檬精油具有**收敛性**，可以收缩毛孔，防止皮脂分泌旺盛。

制作90毫升分量

原料

60毫升葡萄籽油
1汤匙荷荷巴油
1汤匙大麻油
5滴玫瑰草精油
2滴佛手柑精油
2滴柠檬精油
1滴薰衣草精油

制作步骤

1 将油倒入碗中，加精油，拌匀。

2 倒入消毒罐中，盖上密封盖或密封滴管。使用前充分摇晃。存放在冰箱中，保质期可长达3个月。

使用方法

滴几滴在指尖，向上按摩脸部和颈部，避开娇嫩的眼部。晚上使用时，如果肌肤需要额外保湿，可以在使用日常滋润霜之前使用。

提亮面油

快速

适合各种类型的肌肤

这**富含抗氧化**成分的面油可以恢复暗沉、疲倦的肌肤。玫瑰果油已被发现有益于肌肤组织的**再生**，如烧伤、面部皱纹等，并可用来治疗疤痕。沙棘油富含必需脂肪酸和类胡萝卜素，是**提亮**肤色的神油，它可能会在脸上留下淡淡的黄色，不过容易清洗掉。

制作60毫升分量

原料

2汤匙玫瑰果油
1汤匙小麦胚芽油
1～2滴沙棘油
2滴柏树精油
2滴快乐鼠尾草精油
2滴迷迭香精油
2滴乳香精油

制作步骤

1 将油倒入碗中，加精油，拌匀。

2 倒入消毒罐中，盖上密封盖或密封滴管。使用前摇匀。存放在冰箱中，保质期可长达3个月。

使用方法

滴几滴在指尖，向上按摩脸部和颈部，避开娇嫩的眼部。晚上使用时，如果肌肤需要额外保湿，可以在使用日常滋润霜之前使用。

快速

夜用面油

适合各种类型的肌肤

这种奢华、芳香的面油可以在夜间舒缓肌肤。它由植物油混合而成，富含必需脂肪酸，可以在睡觉时**滋润**和**舒缓**肌肤。配方中将有益于肌肤的精油调配在一起，如**有助肌肤再生**的广藿香精油、**平衡**作用的依兰依兰精油和**舒缓**作用的橙子精油。

制作60毫升分量

原料

1汤匙石榴油
2汤匙夏威夷果油
2茶匙蓖麻油
3汤匙荷荷巴油
2滴安息香酊剂
1滴柏树精油
1滴快乐鼠尾草精油
1滴广藿香精油
1滴依兰依兰精油
1滴橙子精油

制作步骤

1 把油倒入碗中，加入酊剂和精油，拌匀。

2 倒入消毒罐中，盖上密封盖或密封滴管。使用前摇匀。存放在冰箱中，保质期可长达3个月。

使用方法

滴几滴在指尖，向上按摩脸部和颈部，避开娇嫩的眼部。夜间使用，可以在睡觉时滋润肌肤，特别是肌肤需要额外保湿时。你可以将这种油作为10分钟面部按摩的一部分来使用，参见120～121页。

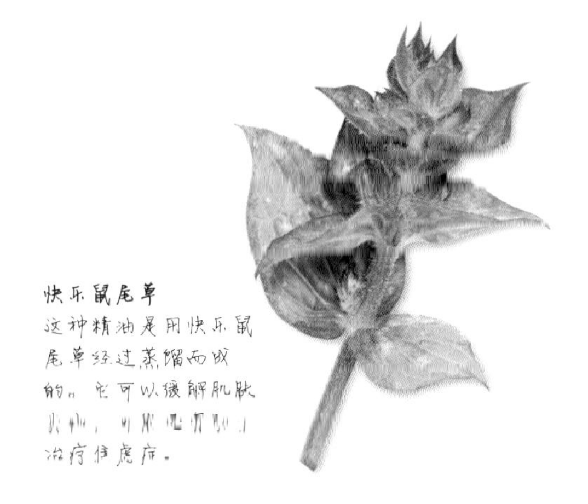

快乐鼠尾草
这种精油是用快乐鼠尾草经过蒸馏而成的。它可以缓解肌肤[illegible]治疗焦虑症。

10分钟面部肌肤按摩

每周进行面部按摩有助于促进循环，使肤色变均匀，提拉松垮的肌肤，并减少浮肿。开始前，先清洗双手并擦干。舒服地坐在椅子上，双脚平放在地板上，倚靠后背，使身体放松。在整个过程中，一般都是向上按摩。

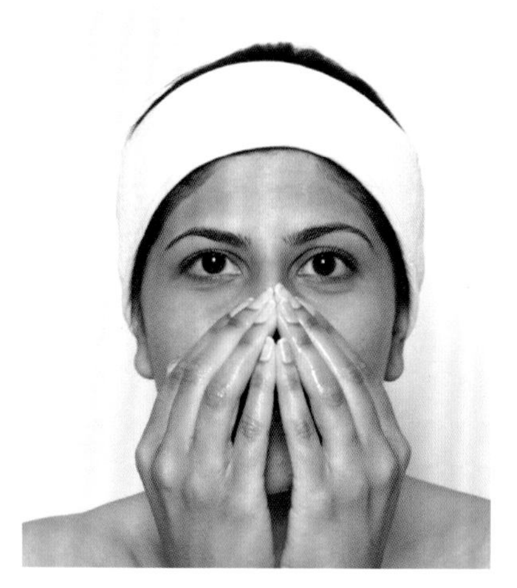

1 选择适合自己肌肤类型的面油。在指尖擦3滴油，双手在鼻前合拢，在手中深呼吸，重复3次。

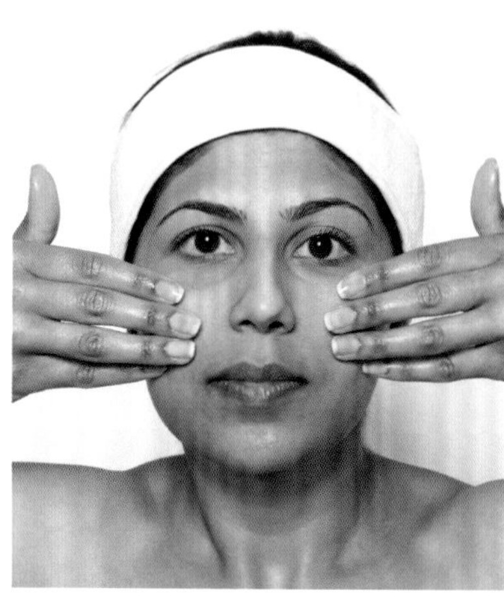

2 将油在脸上抹开，从下巴开始，轻柔而有力地向上推至前额，避开娇嫩的眼部。重复3次。

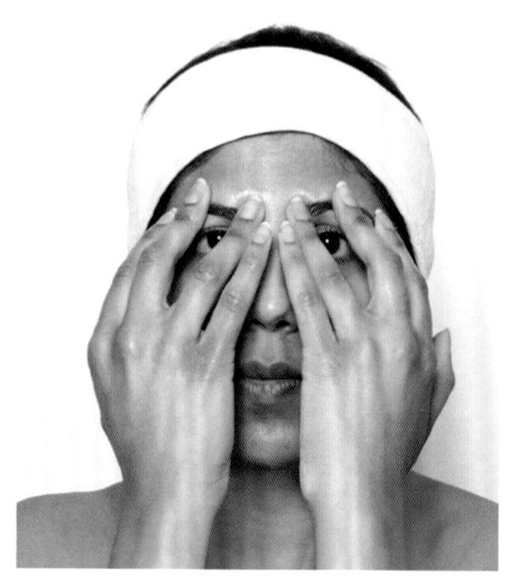

3 食指、中指和无名指的指尖在眉毛上均匀张开。轻轻按下和抬起，移动时与发际线间留有1厘米的空间，然后重复。

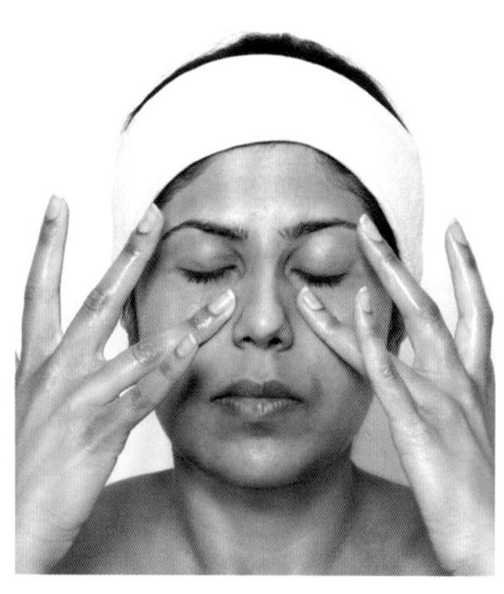

4 从两眼之间开始，在眼睛四周用无名指画圈。重复3次。

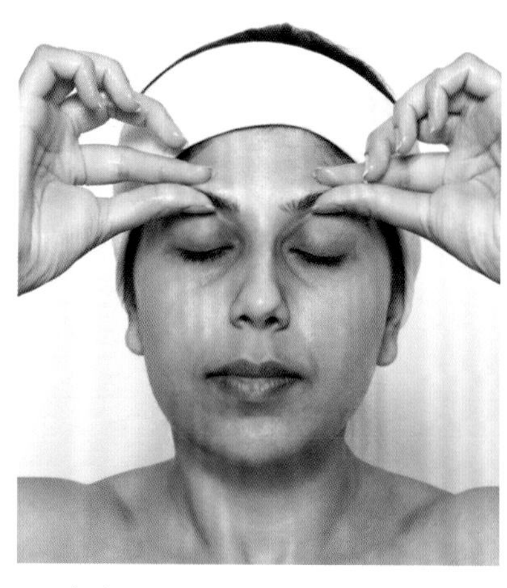

5 揉捏眉毛，从鼻子上方开始，向外并朝向两侧耳朵。重复3次。

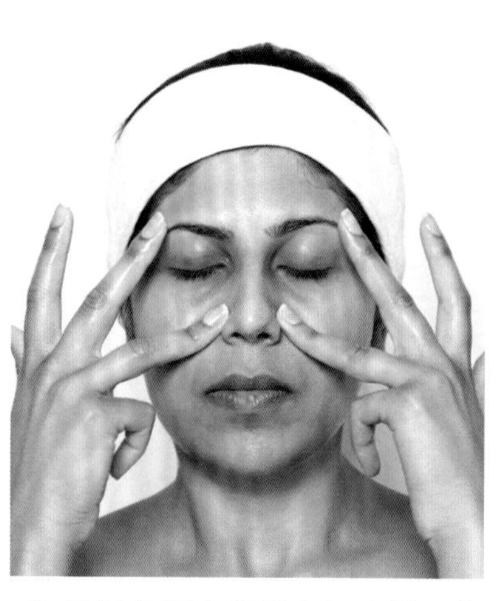

6 用无名指在鼻梁上打小圈，向下移动至鼻孔附近。

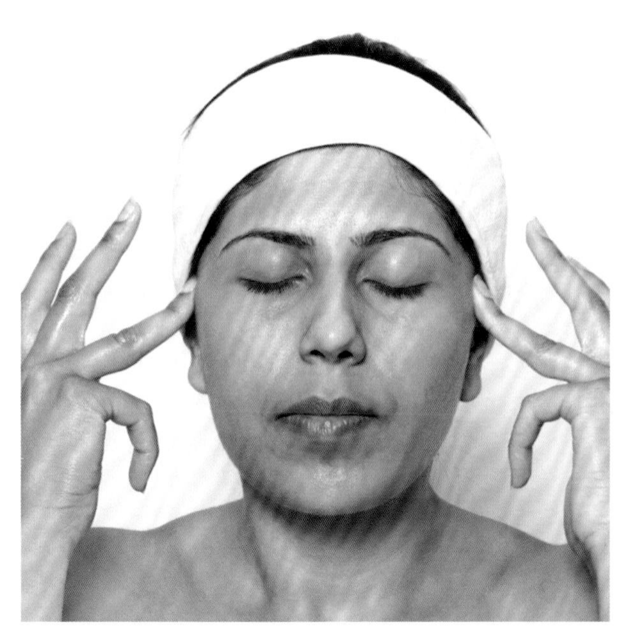

7 用无名指，非常轻地按压两眼中间的位置，然后沿颧骨移动按压至耳朵。用手指从颈部扫至肩膀。

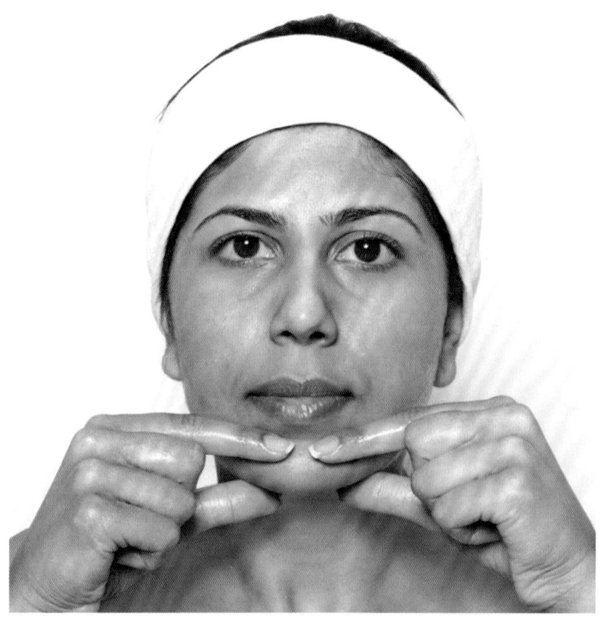

8 用双手的拇指和食指揉捏下巴，然后从下巴向耳朵移动。这样做有助于激活下巴。

9 轻拉耳垂，然后双手快速弹动手指，刺激脸部，经过下巴朝向脸颊，使血液流动。

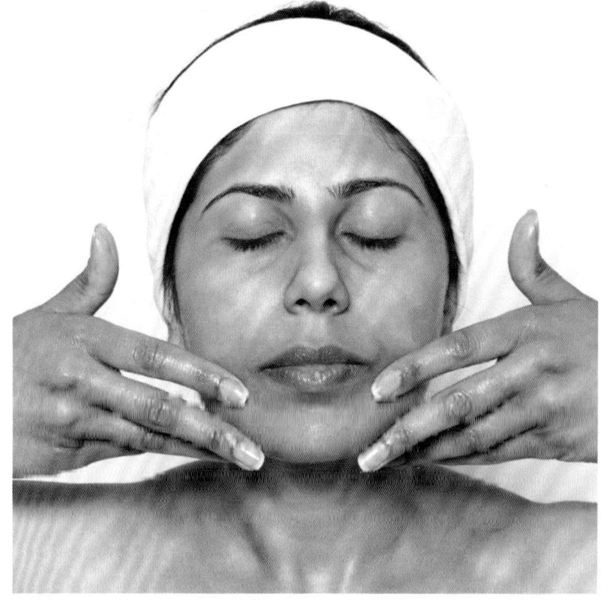

10 最后用整只手和手指深深抚摸，从下巴下方开始，扫过脸颊、眼睛四周，向上至前额。重复3次。

磨砂洁肤膏

蜂蜜燕麦磨砂膏

适合各种类型的肌肤

这种温和的磨砂膏可以促进循环，去除死皮，使肌肤明亮有光泽。燕麦可以**舒缓**、**软化**和**清洁**肌肤，作用温和，非常适合干性或发炎的肌肤。蜂蜜自古以来就被当作**滋润霜**，也可以软化、润滑、舒缓和**保护**肌肤。

原料

燕麦
燕麦可以舒缓、滋润和软化肌肤，也可以温和地去角质。

蜂蜜
蜂蜜兼有滋润和保湿双重功效，有助于调理疲倦的肌肤。

甘油
无味的甘油具有保湿效果。

橙子精油
这种精油具有再生功效，可以舒缓干燥、发炎或易长粉刺的肌肤。

制作50克分量

原料

1汤匙大颗粒燕麦
2汤匙甘油
1茶匙蜂蜜
4滴橙子精油

制作步骤

1 使用研杵或者搅拌棒将燕麦磨成细粉。

2 将燕麦倒入碗中，加入剩余的原料。放入消毒罐中，密封盖紧，置于冰箱中。保质期可长达6周。

使用方法

用磨砂膏轻轻按摩干净的肌肤，避开眼睛周围，用温水冲洗。然后用干净的毛巾拍干。

鳄梨和蜂蜜磨砂膏

适合各种类型的肌肤

这是一种极好的配方，可以用完存放在橱柜中的基本食材。这种磨砂膏可以在**激活**暗沉、倦怠的面色的同时，轻柔地**去角质**和**滋养**肌肤。蜂蜜具有天然**清洁**和**舒缓**功效。鳄梨是维生素A和维生素E的优质来源，二者有助于保持肌肤健康。它们还富含必需脂肪酸和亚油酸。

原料

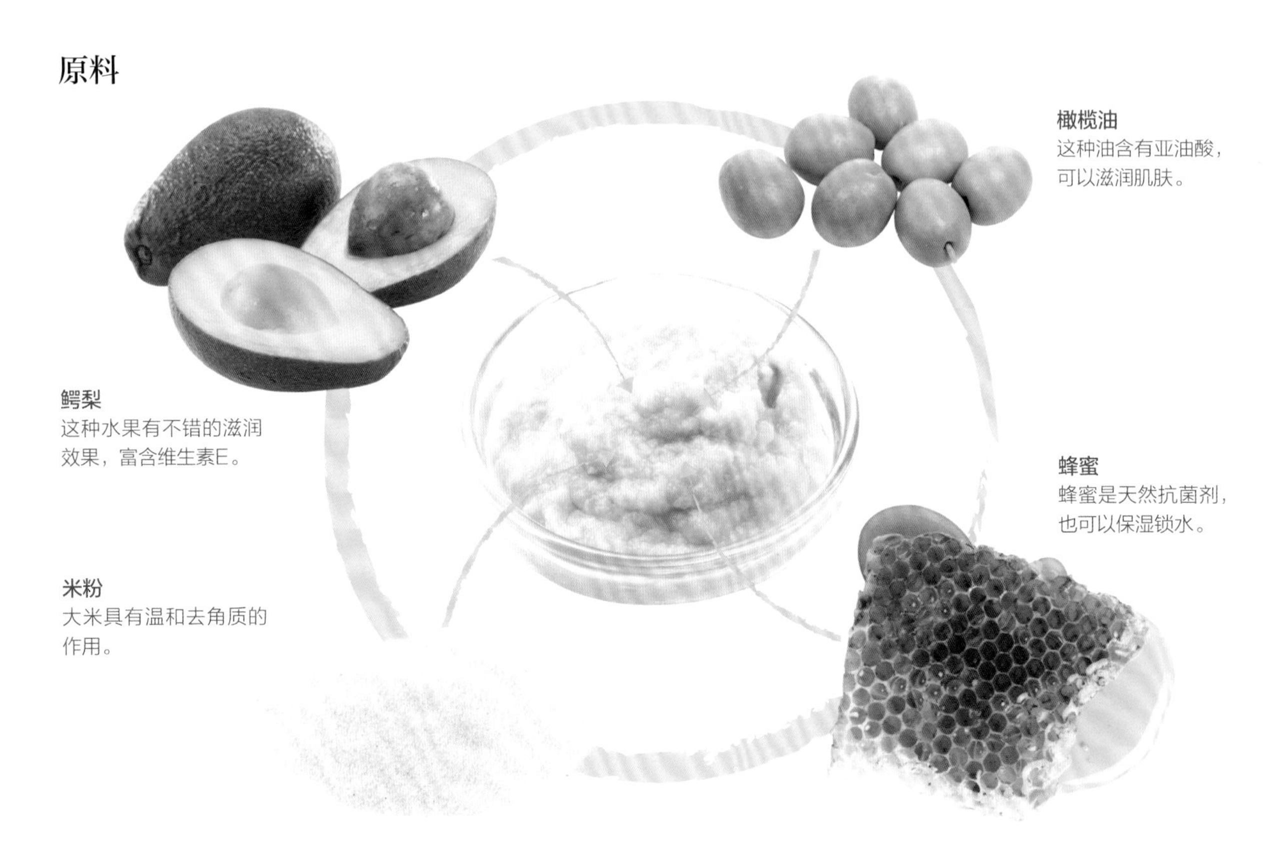

制作一份磨砂膏

原料

半颗熟鳄梨
1茶匙蜂蜜
1汤匙橄榄油
1汤匙米粉

制作步骤

1 在碗中用叉子将鳄梨捣碎。

2 在隔水蒸锅（参见133页）中加热蜂蜜，将油和温热的蜂蜜加入鳄梨中，搅拌在一起。

3 加入米粉进行搅拌，直至变成糊状。因为它采用新鲜原料，无法长时间保存，所以应该立刻使用。

使用方法

用磨砂膏轻轻按摩肌肤，要特别小心堵塞部位。保持1～2分钟，然后用温水冲洗，并用干净的毛巾拍干。

草莓奶油磨砂膏

适合各种类型的肌肤

用完冰箱中最后几颗草莓，制作这种**去角质**的面膜。草莓富含维生素，可以抗氧化，对肌肤有快速**复原**和**提亮**肤色的作用，有助于肌肤**容光焕发**。大颗粒的燕麦可以温和去角质，与捣碎的草莓和**滋润**的淡奶油混合在一起，制成的磨砂膏好看好闻，感觉很棒，甚至味道也蛮不错的。

制作一份磨砂膏

原料

2汤匙大颗粒燕麦
2～4颗熟草莓
2茶匙淡奶油

制作步骤

1 用研杵或搅拌棒将燕麦磨成粉。

2 在碗中用叉子将草莓捣碎，加入燕麦，混合在一起。

3 倒入足量奶油，制成糊状。因为采用了新鲜原料，所以无法长时间保存，要立刻使用。

使用方法

用磨砂膏轻轻按摩肌肤，避开娇嫩的眼部。如果当作面膜来用，在皮肤上保持10分钟。然后用温水轻轻洗掉，并用干净的毛巾拍干。

玫瑰面部磨砂膏

适合各种类型的肌肤

这种面部磨砂膏可以去除死皮，使肌肤明亮焕新。米粉和燕麦粉有温和的摩擦作用，适合给各种类型的肌肤**去除角质**。芳香迷人的玫瑰花水可以使**肌肤清爽**、洁净，甘油能够提高**保湿**效果。这种磨砂膏凝固速度快，所以大量涂抹这种糊状物，可彻底地去除角质。

制作一份磨砂膏

原料

1汤匙甘油
1茶匙有机玉米粉
2茶匙或1汤匙玫瑰花水
1茶匙燕麦
1茶匙米粉

制作步骤

1 在碗中将甘油和玉米粉混合在一起，调成糊状。

2 加入玫瑰花水，用打蛋器不停搅拌。

3 用研杵或搅拌棒将燕麦磨成粉。

4 将燕麦粉和米粉倒入碗中，搅拌成糊状。如果糊粉太干了，可以多加点玫瑰水。因采用了新鲜原料，所以无法长时间存放，要立刻使用。

使用方法

用磨砂膏轻轻按摩肌肤，避开娇嫩的眼部，然后用温水洗净，并用干净的毛巾拍干。

吃出洁净光亮的肌肤

我们的肌肤是健康和幸福感的外在体现。不良饮食习惯、缺乏营养或水分、压力、过敏或有炎症者，都会通过皮肤表现出来，如皮肤出现斑点、湿疹、暗沉或过早老化。如果你想要肌肤健康，需要调整膳食，一两周后会看到成效。这里有一些饮食宜忌和重要的超级食品，有助于人们获得健康美颜。

巩固基础

每天7种食物 每天至少食用7~10种有机水果和蔬菜。这样做可以确保你能摄取充足的维生素C。维生素C具有消炎作用，还可以促进胶原蛋白的合成。此外，新鲜水果和蔬菜中的植物营养素含有抗氧化成分，可以巩固肌肤健康，有助于预防肌肤老化。

选择全谷物 全麦、燕麦和糙米含有抗氧化的维生素E，可以保护肌肤细胞。

多喝水 大量饮水可以清洁肌肤，有助于身体排毒。它还有助于肌肤保持弹性和湿润。

尝试富含ω-脂肪酸的油 膳食中使用优质的油，如来自鱼、坚果和种子，可以保持肌肤柔软健康。橄榄油、榛子油、大麻油和亚麻籽油都是极好的选择。富含ω-脂肪酸的油还有消炎作用，对于清洁肌肤很重要。

食用有机食物 有机食物中的有毒农药残留较少，有些重要营养成分，如锌（基本矿物质元素，可以保持肌肤清洁健康），含量高，所以较为健康。

超级食物

补充这些超级食物，保持膳食平衡，它们富含肌肤自我修复所需的维生素、矿物质和抗氧化剂，可极大改善你的面色。

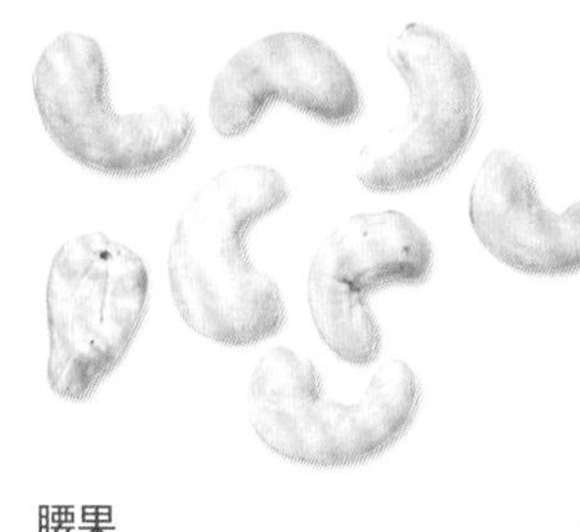

腰果
这些坚果富含蛋白质，可以修复肌肤，是铁和锌之类矿物质的有效来源，有助于肌肤愈合。

鳄梨
这种水果富含ω-脂肪酸，有助于锁住肌肤表层的水分，使肌肤保持柔软。它也是油酸的来源，可以使受损的肌肤细胞再生，缓解炎症、面部红肿和应激反应。

蒲公英叶
新鲜蒲公英叶可以制作沙拉食用，干叶可以制茶。蒲公英叶有助正常排泄，因此可以减少疾病发生。它们也是类胡萝卜素、类黄酮、维生素A、维生素C，以及钙、铁和钾的来源。

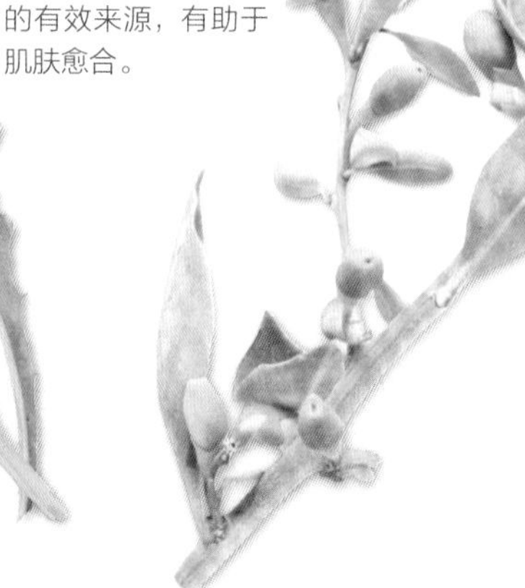

枸杞果

这种莓果富含抗氧化剂，含有维生素A和维生素E，具有再生作用，所以一度被誉为“永葆青春的钥匙”。食用它可以由内而外地滋养肌肤，并有助于预防炎症。

不宜食用

加工食品 这些食物中充满了导致老化的脂肪、盐和糖。以此为基础的膳食热量高，但是缺乏保持肌肤洁净健康的真正营养。

糖和精制碳水化合物 这些物质可以使血糖值快速飙升，促使肌肤分泌胰岛素，帮助细胞吸收糖分。研究显示，胰岛素会导致粉刺。食用低糖负荷的膳食，有助于清洁肌肤。这样做，可以避开糖和精制碳水化合物，同时应彻底断绝最大元凶——汽水。

过多的奶制品 平衡的膳食中当然要有一些牛奶和奶制品，但是如果你已有粉刺或已长斑了，最好要暂时放弃饮用牛奶，因为有些研究发现牛奶会加重炎症。研究显示，不含奶制品的膳食可以消除粉刺。

烟熏食品 这并非饮食建议，但是断绝这些食物会给你的肌肤健康带来很大不同，因为烟熏食品会破坏肌肤，导致暗沉、毛孔阻塞和过早老化。

巴西坚果

巴西坚果是锌的优质来源，还含有硒，可以支持免疫系统，有助于伤口和肌肤愈合。

亚麻籽

这些种子含有可以消炎的脂肪酸，是保持肌肤健康洁净的必需品。亚麻籽油特别有助于减少与炎症有关的肌肤问题，如湿疹、粉刺。可在沙拉、汤水和炖菜中撒上碎种子，或者淋上亚麻籽油。

扁桃仁

这种抗氧化营养物富含维生素E，有助于改善肌肤状况和肤色。每天食用少量扁桃仁，或者尝试用杏仁乳替代牛奶。

苹果

新鲜苹果含有维生素A和维生素C，两者有助于肌肤愈合，强化健康的胶原蛋白。这种复合果胶有助于平衡血糖，促进排泄，可使肌肤保持洁净。

番茄修复面膜

快速

适合各种类型的肌肤

这种富含维生素的面膜可以令肌肤**重获新生**。番茄**清凉**、**收敛**，富含提亮肤色的维生素C，对肌肤大有裨益。橄榄油可以**软化**和**滋养**肌肤，常用于皮肤护理。同时，橄榄油富含油酸，适于**滋润**干性皮肤。

制作一次所需的分量

原料

1个中等大小的番茄
2茶匙玉米粉
1茶匙橄榄油

制作步骤

1 拿稳番茄，用锋利的刀在底部刻划十字。将番茄整个放入开水中，浸泡约20秒，或者直至果皮分离。

2 用漏斗从水中小心取出番茄，然后立刻放入冰水碗中，使其冷却。

3 番茄冷却至可以用手拿时，用水果刀从底部的十字开始，削去果皮。

4 在碗中用叉子捣碎番茄，并用滤网滤去种子。

5 倒入玉米粉，制成糊状物。倒入油，拌匀。这种糊状物应该足够浓稠，可以均匀抹开或涂刷。应立即使用。

使用方法

用指尖将面膜抹在刚洗干净的肌肤上。保持5分钟，然后用温水洗净，并用干净的毛巾拍干。

番茄

番茄富含β-胡萝卜素和维生素C，其番茄红素的含量惊人，这种成分可以减少患癌症的风险，可保护眼睛和肌肤，并提高免疫力。

鳄梨和香蕉面膜

快速

适合各种类型的肌肤

新鲜的香蕉对肌肤具有很好的**滋润**和**舒缓**作用。在这种配方中，新鲜的鳄梨富含维生素和矿物质，可以极好地**调理肌肤**。与滋养的蜂蜜混合在一起，在肌肤上保持10分钟，可以深层**滋养**肌肤。闭上眼睛，放松，让面膜发挥其神奇的作用吧。

制作一次使用的分量

原料

1/2个熟鳄梨
1/2根熟香蕉
1茶匙蜂蜜
1茶匙玫瑰花水

制作步骤

1 将鳄梨和香蕉放入碗中，用叉子捣碎成糊状。

2 在糊状物中加蜂蜜和玫瑰水，拌匀。糊状物应该足够浓稠，可以均匀抹开或涂刷。搅拌好应立即使用。

使用方法

用指尖将面膜抹在刚洗干净的肌肤上，避开娇嫩的眼部。保持10分钟，然后用温水洗净，并用干净的毛巾拍干。

芦荟清凉面膜

适合各种类型的肌肤

芦荟、薰衣草精油和高岭土制成的**清凉**混合物，可以提高肌肤的保湿性。芦荟是常用的**治愈滋润**凝胶，非常适用于受损的肌肤。高岭土通过排出杂质，有助于**净化**肌肤，甘油可以使肌肤保湿。

制作30克分量

原料

1～2汤匙芦荟汁
1汤匙甘油
1～2汤匙高岭土
2滴薰衣草精油

制作步骤

1 在碗中放入芦荟汁、甘油和高岭土。用手动搅拌器或搅拌棒搅拌成糊状。

2 在糊状物中加入精油，拌匀。糊状物应该足够浓稠，可以均匀抹开或涂刷。

3 如果混合物太浓稠，可以多倒些芦荟汁；如果混合物太稀，可以多倒些高岭土。搅拌好应立刻使用，否则会干涸。

使用方法

用指尖或者干净的粉底刷，将面膜抹在刚洗干净的肌肤上，避开娇嫩的眼部。保持5分钟，但不要让其干涸。敷好后用温水洗净，并用干净的毛巾拍干。

生黏土净化面膜

快速

适合各种类型的肌肤

生黏土具有天然吸收功能，是**清洁**和吸收过多油脂的有效成分。作为面膜的基底，它有助于导出肌肤中的杂质。与**滋养**的甘油和**镇静**的薰衣草混合而成的这种面膜，可以清洁和平衡肌肤。它还有**调理**作用，有助于**收缩**毛孔，**恢复**气色。

制作一次所需的分量

原料

1汤匙生黏土粉
1汤匙甘油
1茶匙薰衣草精油

制作步骤

1 在碗中放入生黏土粉、甘油和花水。

2 用叉子将原料拌成糊状。这种糊状物应足够浓稠，可以均匀抹开或涂刷。如果混合物太稀的话，多加点生黏土。搅拌好应立刻使用，否则它会变干。

使用方法

用指尖或干净的粉底刷，将面膜涂在刚洗好的脸上，避开娇嫩的眼部。保持10分钟，但不要让它干涸。敷好后用温水洗净，再用干净的毛巾拍干。

收缩毛孔

皮脂腺位于肌肤表面的下方，分泌皮脂这种油性物质，并通过毛孔或毛囊排泄分泌出来。保持肌肤洁净是健康肌肤的关键所在。肌肤下方的毛孔阻塞会引发粟粒疹，而肌肤表面的毛孔阻塞则会导致黑头的出现。外在的因素，如化妆品、污染和促进油脂分泌的激素改变，会阻塞毛孔。使用这款净化面膜，可以深层清洁肌肤，收缩毛孔，使肌肤恢复平衡。

剃须助手

金缕梅和芦荟须后水

快速

适合各种类型的肌肤

具有**愈合**作用的金缕梅药草水和**舒缓**功效的芦荟汁，可以在刚剃完须后，使肌肤**镇静**、**凉爽**和**清新**。金缕梅药草水作为传统的药方，是由北美金缕梅树刚切下来的树叶和树枝浸泡而成的，加酒精前先经过提取。它可以平复发炎的肌肤。

制作100毫升分量

原料

3汤匙金缕梅药草水
3汤匙芦荟凝胶
2茶匙甘油
5滴茶树精油
3滴葡萄柚精油
2滴佛手柑精油
1滴薰衣草精油

制作步骤

1 在碗中将所有原料混合在一起。

2 倒入消毒瓶中，装上密封盖或喷嘴。存放在冰箱中，保质期可长达6周。

使用方法

每次使用前摇匀。作为须后水使用，可以用指尖涂抹，或者用喷嘴喷于全身。

橄榄剃须油

快速

适合各种类型的肌肤

用这种滋润的剃须油可润滑脸部或腿部肌肤，可以获得紧致而舒服的剃须效果。橄榄油和荷荷巴油有助于**软化**毛发，而金盏花浸油可以**舒缓**和**滋润**肌肤，能尽可能地减少须后灼痛和须后出疹。乳香精油、没药精油和薰衣草精油可以**修复肌肤**，有助于在剃须后滋润肌肤，使人感觉清新。

制作30毫升分量

原料

2茶匙橄榄油
2茶匙荷荷巴油
2茶匙金盏花浸油
5滴乳香精油
2滴没药精油
1滴薰衣草精油

制作步骤

1 在碗中将所有原料混合在一起。

2 倒入消毒瓶中，装上密封盖或滴管盖。存放在阴凉处，保质期可长达3个月。

使用方法

用热水打湿剃须的部位，擦上8～10滴油。如果用于脸部，沿毛发生长的方向剃须，定期冲洗刀片。剃须后用冷水冲洗，再用干净的毛巾拍干。

椰油剃须膏

适合各种类型的肌肤

这种特别油腻的剃须膏是由各种**滋润**和**舒缓肌肤**的油混合而成的，可以使肌肤**润滑**，获得紧致而舒服的剃须效果。椰油可以**软化**毛发，让剃刀更易于在肌肤上滑动。檀香精油具有**舒缓**和**清凉**的功效，与清新的橙花精油调配在一起，有助于**缓解红肿**和刺痛感。

制作60克分量

原料

2汤匙椰油
1茶匙甜杏仁油
1汤匙葵花籽油
1茶匙乳木果油
1茶匙巴西棕榈蜡
4滴檀香精油
4滴橙花精油
1滴德国甘菊精油

制作步骤

1 按照页面下方的方法一步步操作，制作油膏。

2 油膏一旦冷却，就可以使用了。盖上盖子，存放在阴凉处，保质期可长达3个月。

使用方法

椰油剃须膏可以用来清洁肌肤，去角质。用热水打湿要剃须的部位，涂上豌豆大小的油膏，如有需要，可以多擦点。将其涂于脸部，然后再沿毛发生长的方向剃须，定期清洗剃刀。剃须后用冷水洗净，然后用干净的毛巾拍干。

制作油膏

油膏是油脂与蜡的简单混合，可以滋养肌肤，预防水分过多流失。在制作时，可用隔水蒸锅将其温热溶化。油膏凝固后，可根据需求切分，方便携带。油膏不含水，所以不会受到微生物的污染。

1 在玻璃碗中放入油脂和蜡。在炖锅中倒半锅开水，上面放玻璃碗，形成隔水蒸锅，让原料溶化。

2 从热源上移开，小心玻璃烫手。当油膏冷却后，加入精油，拌匀。

3 倒入消毒罐中，冷却约1小时。油膏的颜色会出现变化，越冷越不透明。

润唇膏

椰油酸橙润唇膏

快速

适合各种类型的肌肤

椰油、乳木果油和扁桃仁油的完美组合，可以**调理**和**滋润**嘴唇。蜂蜡会在娇嫩的肌肤上形成保护层，帮助嘴唇锁住水分，**保湿润滑**。椰油酸橙润唇膏带有酸橙的清新果香和柠檬精油的怡人香气，并有温和的**抗菌**的作用。

制作40克分量

原料

1汤匙椰油
1茶匙乳木果油
1茶匙扁桃仁油
1茶匙蜂蜡
4滴酸橙精油
1滴柠檬精油

制作步骤

1 除精油以外，用隔水蒸锅（参见133页）加热其他所有原料，直至蜡溶化，然后将其从热源上移开。

2 油膏冷却后，加入精油，拌匀。

3 倒入消毒罐中，冷却约1小时后，盖上盖子。存放在阴凉处，保质期可长达3个月。

使用方法

用于嘴唇干燥需要滋润的时候。睡前涂抹，有助于在睡觉时嘴唇保湿。

轻吻唇膏

快速

适合各种类型的肌肤

这种油与蜡的混合物，有助于保持嘴唇如丝般光滑和**湿润**。在配方中，乳木果油起到**滋润保湿**和**保护肌肤**的作用，而蓖麻油有**愈合**功效，有助于在娇嫩的嘴唇上形成保护层。薄荷可以带来清新的味道和芳香，具有温和的**抗菌**作用。

制作30克分量

原料

1汤匙乳木果油
1茶匙蓖麻油
1茶匙葵花籽油
1茶匙蜂蜡
4滴胡椒薄荷精油

制作步骤

1 除精油以外，用隔水蒸锅（参见133页）加热其他所有原料，直至蜡溶化，然后从热源上移开。

2 油膏冷却后，加入精油，拌匀。

3 倒入消毒罐中，冷却约1小时后，盖上盖子。存放在阴凉处，保质期长达3个月。

使用方法

用于嘴唇干燥需要滋润的时候。睡前涂抹，有助于在睡觉时嘴唇保湿。

牙膏

柑橘味儿童牙膏

快速

适合儿童

儿童喜欢柑橘风味的牙膏。它具有温和**抗菌**和**清洁**的功效，非常适合早期牙齿护理。可以让小朋友也参与制作，给他们的日常生活增添些许乐趣。小苏打具有温和**研磨**和清洁的作用，与柑橘精油和佛手柑精油调配在一起，赋予牙膏熟悉的柑橘甜香味。

制作10克分量

原料

2滴甘油
1茶匙小苏打
6滴柑橘精油
1滴佛手柑精油

制作步骤

1 将所有原料放入小碗中，加1茶匙水，拌匀，制成糊状。
2 制作两份，存放在冰箱中，并在一天内用完。

使用方法

将牙膏舀到牙刷上，正常刷牙。不可吞咽，一天两次。

草本牙膏

快速

适合所有人群

绝大多数常见的牙膏都含有强力清洁剂，如十二烷硫酸钠（SLS），会导致皮肤出疹过敏。这种天然的牙膏具有相同的**清洁**和**抗菌**功效，但不会引发过敏。它由天然**抗菌**的精油调配而成，可以**防护**细菌，**保持牙龈健康**。

制作15克分量

原料

2滴甘油
1茶匙小苏打
1茶匙食盐
2滴百香果精油
2滴迷迭香精油
2滴茴香精油

制作步骤

1 将所有原料放入小碗中，加1茶匙水，拌匀，制成糊状。
2 制作两份，存放在冰箱中，并在一天内用完。

使用方法

将牙膏舀到牙刷上，正常刷牙。不可吞咽，一天两次。

茴香籽
茴香籽与八角风味相似，可以辅助治疗牙龈疾病和咽喉痛，是制作牙膏的绝佳原料。

漱口水

清新薄荷味漱口水

适合所有人群

这种薄荷味漱口水不含酒精和糖，定期使用，具有**治愈**和**抗菌**作用。胡椒薄荷浸液和胡椒薄荷精油组合在一起，带来了薄荷香气，而茶树精油和没药精油的抗菌性，有助于治疗牙龈疼痛、口臭和口腔溃疡。

制作100毫升分量

原料

100毫升矿泉水
1汤匙干胡椒薄荷
1滴胡椒薄荷精油
1滴茶树精油
1滴没药精油
1茶匙食盐
1茶匙芦荟汁
1茶匙甘油

制作步骤

1 制作浸液时，用炖锅煮沸矿泉水。在茶壶或玻璃碗中放入干胡椒薄荷，倒上开水。浸泡10分钟，然后滤出。

2 在另一个碗中，放入精油和盐，倒入温热的浸液，使盐溶解。再加入芦荟汁和甘油。

3 倒入消毒瓶中，冷却后，拧上盖子或喷嘴。

4 每次使用前摇匀。存放在冰箱中，保质期至多1周。

使用方法

每天两次，在刷完牙后，冲洗口腔。不可吞咽。

甘油

甘油味甜，可以用作保鲜剂。不同于糖，它不会促进细菌繁殖和形成菌斑。

眼膜

清凉眼膜

快速

适合各种类型的肌肤

这种**清凉**、**舒缓**和**清新**的眼膜有助于**调理**眼睛四周的娇嫩肌肤，减少浮肿或炎症。金缕梅药草水可**收敛**提神。金盏花酊剂具有舒缓作用，与芦荟和金缕梅混合在一起，可以**抚平浮肿的眼纹**，使眼睛感觉清爽。

制作20毫升分量

原料

2茶匙金缕梅药草水
1茶匙芦荟汁
1茶匙甘油
1茶匙金盏花酊剂

制作步骤

1 在已消毒的搅拌碗中，将所有原料混合在一起。

2 倒入消毒瓶中，盖上盖子。存放在冰箱中，保质期至多1周。

使用方法

将面膜涂在眼睛四周的骨头（眉骨和颧骨）上。切不可抹在眼睑或眼睛正下方，这些部位非常娇嫩。在皮肤上保持5分钟，然后用化妆棉、湿法兰绒布或棉布轻轻将其擦掉。

修复眼睛

这些简单的动作可以消除眼睛疲劳，下面的每个步骤重复3次。

- 舒适地坐好，闭上双眼，用干净的双手轻轻盖住，挡住光线。慢慢深呼吸3次。
- 把手拿开，紧闭双眼4秒钟，再睁开4秒钟。
- 将棉布浸泡在热水中，拧干，再轻轻敷在脸上。从鼻子开始，由内向外轻轻按摩眉毛。
- 再用冷水浸泡棉布，拧干，盖住脸部，轻轻按摩颧骨和眉骨。
- 顺时针揉眼睛，再逆时针，中间可以眨眼睛。
- 聚焦远处10秒钟，再看近处10秒钟，期间头不能动。
- 上下看，再从左至右看。
- 用手掌轻轻盖住闭合的眼睛，然后深呼吸。

修复眼膜

适合各种类型的肌肤

我们的眼睛因为过多接触电脑和电视屏幕，经常处于紧张状态下。小米草、金缕梅和甘菊混合在一起，可以**缓解**眼睛疲劳。小米草和金缕梅具有**收敛性**，有助于在一天结束之时**舒缓**眼睛，**护理**娇嫩的眼部。甘菊可以作为**消炎剂**，可以**修复**过劳的眼睛。

制作10毫升分量

原料

100毫升矿泉水
1汤匙干小米草
1汤匙甘菊干花
1茶匙金缕梅水
1茶匙甘油

制作步骤

1 制作浸液时，用炖锅煮沸矿泉水。在茶壶或玻璃碗中放入干小米草和甘菊花，倒入开水。浸泡10分钟，然后滤液。

2 在浸液中加入金缕梅药草水和甘油，放凉，倒入消毒瓶中，盖上盖子。存放在冰箱中，保质期至多1周。

使用方法

将面膜涂在眼睛四周的骨头（眉骨和颧骨）上。切不可抹在眼睑或眼睛正下方，这些部位非常娇嫩。在皮肤上保持5分钟，然后用化妆棉、湿法兰绒布或棉布轻轻将其擦掉。

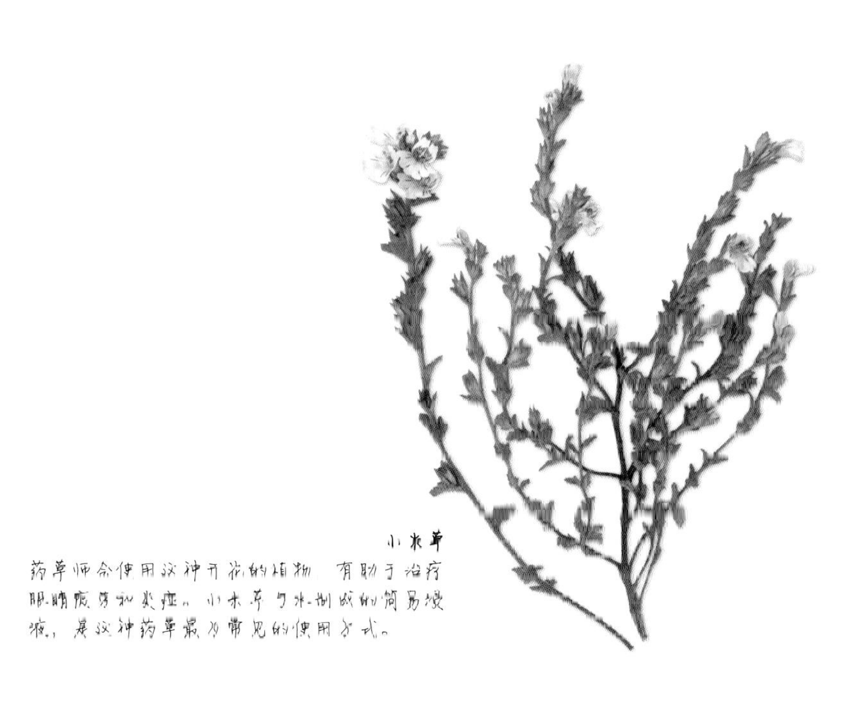

FACE GET THE LOOK

面部妆容

不要畏惧尝试化妆品。将易于掌握的技巧与**天然**优质的化妆品正确搭配在一起，每个人都可以**改善**自己的妆容，或者轻松**提升**气质。

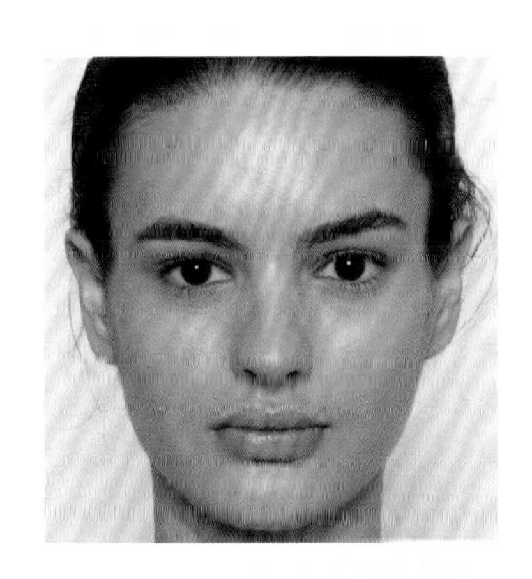

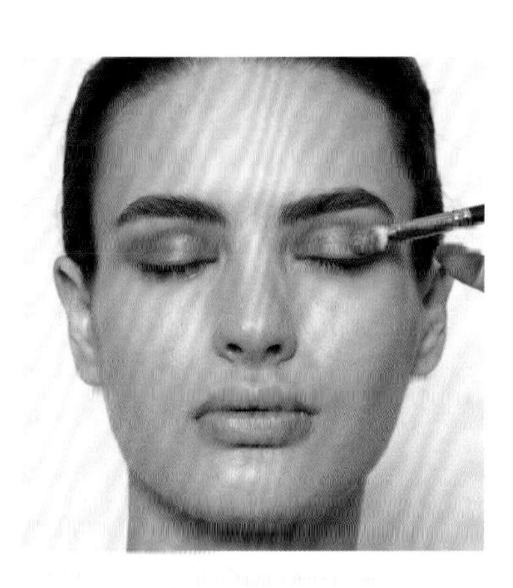

神奇的化妆品

化妆品是快速定妆的终极手段，也是临时改变妆容的神奇之法。许多人会在化完妆后，感觉美丽和自信。化妆可能会凸显颧骨的轮廓，突出或使眼睛睁大，肤色均匀，嘴唇饱满，睫毛细长。不过，学会在不化妆的情况下呵护你的脸部，才是迈向正确化妆的第一步，并作为展示独一无二的最佳自我的一种手段。

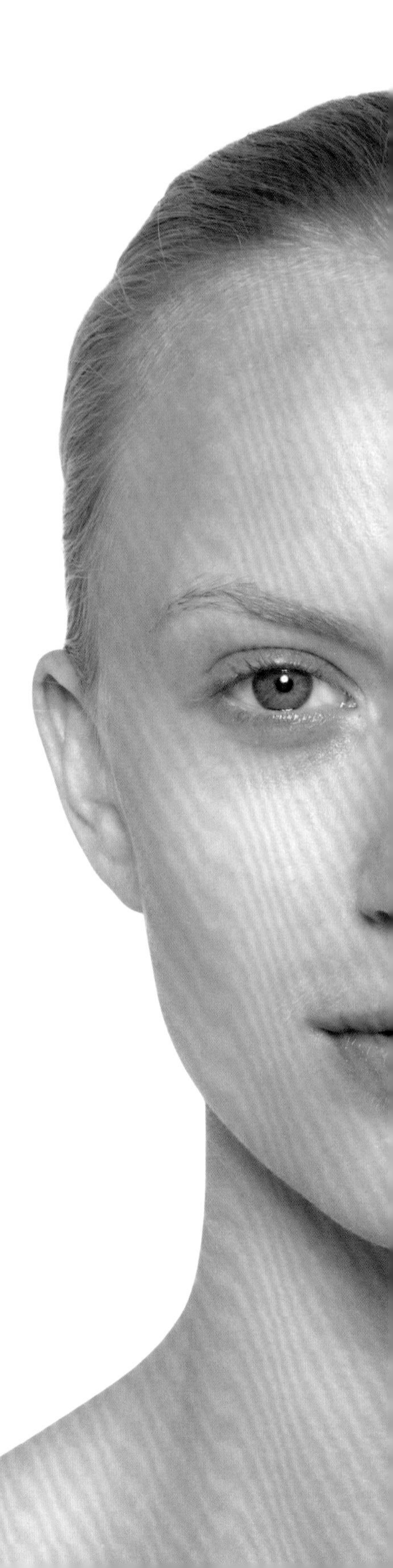

正确化妆

研究显示，我们依然处于这样一个世界中，绝大多数人认为化了妆的女性更有才能，比如化妆的女性会有更好的工作机会、信任感和亲近感，但如果不化妆的话，则会输人一头。这些看法将我们推向了扭曲的困境中，美黑、假睫毛、修理眉毛和爆炸头，付出高昂的生活成本来让我们保持美丽。但是有一些天然简单的方法可以让我们看起来不错，无需花数小时化妆和定时补妆。

认准有机产品

常见的化妆品中充斥着人工色素和香精，以及强效防腐剂，这些会引发肌肤问题。所以，花钱选购有机天然化妆品是值得的，它可以用矿物质颜料和维生素E之类的天然防腐剂来取代人工色素和香精，从而避开这些有害成分。

选择时机

化妆品已然成为了我们生活的一部分，许多人无法进行理性判断。我们化妆，是因为我们期待如此，或者是因为我们认为化妆可以让我们更加美丽，或者是因为我们认识的其他女性都在化妆。我们应该学会正确合理地选择妆容，并在每次化妆前都自问一下：今天我们真的需要化妆吗？

保持洁净

定期清洁你的化妆刷和其他工具，防止有害细菌。定期更换产品（即使是化妆品也有保质期），不要与他人共享，这样做会传染病毒和细菌。

夜晚卸妆

虽然可能会有些烦人，特别是当你已经疲惫不堪时，但是卸妆是善待肌肤的最佳选择，因为夜晚是肌肤修复和自我更新的时间。在做面部清洁时，来点轻柔的按摩，有助于促进循环，提升肤色和肤质。

避开美黑产品

虽然你可能会觉得美黑总好过晒日光浴，但实际上许多产品中含有二羟基丙酮（DHA），根据研究显示，这种化学成分会导致肌肤细胞死亡，是导致基因突变和DNA损伤的潜在因素。

接受改变

随着年龄的增长，肤色在变化，再也不复青春年少之时了。当我们反反复复地更新容颜和妆容以适应这种改变时，无需担心害怕。不过你也应该知道，过多的化妆品会让我们更加显老，而不是变年轻。

埋性化妆

如果你有肌肤问题，化妆品中的成分可能是导火索。如果你的肌肤刺激红肿，那么在几天内不要化妆，有助于恢复得更快。使用新产品时应每次一种，以判定你会对哪种产品过敏。如果你的眼睛感染了，不要上眼妆，一旦恢复了，应购买新的化妆品，避免重复感染。

水光妆

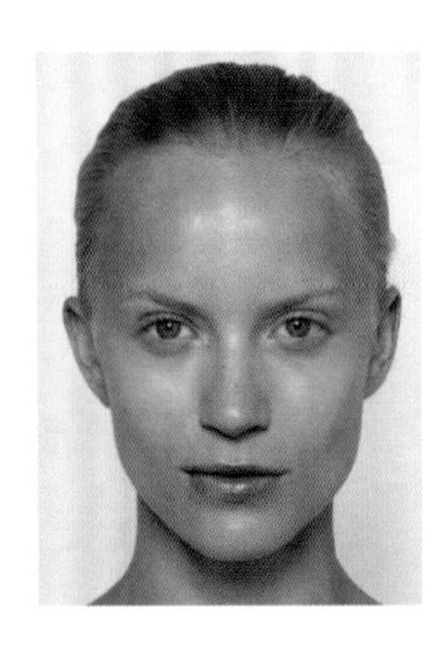

这种极好的白日妆容代表着如水般的健康、水嫩的肌肤，并以柔和的光泽和微微闪耀的肌理为重点。完美、水润的肌肤是关键，所以要花时间来准备。为了获得清新、充满活力、看起来真正健康的肌肤，需要先彻底清洁肌肤，然后敷10分钟面膜，依次涂抹保湿精华液、滋润霜，最后是面油。开始前，先打造完美无瑕的底妆，形成自然光泽（参见152～153页）。

工具

- 中号眼影刷
- 小号眼影刷
- 眼影混合刷
- 烟熏刷
- 粉刷
- 唇刷

专家提示

如果你的双眼距离近，在眼睛内角打高光，可以使其加宽。

如果你涂抹了太多的古铜色化妆品，可以用干化妆棉轻轻擦拭，把过多的部分去除掉。这些古铜色化妆品应该看起来健康，不应是脏兮兮的。

如果你是熟龄肌肤，应该使用微微闪光的产品，因为高光质地会使细纹更加明显。

眼睛

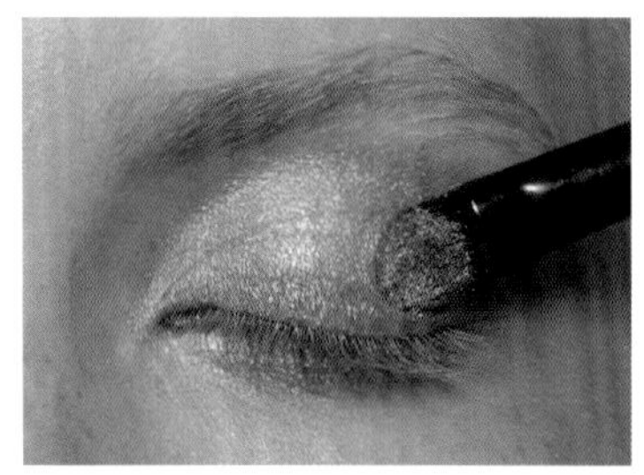

1 高光 用中号眼影刷，将金黄色眼影或眼影膏涂满眼睑。你可能需要用纸巾挡住眼睛下方，防止眼影掉到脸颊上。

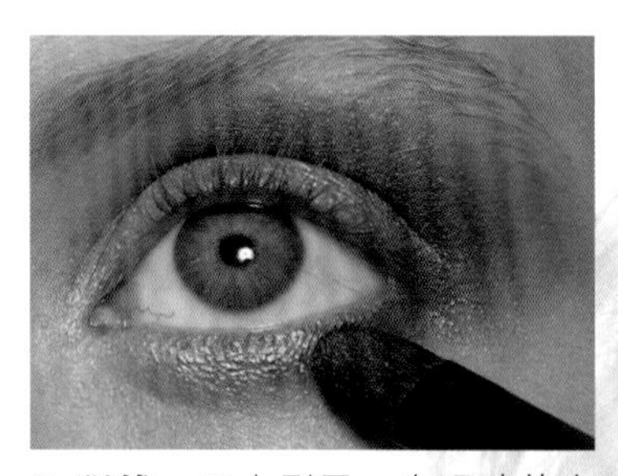

2 眼线 用小刷子，在眼睛的内角，并沿着下眼线，轻拍一点眼影。再用第一支刷子在眼窝、眼睛外角和下眼线处，将深金黄色的眼影掺和进去。

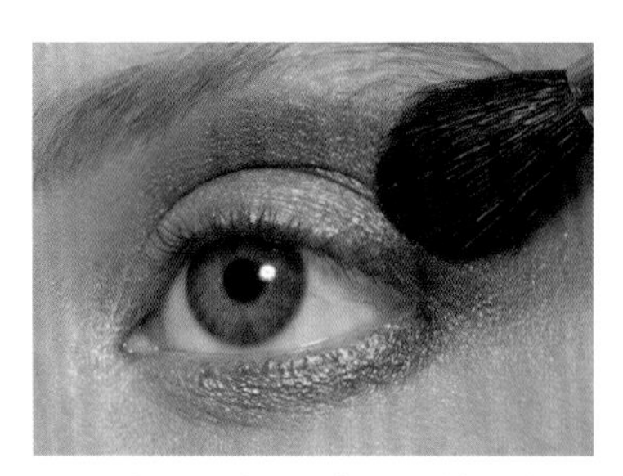

3 晕染 确保两种眼影的颜色可以无缝融合。取干净的混合刷，轻轻地朝太阳穴方向，向外打圈，将两种颜色混合在一起。

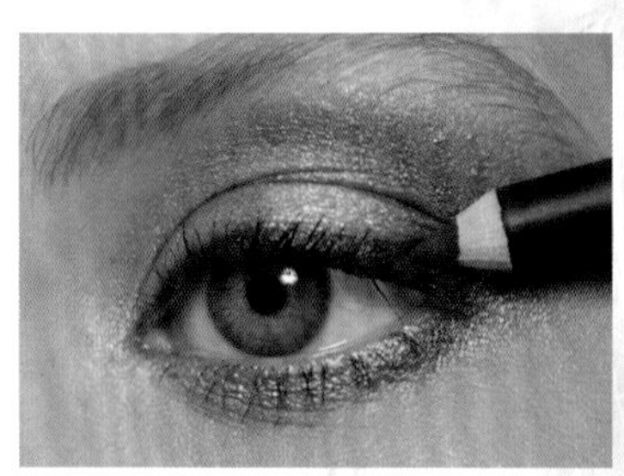

4 定型 使用深棕色或古铜色的亮光眼线笔，并沿着上眼线勾画。再用斜角刷晕染，使眼睛定型。卷起睫毛，涂上棕色或黑色的睫毛膏。

脸颊

古铜色 肌肤红润，好像太阳轻吻过一般。用粉刷在产品中打旋，弹掉多余的部分。在肌肤上画大圈，从脸颊开始，再晕染至太阳穴。

嘴唇

上光 用软毛牙刷轻轻擦拭嘴唇，抹上润唇膏，确保嘴唇不干燥。选一种唇彩，其颜色应与自身嘴唇的自然颜色相同，或略浅于唇色。涂抹时应使用唇刷。

匹配肤色

眼影 淡金色和玫瑰金色适合苍白的肤色，较深的古金色适合橄榄色的肤色；而深金色适合较为较深的肤色。

古铜粉 带色 桃红色的古铜粉适合苍白的肤色；焦糖色适合橄榄色的肤色；栗色古铜粉适合较深沉的肤色。

大地色系妆

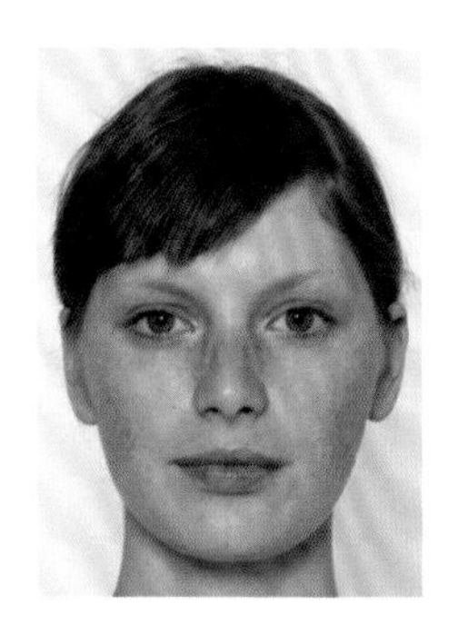

这种妆容的灵感来自地球母亲以及接地气的土棕色、温暖的棕色、烤焦的沙色和深红褐色。它以眼睛的轮廓为重点，经过充分晕染，形成柔顺的线条。这种妆容适合各种人群，可以在昼夜之间无缝切换，并易于搭配衣饰。上妆时不可操之过急，需要留出至少30分钟的时间，最好多留一些。开始之前，先打造完美无瑕的底妆（参见152～153页）。

工具

- 腮红刷
- 唇刷
- 中号眼影刷
- 小号眼影刷

专家提示

如果你双眼深陷，在眼窝线涂眼影时，应目视前方。这样做有助于确认涂抹的位置，画出你的眼窝。在眼睑闭合的上方涂上颜色。

不要涂太多深色眼影。刷子蘸粉，并在手背上弹掉多余的部分。这种方法可以让你更好地控制产品的使用分量。

为了获得更为引人注目的妆容，用眼线笔勾画内眼线（正好位于眼睛的内侧）。

匹配肤色

腮红 如果你皮肤白皙，可以选择温暖的桃红色。琥珀色适合深褐色的肌肤。也可以为深色的肌肤搭配深赤土色。

嘴唇 如果头发和肌肤的颜色较为深沉，可以搭配较深色的唇彩。玫瑰色或桃红色适合苍白的肌肤，而肤色较深的话，则可以从温暖的坚果棕色、肉桂色和赤褐的泥土色中进行选择。

脸颊

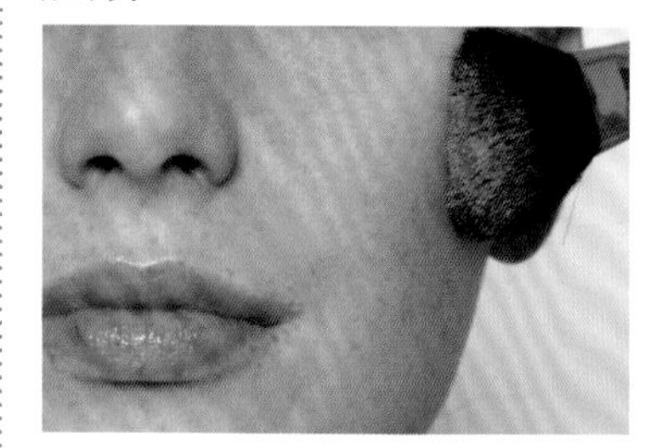

腮红 使用腮红刷，在颧骨中心位置涂上温暖的桃红色，并朝太阳穴轻轻打圈，向外晕染。

嘴唇

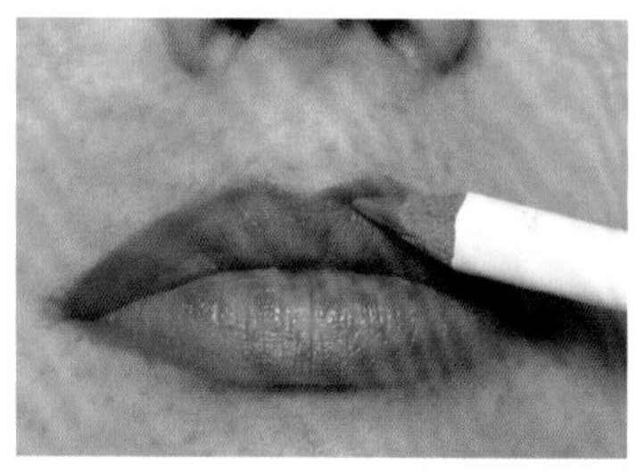

1 唇线 用裸色唇线笔勾画唇线。从上唇线开始，沿着自然唇线，从中间向外。用棉签配合唇线笔，柔化边角。

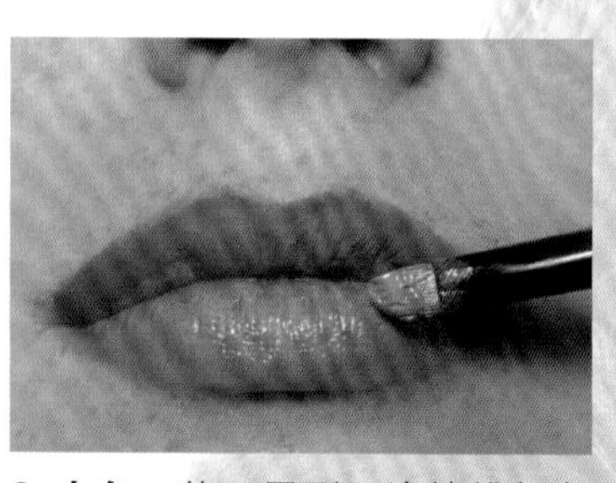

2 上色 使用唇刷，涂抹桃红色唇膏。用纸巾擦去污渍，然后重新涂抹。表面清透的光泽，可以使这种妆容更加迷人。

眼睛

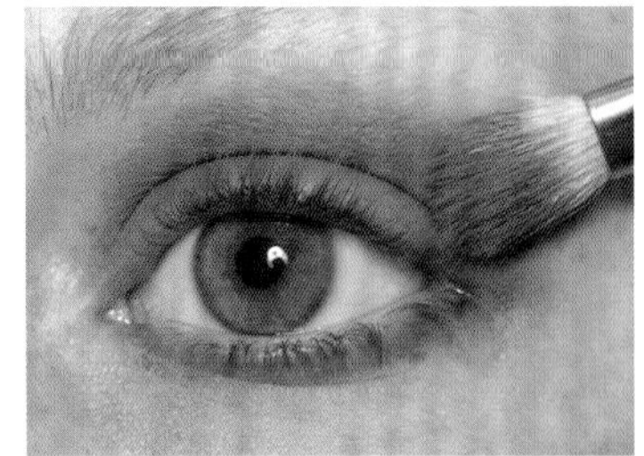

1 打底 在眼睑上涂满橙褐色的眼影，并用中号眼影刷向上涂抹眼窝线。然后用小号眼影刷勾画下眼线。

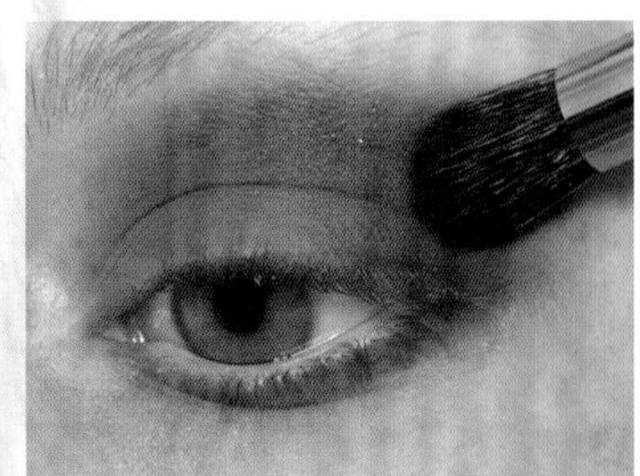

2 轮廓 使用中号刷，在眼睑外角涂上深榛子色的眼影，并晕染至眼窝线的褶皱中。轻柔地反复勾画，晕染颜色。然后，涂上深棕色的睫毛膏。

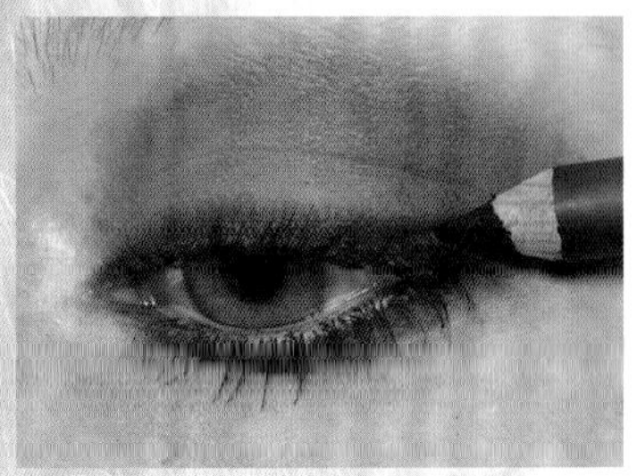

3 眼线 在睫毛根处用深巧克力色的眼线笔勾画，并沿着上眼线移动。用细线仔细修正，使其与睫毛紧密贴合。然后用眼线笔由外角向内勾画下眼线。

空气妆

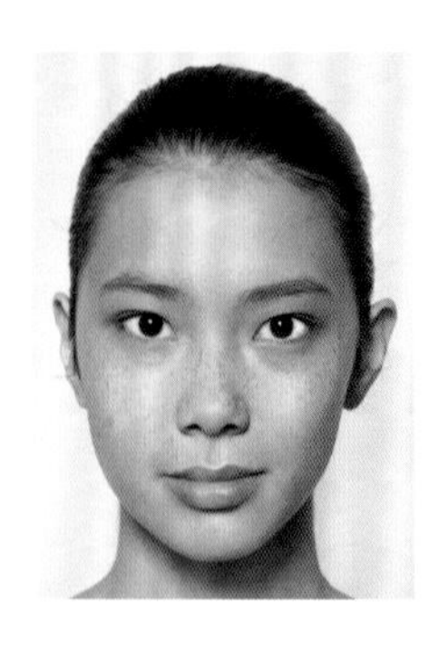

这种清新的妆容需要浅淡的化妆品。空气妆更多的是暗示，表示几乎没有上妆，所以尽可能少地使用化妆品，留出大约10分钟，就可以获得清爽纯净的效果。这种妆容最适合搭配精心修饰的眉毛，所以可用干净的睫毛刷或眉刷来进行涂抹。开始之前，先打好底妆（参见152～153页）。

工具

- 中号眼影刷
- 小号眼影刷
- 腮红刷
- 唇刷

专家提示

适当地修饰眉毛，用眉笔或化妆刷沿鼻孔一侧，向上画至眉毛，不要让眉毛向内越过这条线。然后沿鼻孔一侧向外摆动，至眼睛的外角，不要让眉毛向外越过这条线与眉毛的交汇处。

不要僵化地运用你的化妆品。矿物质腮红并非唯一的多功能产品。你可以把唇膏像腮红一样轻轻涂抹在脸颊上，或者使用眼影取代眉粉。

眼睛

打底 用中号眼影刷在眼睑上涂抹玫瑰色矿物质腮红。在眼睑上进行晕染，至眼窝线。使用较小号的刷子，沿下眼线上色。

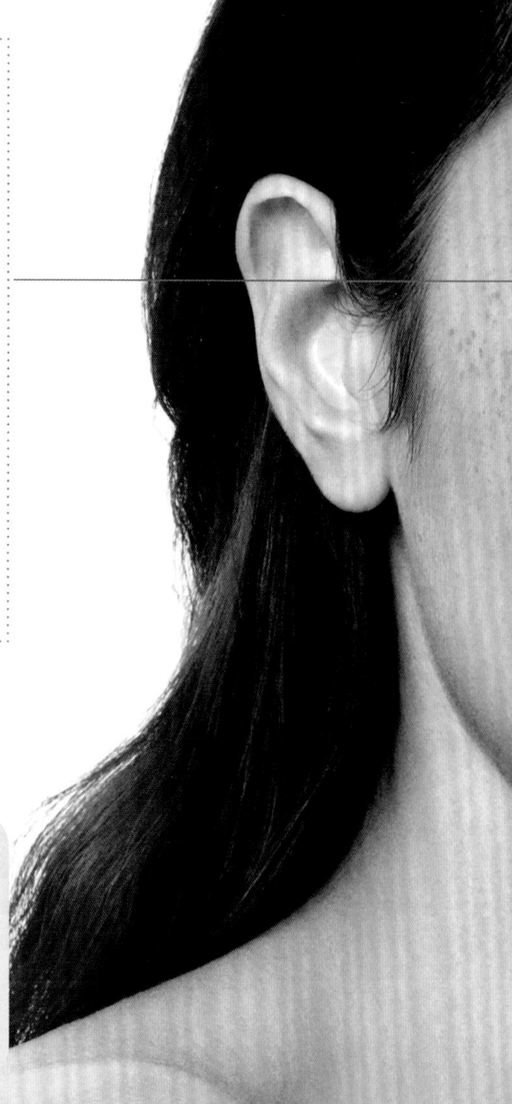

匹配肤色

矿物质腮红 浅粉色和桃红色适合苍白的肤色；玫瑰色和茶棕色特别匹配适中的肤色；赤褐色、深褐色和栗色，适合暗沉的肤色。

眉毛

字眉毛的空隙处，用眉笔或眉粉涂抹眼影，其颜色应比发色略微浅淡些。眉笔效果精细。如果用小号斜角刷涂眉粉，妆容更为柔和。

脸颊

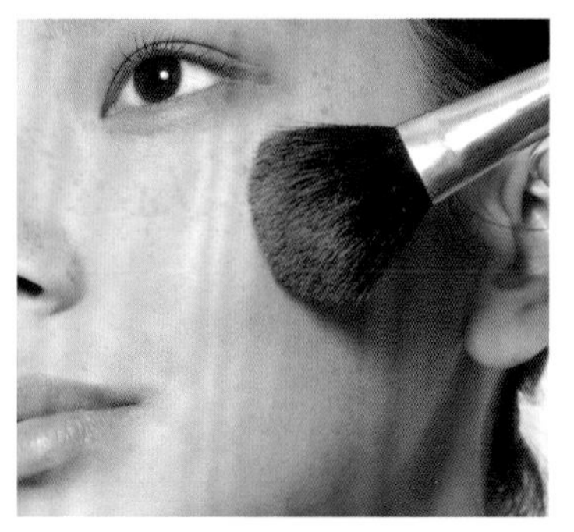

腮红 使用与眼影颜色相同的矿物质腮红，用腮红刷轻轻打旋，弹掉多余的部分。由浅色开始逐渐加深，形成可爱清新的光泽。从脸颊的重心位置开始，轻柔打圈，并反复晕染。避免化妆品碰到发际线。

嘴唇

提亮 加一点润唇膏，可以让嘴唇看起来柔和湿润。使用唇刷涂抹浅淡的粉红色，可以巧妙地提升双唇质感，使其更为饱满滋润。

红唇妆

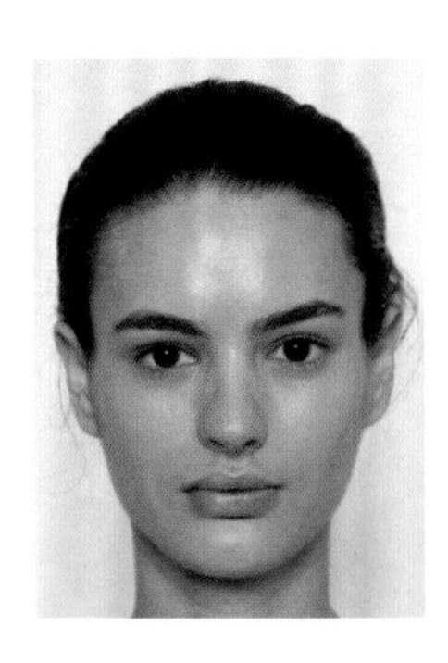

这种活力四射的性感妆容，主要以火红的嘴唇为重点。嘴唇的颜色更像是天然的莓果色，而不是经典的砖红色。点睛之笔在于浅粉色的脸颊。在用滋润霜之前涂上提亮的精华液，可以使肌肤更加容光焕发。晚妆时，只需简单增强肤色即可。上妆前，先打好基底妆（参见152～153页）。

工具

眉刷

小号斜角刷

中号眼影刷

小号眼影刷

粉底刷

唇刷

眉毛

1 修饰 用眉刷或软毛牙刷梳理眉毛。在此之前，可以在眉刷上挤点眉膏或发胶喷雾进行定型。

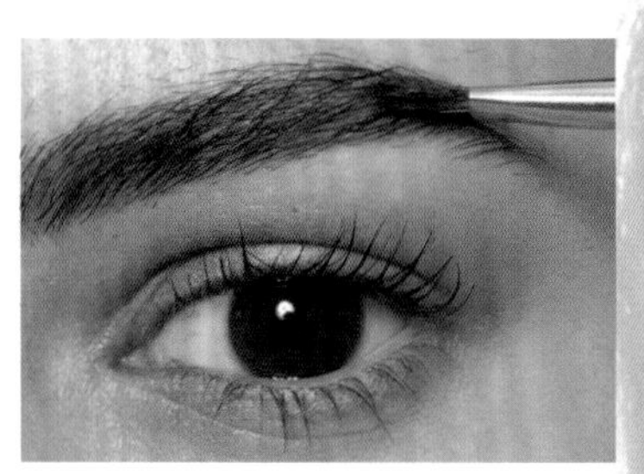

2 填充 用小号斜角刷蘸上略浅于发色的眼影，修补眉毛上的空隙。用黑色或深棕色睫毛膏使睫毛卷曲。

专家提示

如果你使用的是腮红霜，最好在涂好粉底液或隔离霜后使用。如有必要，之后再抹点粉。一言概之，“霜配霜，粉上加粉”。

匹配肤色

唇彩 适中偏暗的肤色非常适合深紫红色的唇彩，而苍白的肌肤适合较为浅淡的莓果色。

眼睛

打底 使用中号眼影刷，将灰褐色的眼影膏涂满眼睑，并混合至外眼角处。使用小号刷沿下眼线涂抹。

脸颊

腮红 微笑并找到颧骨。在颧骨中心位置轻拍少许紫红色的腮红霜，并用粉底刷或手指向外涂抹。

嘴唇

上色 用唇刷或手指在嘴唇涂上深红色的唇彩，用纸巾擦去污点。

10分钟完美无瑕打底

均匀无瑕的底妆的关键是良好的肌肤。如果你不懂得呵护肌肤，不仅难以上妆，妆容也撑不了一天。如果按时清洁、清爽和滋润皮肤，每周去两次角质，可以的话，做做面膜，无需过多打底，肌肤也会光亮健康。

粉底液

使用有机粉底，限制与肌肤接触的毒素。如有需要，先打底，经过充分混合，然后涂抹遮瑕霜、粉、轮廓粉和高光粉（参见侧图）。

合适的阴影

粉底液 沿着脸庞和下巴轮廓涂抹一条粉底。如果颜色合适，过几秒钟，它会消失，并与肌肤完美融合在一起。不要让粉底的颜色比颈部深。如果你觉得自己的肌肤过于苍白，可以在颈部和脸上使用古铜色化妆品。

遮瑕霜 选择的遮瑕霜应含有发亮成分，可以提亮暗淡的部位。

轮廓粉 使用冷色系的散粉，灰褐色适合苍白的肤色，银棕色适合适中的肤色，而冷棕色适合暗沉的肤色。

工具

你仅需少量工具，就可以用液体或粉状产品实现完美的基底。

粉底刷

粉刷

斜角刷

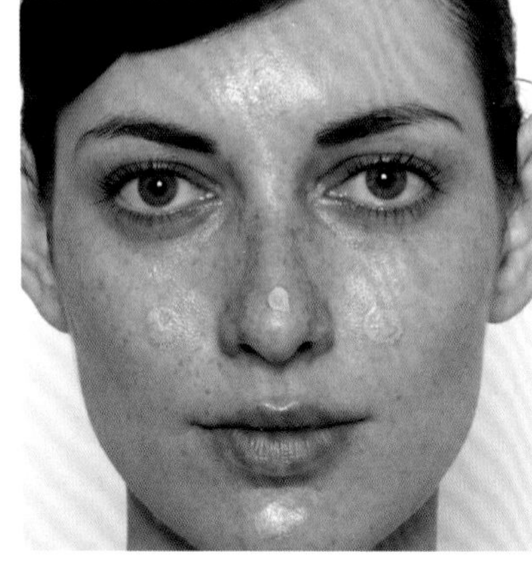

1 在前额、鼻子、下巴和脸颊点缀少许粉底，开始用粉底刷进行晕染。你也可以使用手指或海绵。

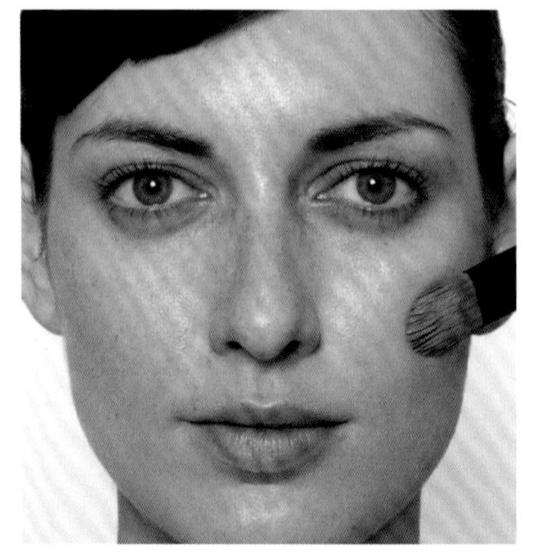

2 继续晕染。如果你觉得粉底太多的话，用干净的纸巾将其擦掉。晕染至发际线时，产品应基本没有残留了。

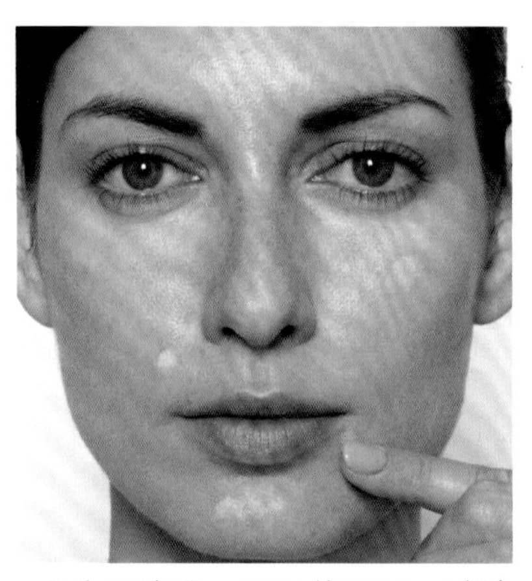

4 为了遮瑕，可以使用另一种略为浓稠的遮瑕膏。涂抹时可以用手指、棉签或小号刷将其抹匀。晕染时，用无名指轻轻拍打。

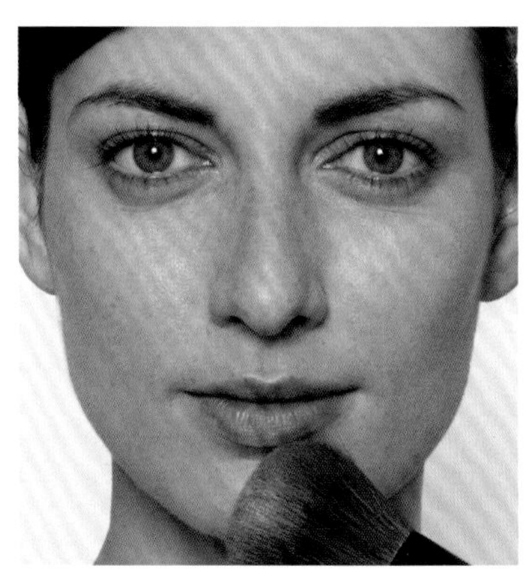

5 在需要的地方，轻轻打点粉。绝大多数人的T区（前额、鼻子和下巴）需要用散粉。若涂粉过多的话，会使细纹暴露，所以要适量涂粉。

高光

使用少许绸缎般的高光粉，可以突出颧骨、眼睛的外角、眉骨和上唇。需要注意的是，高光粉可能也会突出细纹和皱纹。

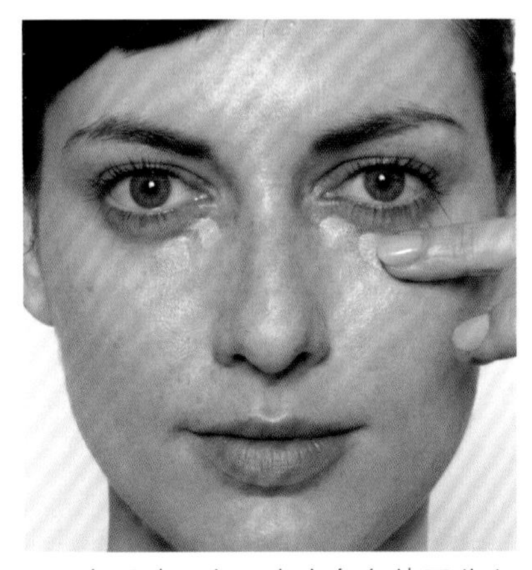

3 在眼睛下方，由内角向外四分之三处，点缀少许轻质遮瑕膏。用无名指轻轻拍打，直至其完全融合。如有必要，可以多用一些，但是不可过量，否则眼睛会变得浮肿干涩。

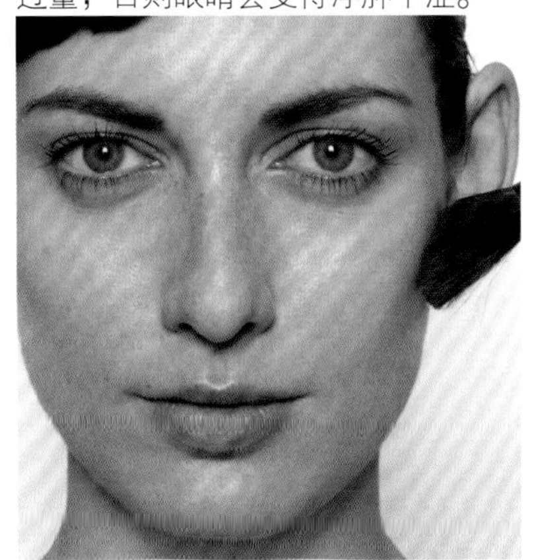

6 用斜角刷清除颧骨下方的轮廓粉，直至眼睛外角的正下方，否则会看起来脏脏的。要将轮廓粉涂抹均匀。如有必要，最后刷上高光粉（参见上图）。

矿物质粉

矿物质粉不含有害成分，粘在肌肤的天然油脂上，可以让其呼吸。它们非常适合敏感性肌肤，不会刺激易长粉刺的肌肤。在涂粉之前，先滋润脸部，然后等几分钟，让乳液完全吸收。如有需要，依次涂抹轮廓粉和高光粉。

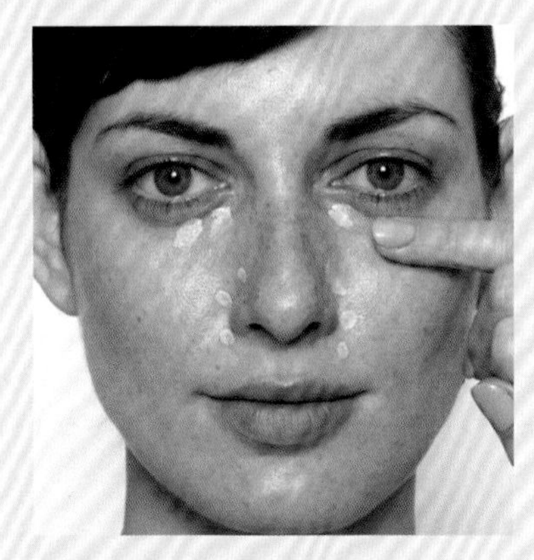

1 参照另一侧的步骤3和4，来遮住斑点和黑眼圈。使用矿物质遮瑕粉时，在盖子上倒上少许，用刷子在产品中打旋，弹去多余的部分，轻轻扫过需要遮盖的部位。

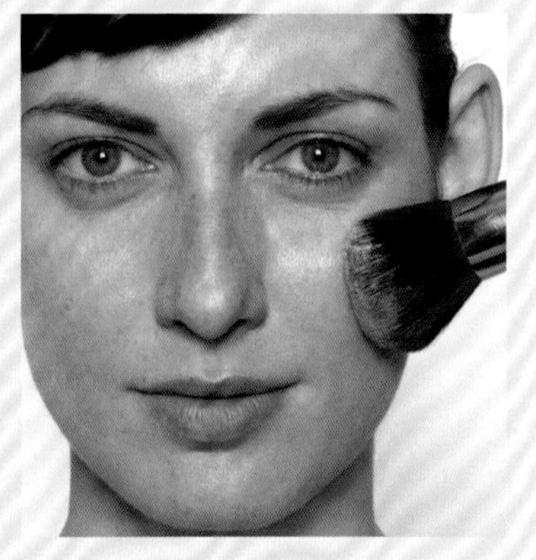

2 矿物质粉底很耐用，可以先在产品盖上倒一点粉。用大号的浓密毛刷在粉中打旋。弹去多余的部分，用刷子扫过颧骨。

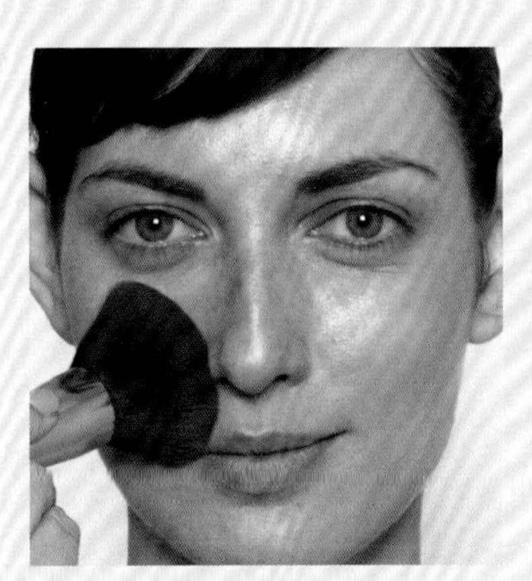

3 用刷子以大圈打旋，擦亮脸颊，并一直向上刷至前额。擦亮另一侧脸颊，然后向下刷至鼻子和下巴。擦得越多，覆盖面积越大。

4 矿物质粉底光泽耀眼。如果你是油性肌肤，或者看起来会反光，可使用定妆粉，以获得亚光效果。将粉刷浸入粉饼或散粉中，弹去多余的部分，涂在需要的部位上。

金属妆

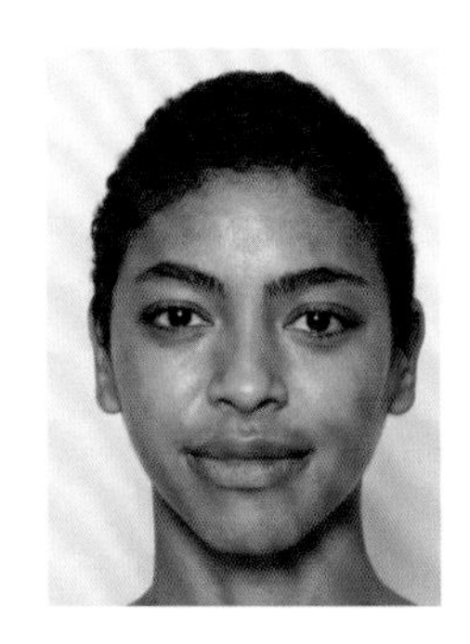

金属色的可变性和反射性可以获得强烈的上妆效果，这是一种简易、适应性好的现代妆容。肤色自然清新，眼睛熠熠生辉。应给肌肤补水，但不要使其过于湿漉漉的，否则会太过耀眼。金属色眼影会落在肌肤上，想要无损妆容地将其擦干净的话，有点棘手，所以要在上底妆之前先涂抹（参见152～153页）。

工具

- 中号眼影刷
- 眼影混合刷
- 小号眼影刷
- 眼线刷
- 腮红刷
- 唇刷

专家提示

勾画眼线、刷睫毛膏时，向下看镜子，可以更容易上妆。用棉签蘸取眼部卸妆品，修正失误之处。

如果你的双眼距离较近，不要拉长黑色眼线。相反的，可以使用膏状眼线笔来使眼睛显得更大。

眼睛

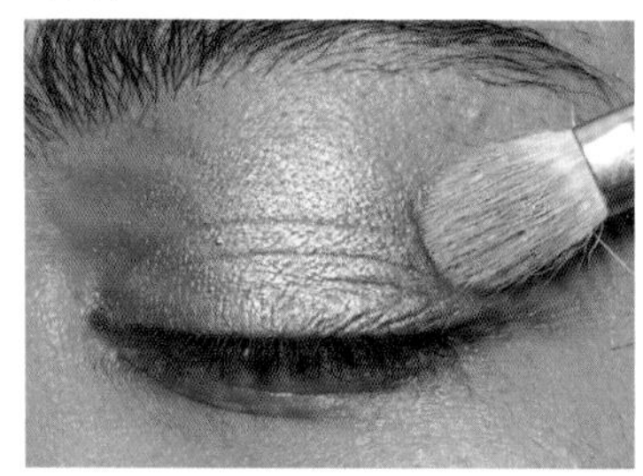

1 上色 使用中号眼影刷，在眼睑上涂抹金属铜色的眼影，并向上至眼窝线。在眼睛外角涂抹较深的铜色眼影。用眼影混合刷进行晕染。

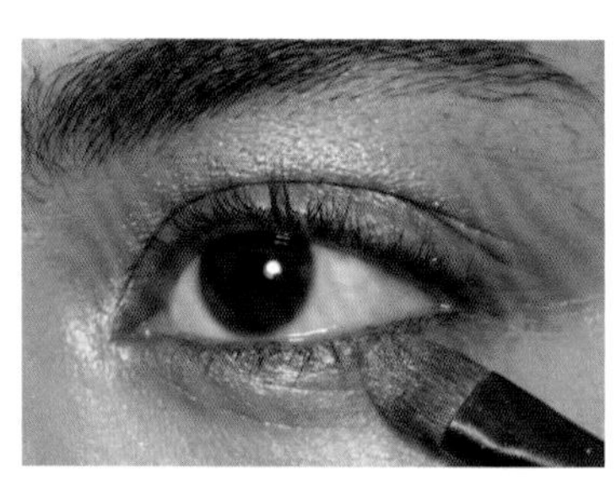

2 眼线 沿下眼线，涂抹铜色眼影，并用小号眼影刷深入眼睛内角。如果你没有小号刷，可以使用棉签。

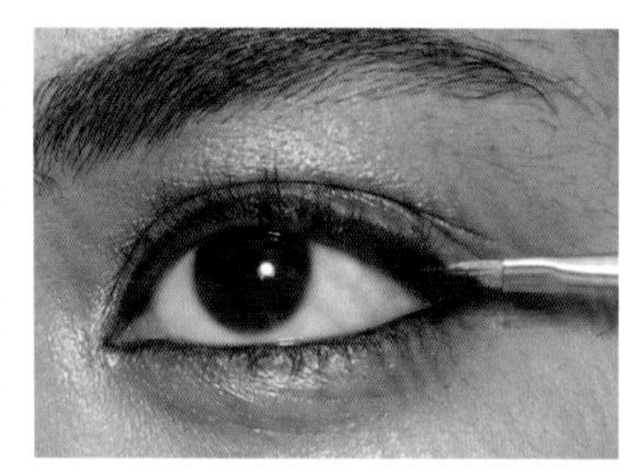

3 定型 沿下内眼线，用眼线笔勾画。将眼线笔浸入黑色眼线胶中。用手擦拭刷子，以去除多余的部分。沿上眼线的根部勾描眼线。

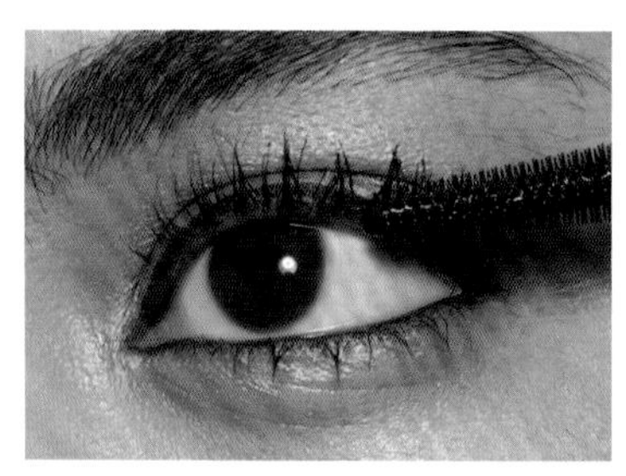

4 睫毛 为了使睫毛卷曲，可以用睫毛夹。使用黑色的睫毛膏。从睫毛根部到顶端，摆动睫毛笔。用手指轻抚睫毛，以去除多余的部分，然后再刷一次。

脸颊

腮红 将腮红刷蘸上温暖的金铜色影粉，弹去多余的部分。先轻轻地在颧骨处擦腮红，然后慢慢加重，向外调整色调至太阳穴。

嘴唇

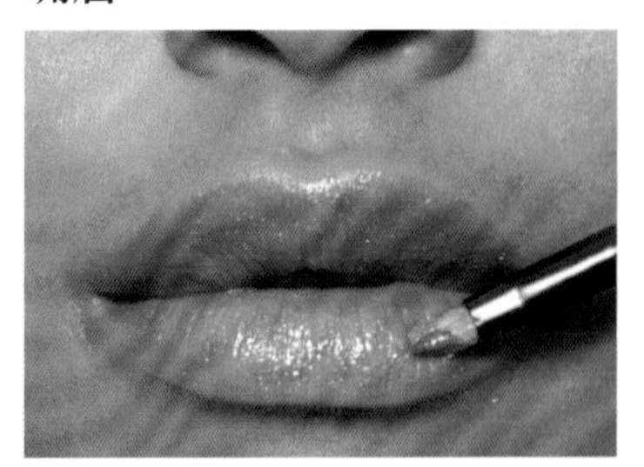

上光 用唇刷沿嘴唇涂抹玫瑰金色、铜色或古铜色的唇彩。你也可以将口红与润唇膏一起混用，它们效果相同。

匹配肤色

眼影 熟龄肌肤比较适合微光的肌理，而非高度反射的金属色，因为后者容易凸显出皱纹和细纹。玫瑰色和浅金色非常适合苍白的肤色，而较为暗沉的肤色则匹配深金色、铜色和青灰色。

森系妆

这是一种复杂的妆容，其灵感源自树林。大自然展现了丰富多彩的颜色，而与此同时调色则是微妙的。这种妆容使用柔和的中性色，可以轻柔地给眼睛定型和画轮廓。在开始之前，先涂抹粉底液或矿物质粉，淡化眼睛下方的黑眼圈和斑点，然后轻轻地上粉（参见152~153页）。

工具

- 中号眼影刷
- 眼影混合刷
- 烟熏刷
- 
  腮红刷
- 唇刷

专家提示

如果你希望更为醒目，可以用斜角刷和轮廓粉在颧骨下方画轮廓。成熟的女性可以沿着下巴的轮廓进行勾画，以掩饰肌肤的松弛处。

如果腮红抹多了，可以用化妆棉轻轻擦除，或者在上面涂上薄薄一层粉底。

如果口红下方有刺眼的唇线笔线条，可以用洁净的干唇刷擦拭。

眼睛

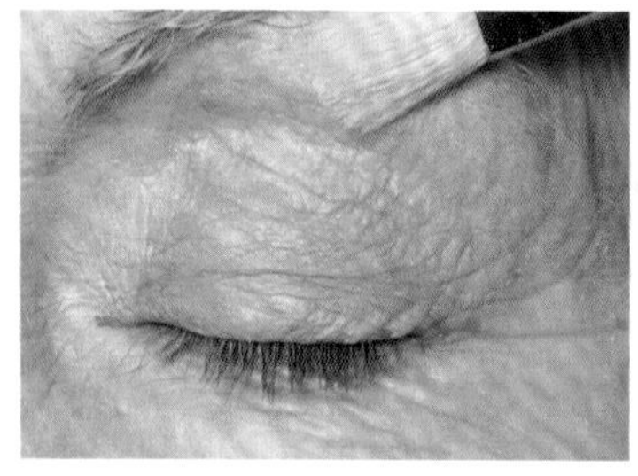

1 高光 用中号眼影刷，在眉骨上涂抹浅色高光粉，并在眼睛内角进行点缀。这样做，可以使眼睛显得大，使人更显精神。

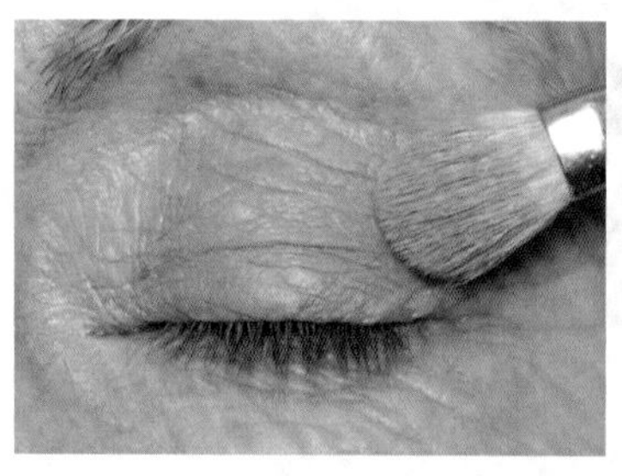

2 打底 用中号眼影刷，在眼睑上涂满适中的米色眼影，在眼睛下方用一张纸巾接住掉落的眼影。

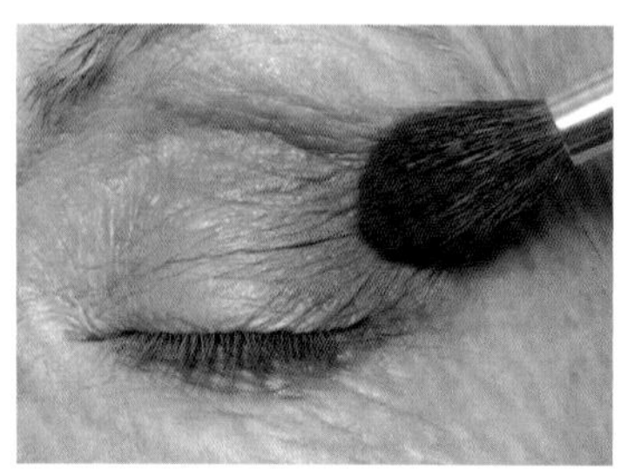

3 轮廓 用深灰色或棕色眼影，涂抹眼窝线，并深入眼睛外角。用眼影混合刷进行晕染。

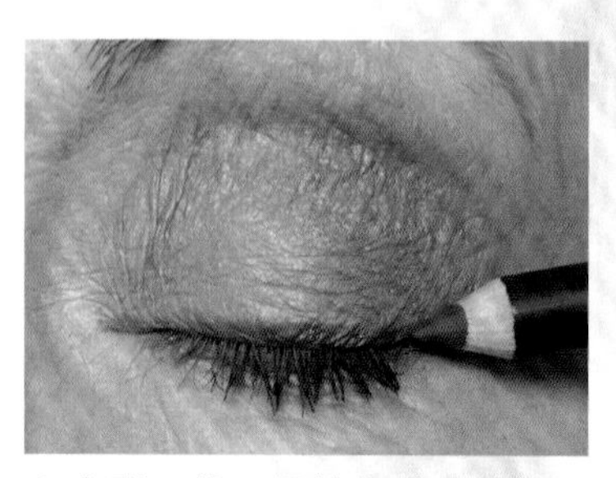

4 定型 使用银棕色的眼线笔，沿着下眼线勾画。在睫毛下方画线，从外角向内至四分之三处。用斜角刷晕染眼线。卷曲睫毛，涂上睫毛膏。

脸颊

腮红　将腮红刷浸入柔和的粉红色或珊瑚色的腮红中，弹去多余的部分。先轻轻地在颧骨处擦拭腮红，然后慢慢加重，并向外涂抹至太阳穴。

嘴唇

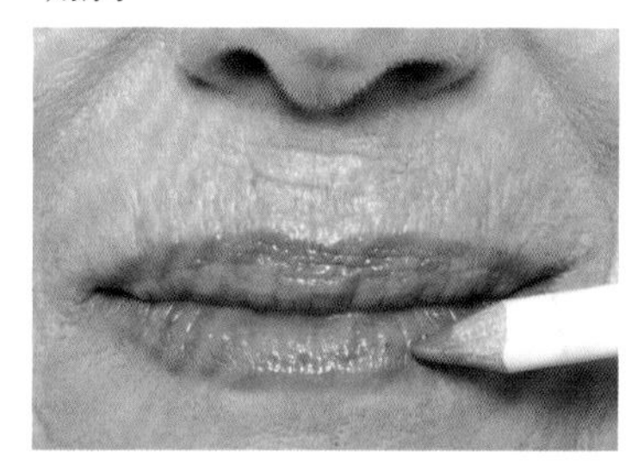

上色　用黄褐色或桃红色唇线笔进行勾画，从上唇线开始，从中间位置沿唇线向外。用唇刷在上面涂上相同颜色的口红。

匹配肤色

眼影　勾画眼妆的轮廓时，苍白和适中的肤色可以使用深灰色或棕色的眼影，而深色的肌肤可搭配深咖啡色的眼影。

腮红　为苍白的肌肤选择浅粉色或珊瑚色，为深色的肌肤选择温暖的古铜色。

唇彩　苍白的肤色使用黄褐色或桃红色的唇线笔，而中等偏暗的肤色可以选择深栗褐色。

BODY
身体护理

你无需通过昂贵的SPA来进行修复治疗，以**恢复**元气。只需用简单技巧配合使用乳霜、油脂和**天然**提取物来**关爱**一下自己，就可以提振精神、**滋润**肌肤、通体舒爽。

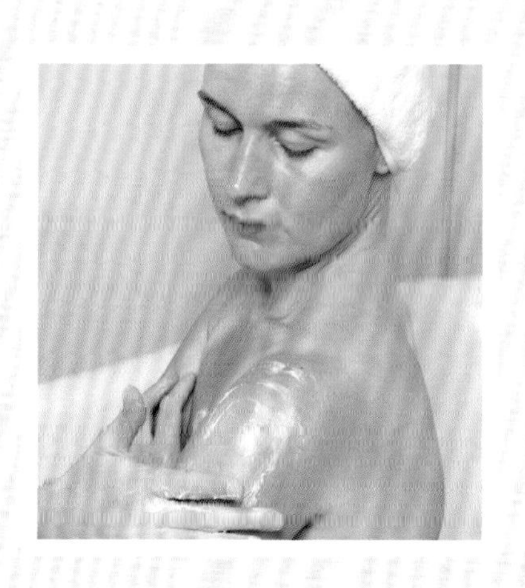

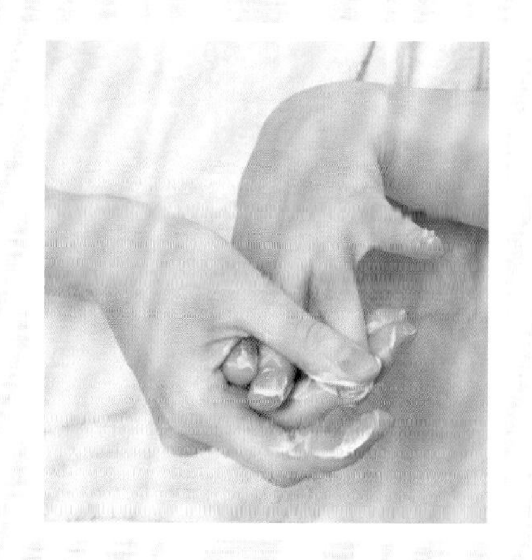

呵护套装

我们都需要偶尔在夜晚宠溺下自己。定期花点时间来作护理，有助于让自己感觉良好，同时提升肌肤和头发的质感。自己在浴室中享受一段安静的时光，花上1小时来呵护你的身体，并放松神经。根据你的情况来确定护理套装的内容。你可以从头部按摩和/或面部SPA开始，直至全身护理（参见164～165）。

必要准备

想要在晚上来场欢畅的护理，需要将下面这些东西放在容易获取的位置。

工具

- 棉布或法兰绒布
- 化妆棉
- 发带（选用）
- 纸巾
- 粉底刷（选用）

化妆品

- 头发护理油，如摩洛哥坚果油或椰油
- 面油，如乳香油或橙花油
- 洁面乳
- 爽肤水
- 面部去角质磨砂膏
- 面膜
- 眼霜或凝胶
- 身体滋润霜
- 护手霜

头部按摩

古谚语有云，“健康的头脑是灵丹妙药，无胜于此”。头部、颈部和肩膀都是身体的主要能量中心。如果你感到压力或焦虑，紧张不安的情绪会不断累积。定期按摩头部，可以减轻这种紧张感。这是一种很棒的放松手段，可以增强头皮的健康状况，促进头发生长。

换上睡衣或者用浴巾裹住身体，摘下珠宝首饰，两脚放平，舒适地坐好，向后靠，闭上双眼。用鼻子深呼吸3次。

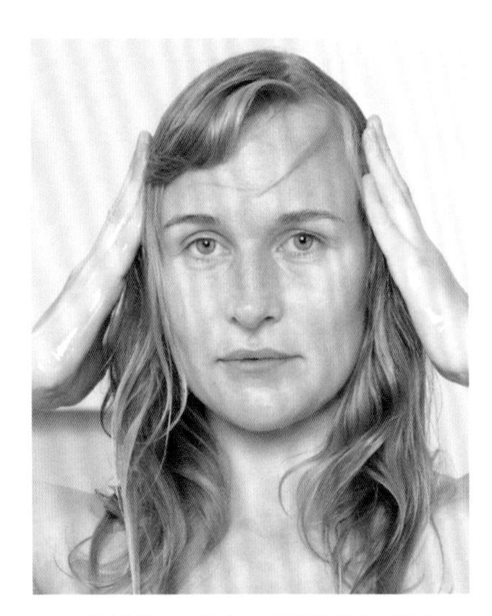

1 将油倒入掌心，双手将油擦热。然后将油平滑地抹在头发上，从头顶开始，然后向两侧朝下，再向前和向后。

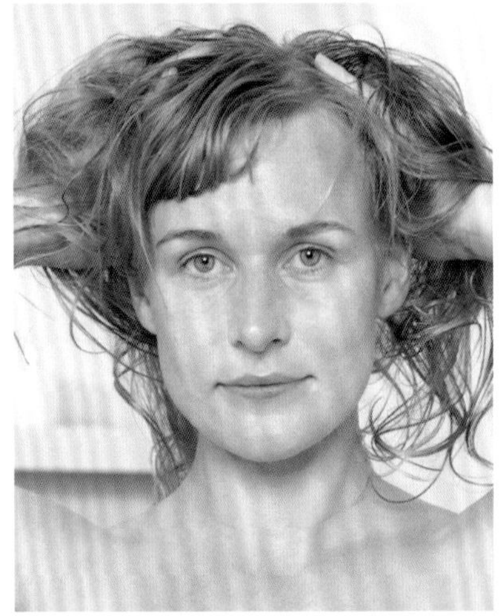

2 头发裹满油后，将其均匀散开，用拇指和食指按照简单洗头发的方式，轻轻地按摩整个头部。

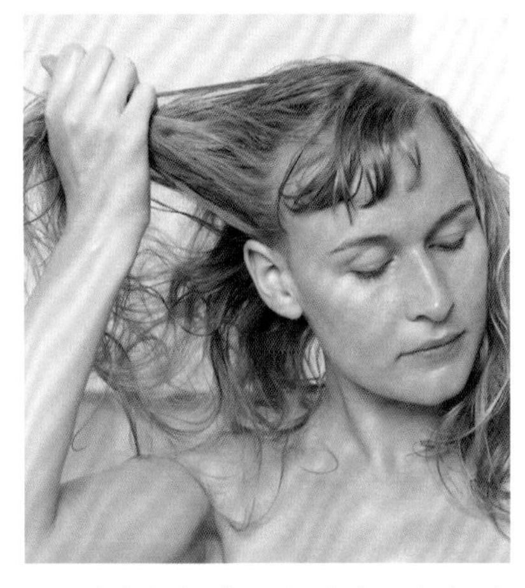

3 从发根抓住一把头发，轻轻地从一头拉到另一头，确保指关节紧贴头皮。这样做可以刺激头皮。

4 用手掌末端或指尖挤压太阳穴，并慢慢地转圈。闭上双眼，深呼吸。

5 通过挤压和揉动肌肉，来按摩后颈。从颈部顶端开始，然后向下。重复3次。

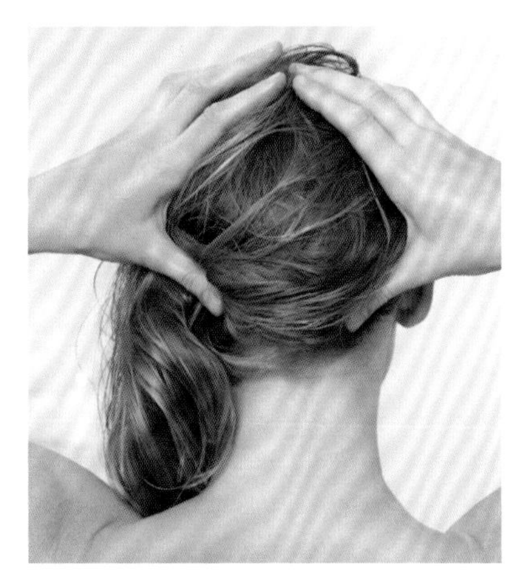

6 找到后脑的枕叶区。将左拇指放在左枕叶区下方（参见上图），右拇指放在右枕叶区。摩擦并放松肌肉。

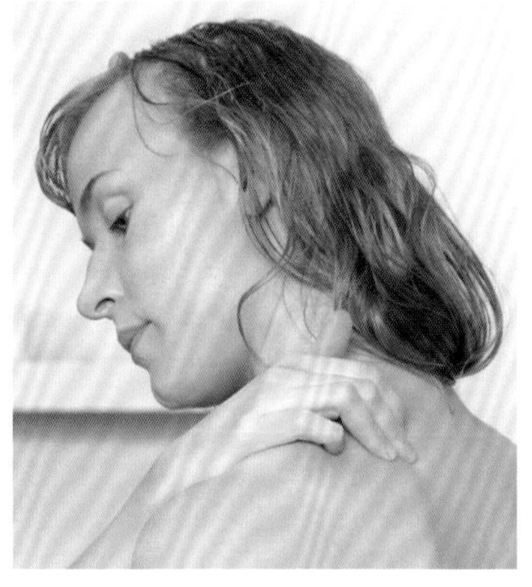

7 右手搭在左肩上，靠近颈部底端，然后按压。沿着肩膀向外移动，并沿着胳膊直至肘部。在另一侧也同样操作。

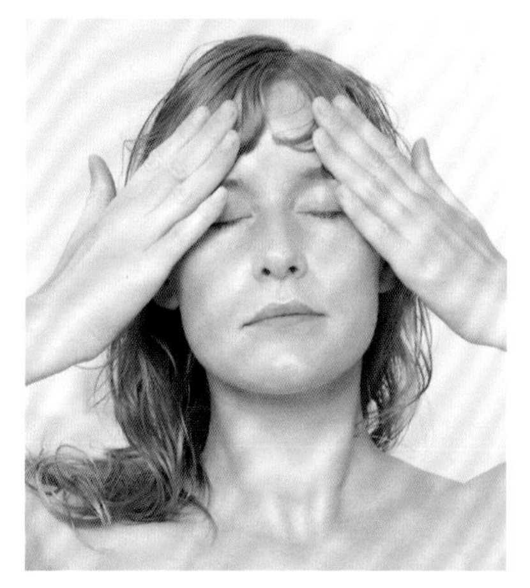

8 用指尖轻轻摩擦整个头部和脸部。放松5分钟，然后喝一杯水，补充水分。

枕叶区是什么？

枕叶区位于颅骨的后面。它有大面积的开放区域，在这里脊髓与大脑相连。枕叶区经常是疼痛和“紧张性头痛”的多发区。轻轻按摩该区域，使肌肉活动，有助于缓解头疼，减轻疼痛。

后续

你可以用日常的洗发水洗掉发油，或者继续后面的护理章节，用热毛巾裹住头发，享受面部SPA（翻到下页）和/或在洗浴时做全身护理（参见164～165页）。此时发油可以继续深入滋润你的头发。

面部SPA

放点舒缓的轻音乐，给自己倒一杯冰水，开始令人放松的面部按摩，以使肌肤重现活力。使用你最爱的天然护肤品，注意参考说明书。在开始之前，把所有化妆品和工具放在一起。如果你的头发还没有用热毛巾裹好，可以用发带将头发束起来。

1 准备

双手洗净。在膝盖上铺上毛巾，用来擦掉多余的部分。双脚平放，面向镜子舒适地坐好，在掌心滴3滴面油，双掌对擦，放在鼻子上。闭上双眼，深呼吸3次，放松。

2 洁面

指尖蘸取洁肤乳，以小圈按摩肌肤，特别是下巴、前额和鼻子四周。从下颌下方开始，向上至眼部。用温水和棉布或法兰绒布去除洁肤乳。从前额开始，至下颌结束。

3 爽肤

取两片化妆棉，倒上爽肤水。一手一片，从下颌向上，穿过下巴，沿脸颊朝上，再穿过前额。让爽肤水在肌肤上保持几分钟，使其挥发或渗入。

4 去角质

指尖蘸取脸部去角质膏，以小圈轻轻在肌肤上按摩。从下颌开始，在前额结束，特别是下巴、前额和鼻子四周。用温水和棉布或法兰绒布除去角质膏。重复步骤3，在化妆棉上倒爽肤水，擦掉脸部去角质膏的痕迹，从下颌向上擦至前额。

5 敷面膜

用指尖或干净的粉底刷敷面膜，从下颌开始，向上至前额，眼部除外，根据产品说明保持一会儿（大约10分钟）。与此同时，涂抹护眼用品（参见步骤6）。

6 抹眼霜或凝胶

用无名指将眼霜或凝胶轻轻拍在眼睛四周，不要太靠近眼睛。之后，用冷水浸湿2片化妆棉，敷在眼睛上。放松5分钟。拿开眼睛上的化妆棉，用温热的淡水替换冷水。继续放松2分钟。

7 冲洗

用干净的热水轻轻洗去残留的面膜，用棉布或法兰绒布擦脸，避开娇嫩的眼部。再用干净的毛巾轻轻拍干肌肤，这点很重要，涂抹按摩油前，肌肤应该完全变干。重新使用前，确保用棉布或法兰绒布彻底擦净面膜。

8 按摩

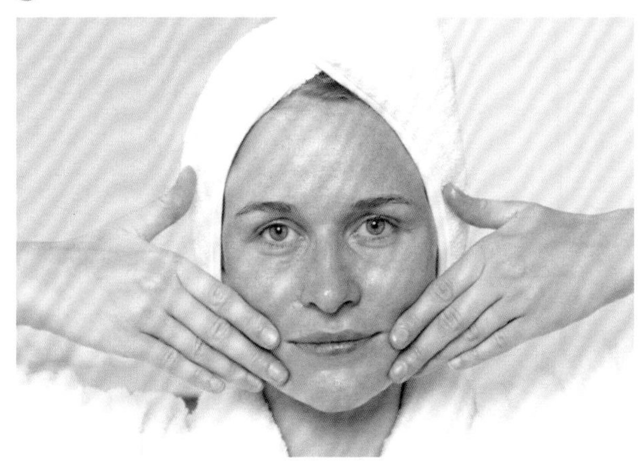

①指尖蘸取面油，双手擦热，从下颌向上擦脸及眼睛四周，并朝上至前额。重复3次。

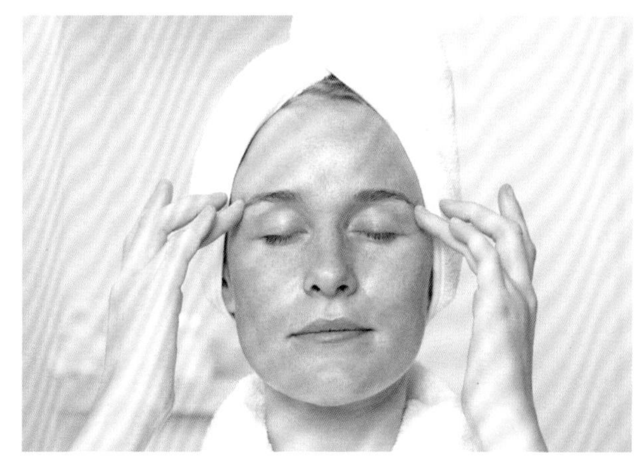

②用无名指，轻轻揉按眼周，从两眼之间开始，向外揉按至耳朵。重复3次。

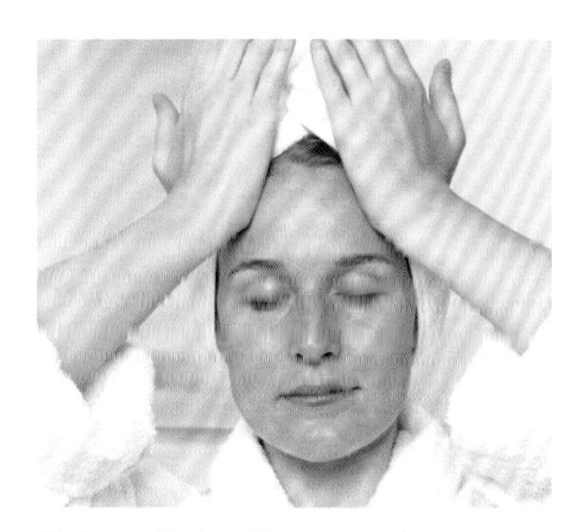

③从两眼指尖开始，轻轻揉捏眉骨。用平掌紧压，沿眉毛至发际线抚平前额。

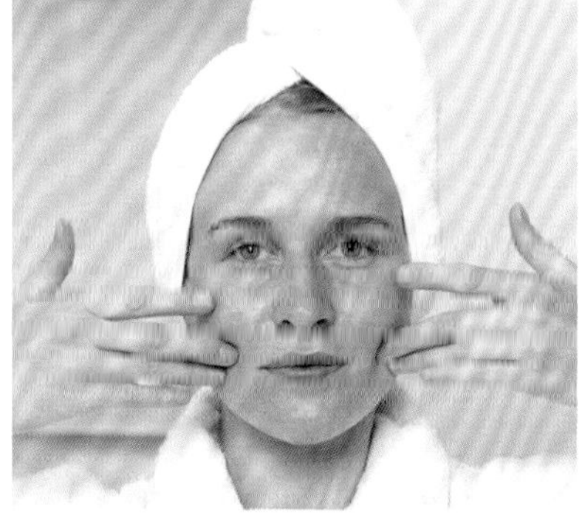

④用手指向上扫动脸部，从下颌及眼睛四周，至前额。重复3次。用纸巾擦掉多余的油。

9 补水

涂一点面霜。从下颌开始，向上至前额。喝一大杯水或冷饮，进行补水和放松。

后续

继续晚间呵护之旅，泡个澡，做全身护理（参见下一页）。

全身护理

给自己来一次从头到脚的呵护吧。如果你家里没有澡盆的话，整套步骤在淋浴间也可以完成。倒上一杯最爱的饮料，在浴室里点几根蜡烛布置一下。泡个澡，加入沐浴泡或者你最爱的洗浴用品。将所有产品放在可以拿到的近处位置。如果你已经做过头部按摩（参见160~161页）和/或面部SPA（参见162~163页），跳至步骤二，直接洗浴。

1 准备

清洁面部。在头发上抹上深层护理发膜。按摩头皮5分钟，然后用热毛巾裹起来。

2 浸泡

泡澡，放松10分钟。如果还没有做面部SPA，可以敷面膜。10分钟后用法兰绒布或棉布擦掉。

3 去角质

①指尖蘸取少许去角质膏，按摩后脚跟。用去角质膏向上按摩肌肤，直至心脏位置。

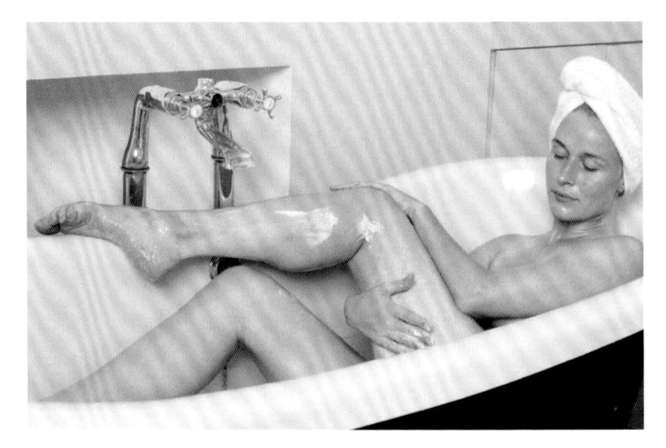

②抬腿，用指尖抚摸大腿及其他容易堆积脂肪的部位，并加大力度。

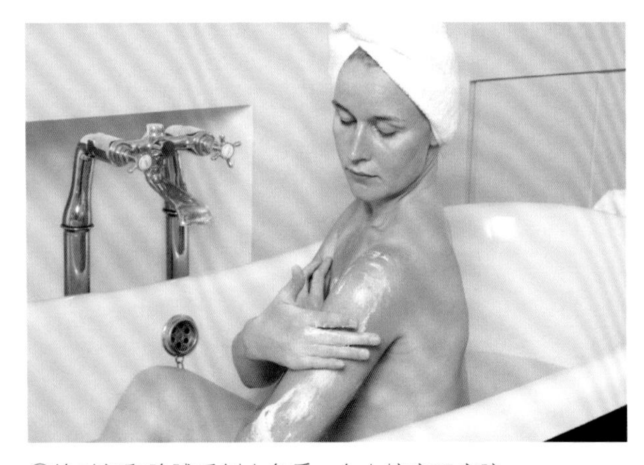

③给肘部和胳膊后侧去角质，向上按摩至肩膀。

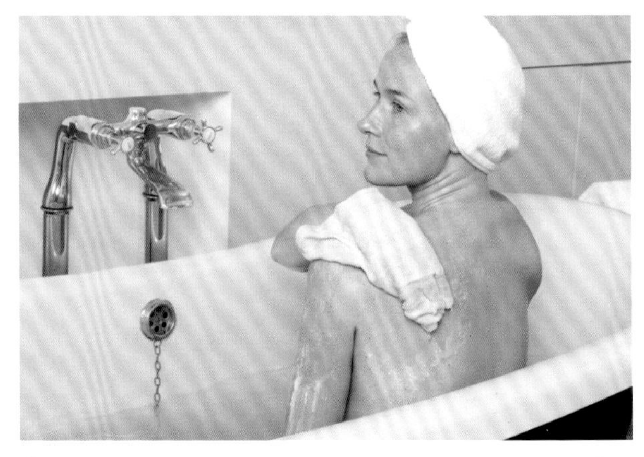

④用棉布裹住手，在背部大圈擦按，去除后背上的角质。

4 冲洗

冲掉洗浴用品，确保肌肤上没有任何磨砂粒。慢慢走出浴缸，用热毛巾擦干身体。

5 抹洗发水

除非你想让发油或发膜保持几小时，以更好地滋养头发，不然现在就应冲洗干净。你可以用普通的洗发水把发油洗掉，或者按照产品说明中的方法去掉发膜。

6 滋润身体

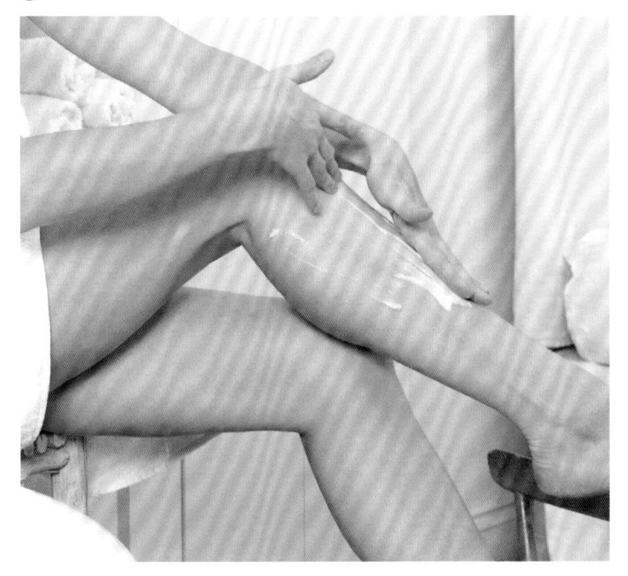

在全身以朝上方向涂抹乳液，滋润软化肌肤，穿上浴衣，涂抹护足霜，特别是硬皮处。

在胸部、颈部和脸部涂上滋润霜。从颈部向上至前额，轻柔均匀地拍压，动作要温和。

7 滋润双手

双手抹护手霜，使其渗入角质层和指甲中。放松1小时。饮用足量的水。

为什么要按摩?

有证据显示，多按摩可以提升良好的自我感觉。按摩可以康复、舒压和放松，有助于促进损伤的恢复。其好处包括增强循环系统，让身体的重要器官和组织可以吸收更多氧气和营养，促进身体的天然防护系统——淋巴液的流动，减少肌肉痉挛，并增加关节的柔韧性和灵活性。它还有助于缩小疤痕。

全身护理后放松至少1小时，饮用足量的水，给肌肤补充水分，以排出毒素。

RECIPES FOR YOUR BODY
身体保养的配方

有许多种不同的产品可以用来使全身恢复活力。**天然**磨砂膏和滋润霜可以**舒缓**肌肤，并有**保湿**功效。学习如何制作简易的洗浴和淋浴用品，它们不仅可以**清洁**和**滋养**肌肤，还可以使人**放松**身体，恢复精神。

香皂

蜂蜜橙子香皂

适合各种类型的肌肤

这种**滋润**香皂是由**舒缓**的蜂蜜和**清新**的橙子精油混合而成的。制作前，确保你处于通风处。制作的过程中，通常应戴上防护手套，特别是处理氢氧化钠时。确保香皂的pH应低于10，以保证使用安全。如果你找不到有机的棕榈油，可以用椰油或橄榄油来替代。

制作一批800克重的香皂

原料

175克硬棕榈油
470克硬椰油
150毫升橄榄油
1茶匙蜂蜜

制作碱液

115克氢氧化钠
20滴橙子精油
5滴安息香酊剂

制作步骤

1 用隔水蒸锅加热两种硬油（参见133页）直至其溶化。溶化后将其从热源上移开，加入橄榄油和蜂蜜，拌匀。

2 参照页面下方的方法，一步步地开始制作碱液。

3 在烤盘中抹上油，将香皂混合液倒进去，然后立刻用保鲜膜将其蒙上，并用毛巾隔热。

4 经过化学反应，香皂会进入“凝胶态”。香皂会变透明，中间暗沉。随着化学反应的继续，凝胶会流到香皂的边缘。

5 2~3小时后，凝胶达到香皂边缘，打开烤盘，趁着香皂还软，取出来，并切成条状。摆在烤盘中，经过处理和干燥，之后香皂会变硬。这要花上4周时间。使用前要检查香皂成品的pH。将其存放在阴凉处，保质期可长达6个月。

使用方法

在手上或身体上抹香皂，然后冲干净。

制作碱液

香皂是酸性物质（植物油脂）与苛性碱（氢氧化钠）混合的产物。碱用水稀释成液碱，立刻倒入酸液中，使其发生反应。在这种反应过程中，碱会被中和。经过加工处理后，香皂中不再含有氢氧化钠。

1 将氢氧化钠、200毫升水、精油和酊剂混合在一起。然后倒入溶化的油脂混合液中，不时搅拌一下。

2 用搅拌棒进行搅动。香皂混合液会增稠，变得更像糊状物。作为化学反应的一部分，混合碱液会开始变热。

3 当混合液流动时会留下痕迹，或者舀一勺洒下去，当形成图案时，缓缓将混合液倒入抹油的烤盘中。

溶化再制香皂

快速

适合各种类型的肌肤

制作香皂最为简易安全的方法是使用已经做好的溶化再制皂基，其中的碱液已经准备好了。选择有机认证的皂基，通常为1千克一块。按照下面的比例，将安全稀释的精油倒入皂基中。

制作100克分量

原料

100克溶化再制皂基
20～30滴精油，如有需要的话
少许干药草，如有需要的话

制作步骤

1 将融化再制皂基切成块状，用隔水蒸锅（参见133页）缓缓加热，直至溶化。

2 如有使用，加入精油和干药草，然后拌匀。

3 用喷淋油给香皂模具上油，然后将混合液倒入模具中。

4 冷却1～2小时后，从模具中倒出来。存放在阴凉处，保质期可长达6个月。

使用方法

在手上或身体上抹香皂，然后冲干净。

柠檬芫荽洁肤霸

适合各种类型的肌肤

确保**滋养**的洁肤霸用完所有残留的肥皂。这种配方将**滋润**的乳木果油和甘油，连同芳香**清新**的柠檬精油和芫荽精油混合在一起，可以**激活**肌肤，使其**精力充沛**。

制作一份85克的洁肤霸

原料

1汤匙乳木果油
3汤匙矿泉水
1汤匙肥皂碎块
1茶匙甘油
1茶匙蜂蜜
10滴柠檬精油
10滴芫荽精油

制作步骤

1 用隔水蒸锅溶化油脂（参见133页）。

2 用炖锅加热矿泉水至沸腾。加入肥皂碎块，继续加热，直至肥皂溶解。然后倒入甘油、蜂蜜和精油，拌匀。

3 在热水混合液中加入溶化的油脂，倒入抹油的模具中，冷却1～2小时。存放在阴凉处，保质期可长达6个月。

使用方法

淋浴或泡澡时用洁肤霸擦身体，它也可以当作剃须膏来用。

身体乳

温热身体乳

适合各种类型的肌肤

这种乳脂状**温热**的身体乳非常滋润，含有**滋养**的可可油和**软化肌肤**的蜂蜡。由生姜精油、黑胡椒精油和迷迭香精油混合在一起，有助于增强循环系统，使肌肤温热，并**舒缓疼痛**，非常适合用来治疗肌肉疲劳。

制作100克分量

原料

1汤匙紫草浸液
1茶匙可可油
1茶匙蜂蜡
60毫升矿泉水
1茶匙甘油
1汤匙乳化蜡
2滴生姜精油
2滴黑胡椒精油
2滴薰衣草精油
1滴迷迭香精油

制作步骤

1 在隔水蒸锅中溶化油脂和蜂蜡，制成乳液（参见109页）。蜂蜡一溶化，就从热源上移开。

2 用炖锅将矿泉水加热至80℃，在水中加入甘油和乳化蜡，搅拌至溶解。在热水混合液中倒入热油混合液。用手动搅拌器或搅拌棒不时搅拌，直至变顺滑。

3 混合液冷却后，加入精油，并继续不时搅拌。然后倒入消毒罐中，盖上盖子。存放在凉爽干燥处或冰箱中，保质期可长达6周。

使用方法

用向上的手法涂抹在身体上，特别是需要加强循环的部位。如果运动后，可用于拉伸过的肌肉和关节。

超级滋润的乳木果身体乳

适合干性肌肤

乳木果油富含必需脂肪酸和抗氧化剂，可以**修复**受损的肌肤。这种**滋养**的身体乳含有玫瑰果油和大麻籽油，前者有助于均匀肤色，后者可以改善肌肤**弹性**。

制作100克分量

原料

1茶匙玫瑰果油
2茶匙大麻油
1汤匙乳木果油
1茶匙蜂蜡
60毫升矿泉水
1茶匙甘油
1汤匙乳化蜡
6滴茉莉精油
3滴柠檬精油
3滴檀香精油

制作步骤

1 在隔水蒸锅中溶化油脂和蜂蜡，制成乳液（参见109页）。蜂蜡一溶化，就从热源上移开。

2 用炖锅将矿泉水加热至80℃，在水中加入甘油和乳化蜡，搅拌至溶解。在热水混合液中倒入热油混合液。用手动搅拌器或搅拌棒不时搅拌，直至变顺滑。

3 混合液冷却后，加入精油，并继续不时搅拌。然后倒入消毒罐中，盖上盖子。存放在凉爽干燥处或冰箱中，保质期可长达6周。

使用方法

用向上的手法抹于全身，特别是干燥的部位。

五合一身体乳霜

适合各种类型的肌肤

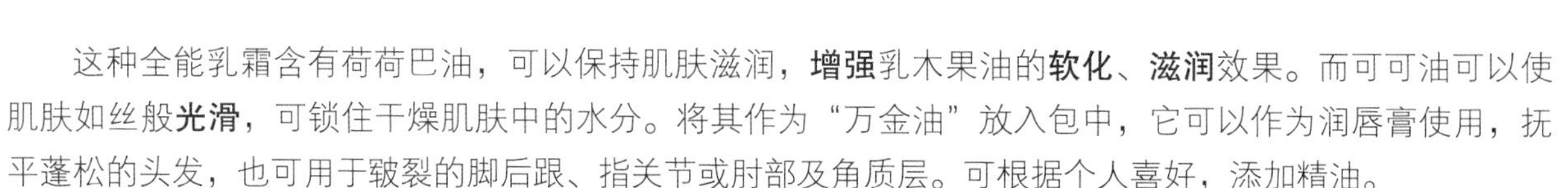

这种全能乳霜含有荷荷巴油，可以保持肌肤滋润，**增强**乳木果油的**软化**、**滋润**效果。而可可油可以使肌肤如丝般**光滑**，可锁住干燥肌肤中的水分。将其作为“万金油”放入包中，它可以作为润唇膏使用，抚平蓬松的头发，也可用于皲裂的脚后跟、指关节或肘部及角质层。可根据个人喜好，添加精油。

制作100克分量

原料

3汤匙荷荷巴油
2汤匙硬椰油
1汤匙可可油
2茶匙蜂蜡
10滴精油，如胡椒薄荷、薰衣草、没药、橙花或橙子（可选用）

制作步骤

1 用隔水蒸锅（参见133页）溶化油脂和蜂蜡。蜡溶化后，将其从热源上移开。
2 如有需要，可在混合液中加入喜爱的精油。
3 倒入消毒罐中，使其冷却变硬，然后盖上盖子。存放在凉爽干燥处，保质期可长达6周。

使用方法

按摩肌肤及全身，特别是干燥的部位。少许分量就可以用很久。可以用作润唇膏，也可使眉毛服帖，或者用于皲裂的脚后跟、干燥的肘部或头发分叉处。

可可油身体乳

适合各种类型的肌肤

这种甜香的乳霜是由可可油和椰油，与香草和橙子混合而成的，可以**滋养**肌肤，柔嫩**光滑**，芳香怡人。可可油会在体温下融化，并渗入肌肤中，使其如丝绸一般光滑。它与**软化肌肤**的椰油和富含维生素E的葵花籽油一起，是非常滋润肌肤的乳霜。

制作100克分量

原料

1汤匙可可油
1茶匙椰油
1茶匙葵花籽油
60毫升矿泉水
1汤匙乳化蜡
1茶匙甘油
5滴香草提取液
2滴安息香酊剂
5滴甜橙精油

制作步骤

1 用隔水蒸锅溶化油脂，制成乳液（参见109页）。当油脂溶化后，将其从热源上移开。
2 用炖锅将矿泉水加热至80℃，加入乳化蜡和甘油，搅拌至蜡完全溶解。
3 在热水混合液中加入热油混合液，用手动搅拌器或搅拌棒不时搅拌，直至变顺滑。
4 加入香草提取液、安息香酊剂和精油，搅拌至顺滑。
5 倒入消毒罐中，冷却后盖上盖子。存放在凉爽干燥处，保质期可长达6周。

使用方法

用向上的手法涂抹于全身，特别注意干燥的部位。

身体护理霜

适合各种类型的肌肤

这种乳霜可以深层**滋润**肌肤，使其恢复**柔韧性**、**光泽**和**质地**。它可以改善淋巴系统，有助于**减缓**由于水分和毒素堆积形成脂肪团的速度。橙子精油不但有甜香的水果味，而且橙子可以刺激淋巴液流动。柑橘精油有助于**预防妊娠纹**，柏树精油具有**收敛性**。

制作100克分量

原料

1汤匙可可油
1茶匙椰油
1茶匙玫瑰果油
1茶匙鳄梨油
1汤匙乳化蜡
60毫升矿泉水
1茶匙甘油
1茶匙金缕梅精油
5滴柑橘精油
4滴橙子精油
4滴乳香精油
2滴快乐鼠尾草精油
2滴柏树精油

制作步骤

1 用隔水蒸锅溶化油脂和乳化蜡，制成乳液（参见109页）。蜡一溶化就将其从热源上移开。

2 用炖锅将矿泉水加热至80℃，加入甘油和金缕梅精油，拌匀。如果没有完全溶解，可能还要重新加热水。

3 将热油混合液倒入热水混合液中，用手动搅拌器或搅拌棒不时搅拌，直至顺滑。

4 加入精油，继续搅拌，直至变成顺滑的乳霜。倒入消毒罐中，冷却后盖上盖子。存放在凉爽干燥处，保质期可长达6周。

使用方法

用向上的手法涂抹于全身，特别是干燥的部位。配合干体刷一起使用（参见174～175页）。

对抗脂肪团

绝大多数女性会在人生的某个阶段承受脂肪团带来的困扰。这是由于水分和毒素在脂肪细胞四周的结缔组织堆积而造成的。其形成原因有许多种，如血流不畅、激素失衡、膳食失调、咖啡、茶、烟、缺乏运动和便秘。改善饮食，定期运动，与涂抹滋润护理霜一样，都可以改善这种状况。

身体磨砂膏

胡椒薄荷和海盐活力身体磨砂膏

适合各种类型的肌肤

这种**活力**身体磨砂膏可以非常紧致地擦洗肌肤，去除死皮，**复活**循环系统，使肌肤如丝般光滑。葡萄柚精油可以刺激淋巴系统，具有利尿和**排毒**功效，有助于解决水肿和脂肪堆积的问题。如果你希望磨砂效果弱一些，可以用食盐取代海盐。你还可用干薄荷替换新鲜薄荷。

原料

扁桃仁油
这种油可以增加磨砂膏的滋养效果。

胡椒薄荷精油
这种精油含有排毒成分。

新鲜薄荷
新鲜薄荷芳香清新，可以温和地去角质。

葡萄柚精油
它可以刺激循环系统。

海盐
这是一种可以清洁肌肤和焕发活力的磨砂膏。

制作100毫升分量

原料

4汤匙海盐
1茶匙新鲜薄荷
4汤匙扁桃仁油
5滴胡椒薄荷精油
2滴葡萄柚精油

制作步骤

1 在碗中放入海盐、薄荷和扁桃仁油。

2 加入精油，混合在一起，制成磨砂膏。倒入密封的容器中，存放在凉爽、干燥的地方，保质期可长达6个月。

使用方法

擦在肌肤上，并在循环不畅的部位进行按摩。淋浴或泡澡时将其洗掉，由于海盐溶于水，你可以享受一次放松的矿物质浴。不可用于剃完毛的皮肤上。

10分钟干刷身体

每周刷身体，可以去除死皮，增强肌肤活力。对肌肤的按压和定向刷拂，有助于促进淋巴液在全身流动，同时也可以提升排泄系统和循环系统功能。一般都是向上刷，并随着手滑动。

工具

使用硬毛刷。长长的手柄可以使你够得到全身。如果你喜欢，可以选择有带子的手柄，自行控制力度。

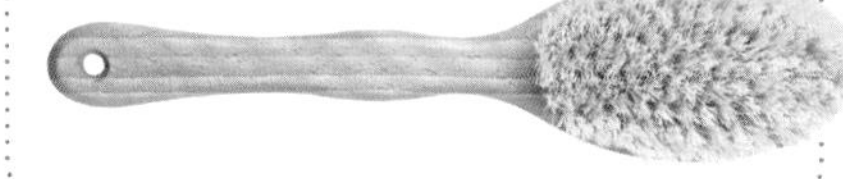

为什么要刷身体?

干刷可以刺激身体，恢复活力，所以最好是在早晨淋浴前进行干刷。定期刷身体有助于为肌肤提供含氧血，并有效补水，使肤色健康。干刷还有助于皮肤排出毒素，可以抚平难看的肿块。

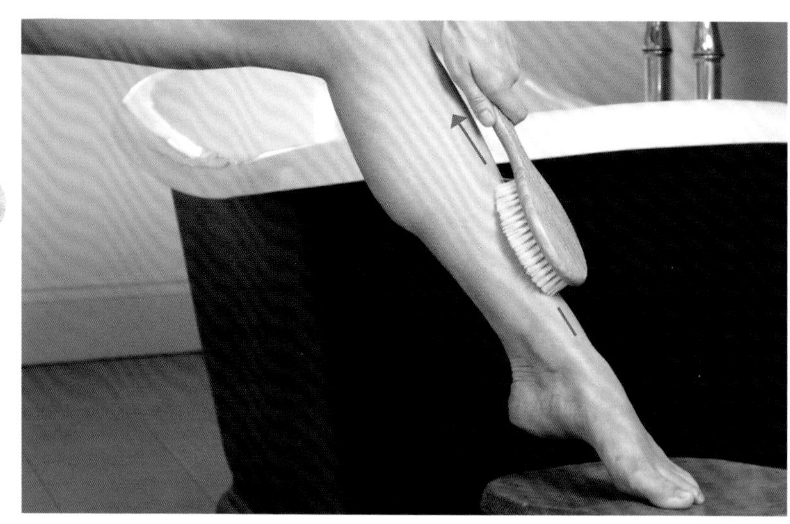

1 左手握刷，擦拭左腿，方向向上，长长地滑动。用力刷，但不要用力过猛，以免损伤肌肤。再换右手握刷，完成上述动作。重复3次。

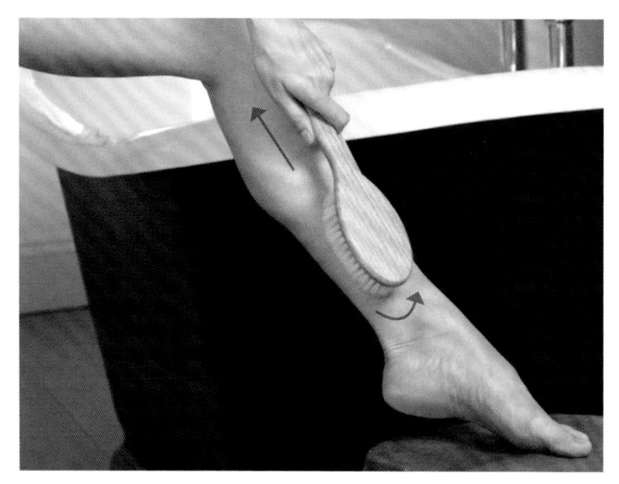

2 在同一条腿的内侧以小圈刷动，从踝关节开始，向上至腹股沟。再换右手握刷，完成上述动作。重复3次。然后换到腿的外侧，以相同的小圈向上刷动。

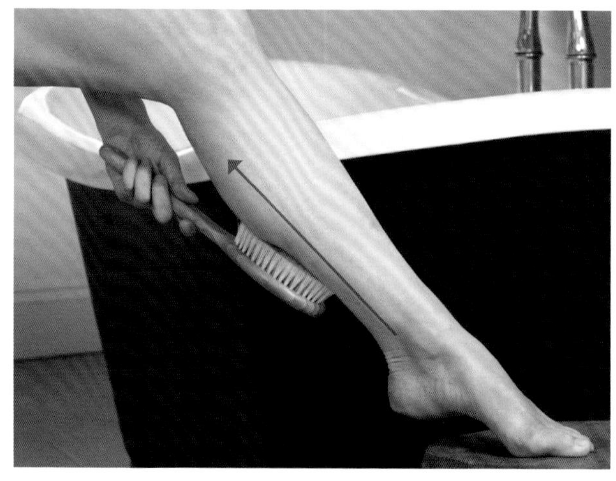

3 转到腿肚，从后脚跟长长地摆动至大腿的顶端。重复2次，第3次时，继续围绕臀部，向上至后背。这些动作可以促进淋巴液向腺体流动和排出，可促进循环。

4 将刷子穿过臀部，向上至后背中间位置，以大圈扫刷身体的中心。每次扫动后，放下刷子，用手沿着同样的路线按摩。重复3次。

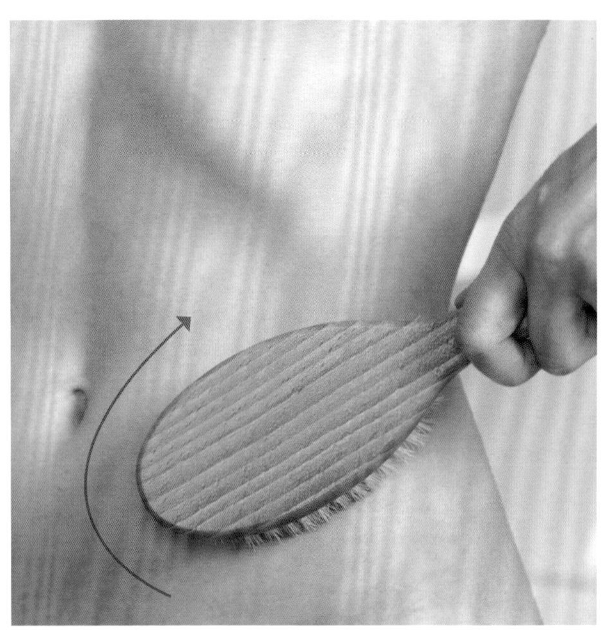

5 刷子围绕身体一侧移动至上半身，并以大圈穿过腹部。每次刷动后，放下刷子，用手沿着同样的路线按摩。重复3次。

6 换右手握刷，长长地刷动左胳膊的外侧，并向上至肩膀，围绕左胸内侧扫动。每次刷动后，放下刷子，用手沿着同样的路线按摩。重复3次。

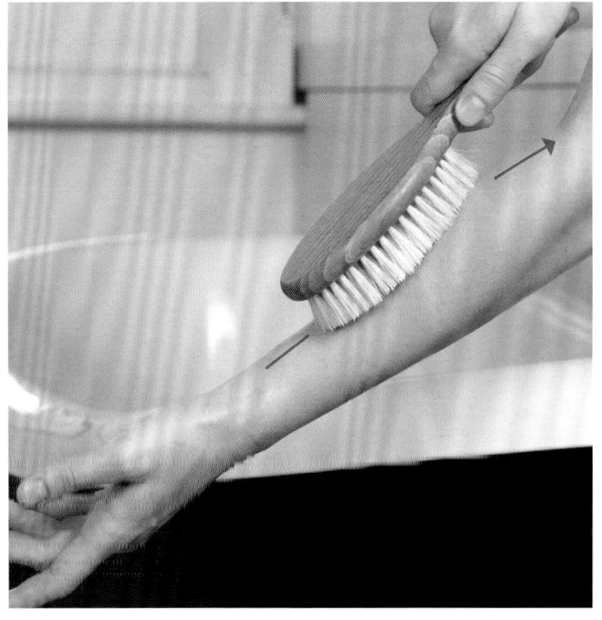

7 最后，沿左胳膊的内侧向上长长地刷至腋窝。每次刷动后，放下刷子，用手沿着同样的路线按摩。重复3次。在身体的右手侧全部重复一遍。之后，你的肌肤会变得柔软光滑。

按摩油

身体排毒油

快速

适合各种类型的肌肤

淋巴系统问题，如脂肪堆积，可以使用这种**排毒**油，通过淋巴引流的按摩技巧来解决。杜松可以治疗由体内毒素堆积引发的肌肤问题，而柑橘精油具有**利尿**作用，可以排出废物和毒素。这种两种精油调配在一起，可以保持淋巴系统充分运转。

制作45毫升分量

原料

3滴葡萄籽油
8滴杜松精油
4滴葡萄柚精油
3滴柏树精油
3滴柠檬精油
2滴柑橘精油

制作步骤

1 将所有原料放入碗中，拌匀。

2 倒入消毒瓶中，装上密封盖或滴管盖。存放在阴凉处，保质期可长达3个月。

使用方法

向上打圈按摩肌肤，特别注意那些需要关注的部位。干刷身体（参见174~175页）前后使用，效果最佳。

玫瑰果身体油

快速

适合正常和干性肌肤

这种身体油是由**滋养**的植物油和具有增强细胞更新作用的精油混合制成的，可以促进伤口、烧伤和妊娠纹的**愈合**。玫瑰果油富含多元不饱和脂肪酸、亚油酸和亚麻酸。它们有助于肌肤组织的**再生**和**修复**，有益于治疗晒伤、皱巴巴或伤痕累累的肌肤。

制作45毫升分量

原料

2汤匙玫瑰果油
1汤匙扁桃仁油
6滴乳香精油
6滴玫瑰精油
4滴天竺葵精油
2滴没药精油

制作步骤

1 将所有原料放入碗中，拌匀。

2 倒入消毒瓶中，装上密封盖或滴管盖。存放在阴凉处，保质期可长达3个月。

使用方法

按摩肌肤，特别注意干燥的部位、疤痕和妊娠纹。

减压按摩油

快速

适合各种类型的肌肤

压力是许多疾病的症结所在。你可以采取**芳香疗法**来缓解压力，它融合了精油在生理和心理上的各种长处。这种减压混合按摩油含有芳香、**提神**的橙花精油和橙子精油，与具有放松作用的檀香精油和乳香精油结合在一起，有助于**减轻焦虑感**和精神紧张。

制作45毫升分量

原料

1汤匙扁桃仁油
1汤匙葵花籽油
1汤匙鳄梨油
6滴橙花精油
4滴乳香精油
4滴佛手柑精油
4滴橙子精油
2滴檀香精油

制作步骤

1 将所有原料放入碗中，拌匀。

2 倒入消毒瓶中，装上密封盖或滴管盖。存放在阴凉处，保质期可长达3个月。

使用方法

按摩肌肤。睡前使用，有助睡眠安稳。等油被肌肤吸收后，再穿上衣服。

柑橘按摩油

快速

适合各种类型的肌肤

这种**提神**按摩油有助于**调理**肌肤问题，并使人**神清气爽**。早上使用，可以**滋养**肌肤，让你有一个精力充沛的早晨。荷荷巴油富含维生素E，是**抗氧化**成分稳定的油脂。浅色的扁桃仁油可以**调理**肌肤，它的加入使这种按摩油轻盈，且非常**滋润**。而欢快的柑橘精油就是你使用这种按摩油的所有理由。

制作45毫升分量

原料

2汤匙扁桃仁油
2汤匙荷荷巴油
5滴柠檬精油
5滴葡萄柚精油
5滴柑橘精油

制作步骤

1 将所有原料放入碗中，拌匀。

2 倒入消毒瓶中，装上密封盖或滴管盖。存放在阴凉处，保质期可长达3个月。

使用方法

按摩肌肤。等油被肌肤吸收后，再穿上衣服。

柑橘按摩油 ▶

山金车和紫草肌肉按摩油

快速

适合各种类型的肌肤

运动前后使用这种按摩油，可以**刺激**循环系统，促进身体**愈合**和自我**保护**。紫草是**急救良药**。山金车不仅仅是很棒的擦伤药，也具有增强循环系统功能的作用，它可以缓解过度劳累造成的疼痛，并能治疗风湿痛和神经痛。

制作30毫升分量

原料

1汤匙山金车浸液
1汤匙紫草浸液
2滴迷迭香精油
2滴黑胡椒精油
2滴薰衣草精油
2滴马郁兰草精油
2滴柠檬草精油

制作步骤

1 在碗中将山金车和紫草浸液混合在一起。

2 在混合液中倒入所有的精油。

3 将混合好的按摩油倒入消毒瓶中，装上密封盖。存放阴凉处，保质期可长达3个月。

使用方法

运动前后擦在肌肤上。你还可以制成固态的肌肉按摩膏，即将配方中的浸液和精油与蜂蜡或棕榈蜡混合在一起（参见133页的油膏制作步骤）。

妈咪按摩油

适合各种类型的肌肤

这种**滋润**的按摩油适合新手妈妈和即将做妈妈的女性使用。这种按摩油富含维生素E，并具有**滋润**肌肤的小麦胚芽油、滋养的扁桃仁油和**富含抗氧化剂**的玫瑰果油，使其可以用来**调理**肌肤，**预防妊娠纹**。该配方中精油具有**养神凝气**的芳香理疗作用，可以**调理**肌肤，还带有优雅的芬芳。

制作45毫升分量

原料

1汤匙小麦胚芽油
1汤匙玫瑰果油
1汤匙扁桃仁油
8滴橙花精油
4滴乳香精油
2滴佛手柑精油
2滴柑橘精油

制作步骤

1 在碗中将油混合在一起。

2 在混合油中倒入所有的精油。

3 倒入消毒瓶中，装上密封盖或滴管盖。存放阴凉处，保质期可长达3个月。

使用方法

轻柔地按摩肌肤。在淋浴或泡澡后使用，可以锁住肌肤中的水分。

沐浴液

香蜂叶、橙花和海盐舒爽沐浴液

适合各种类型的肌肤

这种混合液是由**舒缓**的香蜂叶与醉人的橙花混合而成的，可以使身心**平静**。海盐富含矿物质成分，可以**愈合肌肤**。精油可以推动新细胞生长，促进细胞更新，**软化疤痕**，此外它还有馥郁的清香，可以**提振精神**，缓解焦虑。

原料

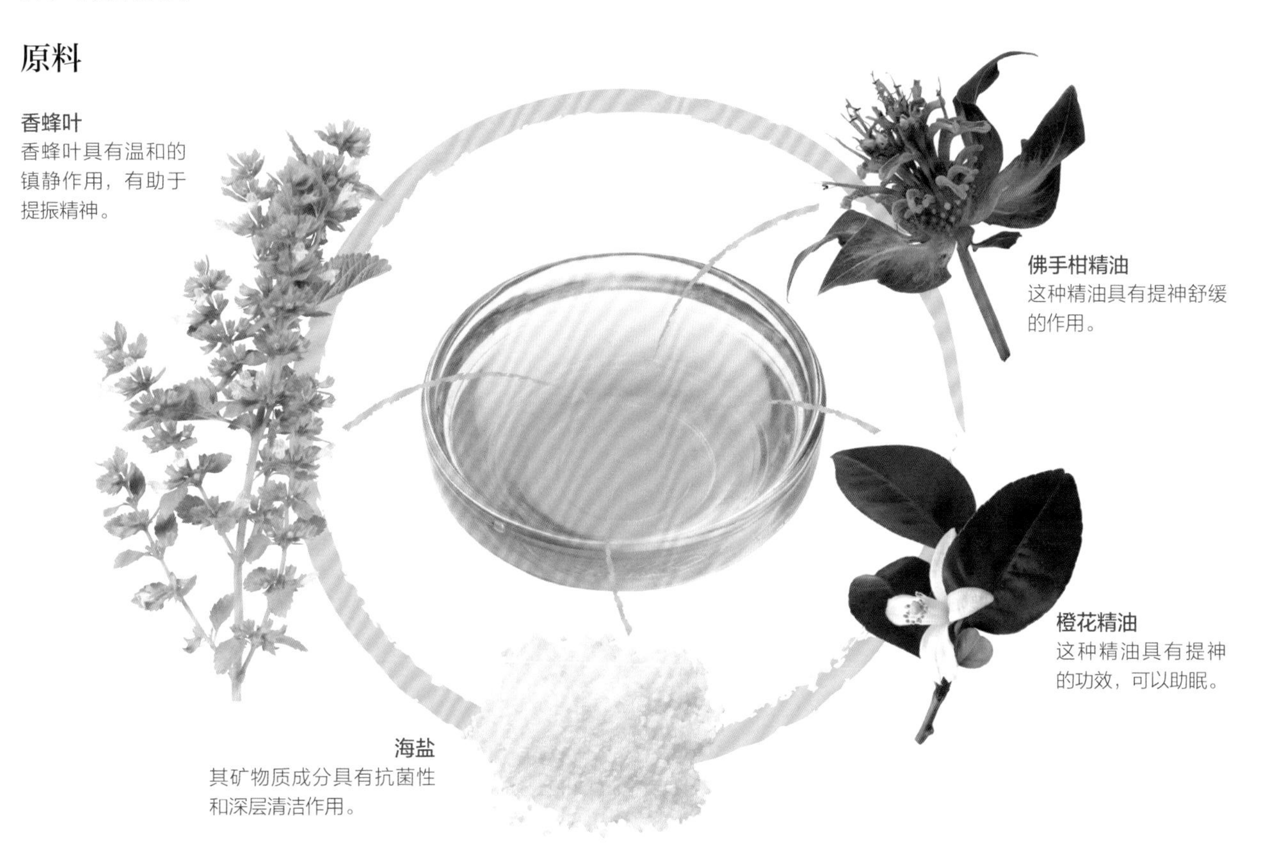

制作足够一次洗浴的分量

原料

1汤匙干香蜂叶
5滴橙花精油
5滴佛手柑精油
1汤匙海盐

制作步骤

1 制作香蜂叶浸液时，将香蜂叶放入茶壶或玻璃碗中，倒入500毫升开水。浸泡10分钟，然后滤出。

2 将精油和盐混在一起，制成糊状物。

3 将糊状物倒入浸液中，搅拌至溶解。

使用方法

将浸液混合液立刻倒入洗澡水中，然后正常洗浴。

玫瑰和甘菊沐浴液

快速

适合各种类型的肌肤

忙碌了一天之后，这种由药草和芳香精油制成的混合液可以使人**恢复**活力并轻柔地**放松**身心，也可丰富洗澡的乐趣。玫瑰有很多芳香用途，其中某些关键成分可以起**提神**、**恢复**和**舒缓**的作用。与罗马甘菊充分混合后，可形成甜香的草本味，具有**安抚**情绪、**镇静**心情的作用。

制作足够一次洗浴的分量

原料

1汤匙干玫瑰花瓣
1汤匙甘菊花
5滴玫瑰精油
5滴罗马甘菊精油
1汤匙海盐

制作步骤

1 制作浸液时，将花瓣和花朵放入茶壶或玻璃碗中，倒入500毫升开水。浸泡10分钟，然后滤液。

2 将精油和海盐混合在一起，制成糊状物。

3 将糊状物倒入浸液中，搅拌至溶解。

使用方法

将混合浸液立刻倒入洗澡水中，然后正常洗澡。

迷迭香和山金车排毒沐浴液

快速

适合各种类型的肌肤

洗浴时使用这种浸液可以**刺激**循环系统，**舒缓**疲劳的肌肉。这种配方中含有山金车与海盐的草本调和物，可以**缓解疼痛**。茴香籽可以**助消化**，缓解胀气，并预防腹胀。而墨角藻有助于**清除**肌肤中的毒素和过多液体。

制作足够一次洗浴的分量

原料

1汤匙干墨角藻（海藻）
1根迷迭香枝
1汤匙茴香籽
1汤匙干山金车花
2滴杜松精油
2滴迷迭香精油
2滴葡萄柚精油
1滴黑胡椒精油
1汤匙海盐

制作步骤

1 制作浸液时，将药草、种子和花朵放入茶壶或玻璃碗中，倒入500毫升开水。浸泡10分钟，然后滤液。

2 将精油和海盐混合在一起，制成糊状物。

3 将糊状物倒入浸液中，搅拌至溶解。

使用方法

将混合浸液立刻倒入洗澡水中，然后正常洗澡。使用前，可以尝试干刷身体（参见174～175页），去除角质，增强循环。

薰衣草和芦荟清凉沐浴液

快速

适合各种类型的肌肤

芦荟汁和薰衣草混合在一起，可以使肌肤清凉**舒缓**，从而**放松**心情。薰衣草的放松效果众所周知，睡前用其洗澡，一般有助于睡眠安稳。薰衣草还可以**舒缓肌肤**，与芦荟汁混合在一起，非常适合那些肌肤红肿发热的人使用。

制作足够一次洗浴的分量

原料

1汤匙干薰衣草花
10滴薰衣草精油
1汤匙芦荟汁

制作步骤

1 制作浸液时，将花朵放入茶壶或玻璃碗中，倒入500毫升开水。浸泡10分钟，然后滤液。

2 在浸液中加入精油和芦荟汁，并进行搅拌。

使用方法

将混合浸液立刻倒入洗澡水中，然后正常洗澡。

薰衣草和燕麦泡澡粉

快速

适合各种类型的肌肤

这种泡澡粉是洗浴爱好者的完美礼物。其粉末带有淡雅如天堂般的香气，制作时仅用干的薰衣草花朵。富含矿物质成分的海盐与**舒缓肌肤**的燕麦结合在一起，可以在洗浴时给肌肤一次奢华的享受。小苏打作为秘密原料，可以**软化**肌肤，轻柔地**去除角质**。

制作450克分量

原料

100克干薰衣草花
200克大颗粒燕麦
50克小苏打
100克海盐

制作步骤

1 用电动搅拌机快速搅拌所有的原料，直至混合物变成细粉。

2 存放在已消毒的密封容器中，保质期可长达3个月。

使用方法

在温热的洗澡水中放一把混合干粉，然后正常洗澡。如有需要，可进行淋浴将身体上的混合粉冲掉。如果你希望保持洗澡水洁净，可以在棉布或一对旧紧身裤袜中装一把混合物，制成洗澡浮剂。

沐浴皂

呵护沐浴皂

适合各种类型的肌肤

这些沐浴皂含有深层**滋养**的可可油和乳木果油，可以给肌肤**补充**活力。依兰依兰精油带有充满异域风情的芳香，可以激发情欲，与**镇静**的快乐鼠尾草精油和玫瑰精油混合在一起，制成的小巧的呵护佳品，非常适合在洗澡时使用。给自己倒一杯美味佳饮，在温热芳香的洗澡水中放松一下吧。

制作10份小手工皂

原料

25克可可油
25克乳木果油
1茶匙扁桃仁油
1茶匙小麦胚芽油
1茶匙荷荷巴油
4滴依兰依兰精油
2滴欢快鼠尾草精油
2滴玫瑰精油
1滴天竺葵精油
1滴香草提取液
1滴干玫瑰花瓣

制作步骤

1 在隔水蒸锅（参见133页）中加热这些油脂，直至它们溶化，然后将其从热源上移开。

2 将油倒入溶化的油脂中。

3 把所有的精油、香草提取液和玫瑰花瓣倒进去，拌匀。

4 将其倒在香皂模具中或冰块盒中，放入冰箱冷却1～2小时，使其凝固。从冰箱中取出来，并从模具中挤出这些沐浴皂。存放在阴凉处，保质期可长达3个月。

使用方法

将沐浴皂放入温热的洗澡水中，使其软化。它可在使人放松的同时，滋润肌肤。

滋养沐浴皂

适合干性肌肤

这种**滋养**的沐浴皂，制作起来非常简单，含有深层**滋润**的可可油和扁桃仁油，以及芳香迷人的橙花精油。橙花精油是苦橙树的花朵经过蒸汽蒸馏制成的，是治疗失眠的有效**芳香疗法**，非常适合用在睡前使用。

制作10份小手工皂

原料

50克可可油
1汤匙扁桃仁油
10滴橙花精油

制作步骤

1 在隔水蒸锅（参见133页）中加热油脂，直至其变成金黄色的液体，然后将其从热源上移开。

2 将油加入溶化的油脂中，倒入精油，拌匀。

3 将其倒进香皂模具或冰块盒中，放在冰箱冷却1小时，使其凝固。从冰箱中取出来，然后将沐浴皂从模具中挤出来。存放在阴凉处，保质期可长达3个月。

使用方法

将沐浴皂放入温热的洗澡水中，使其软化。它可在使人放松的同时，滋润肌肤。

爆炸浴盐

睡前甘菊爆炸浴盐

适合各种类型的肌肤

在温热的洗澡水中加入可可油，有助于**软化**和**滋润**肌肤。罗马甘菊精油和薰衣草精油是绝佳的睡前伴侣，可以深层地**平静**和**舒缓**身心。这种配方也易于搭配其他干花，如玫瑰花瓣或薰衣草，搭配其他精油，如迷迭香或茉莉。

制作20份小爆炸浴盐

原料

400克小苏打
200克柠檬酸
1茶匙干甘菊花
1茶匙可可油
10滴罗马甘菊精油
5滴薰衣草精油

制作步骤

1 将所有干的原料放入碗中，戴上防护手套，用手搅拌。

2 用隔水蒸锅（参见133页）加热油脂，直至其溶化，然后将其从热源上移开。将溶化的油脂和精油倒入干的原料中，拌匀。

3 从带喷嘴的喷雾瓶中倒1茶匙水，将水喷到混合物上，形成爆炸浴盐的质地，并按照页面下方的详细步骤进行制作。

4 爆炸浴盐凝固后，将其从模具中挤出来，保质期可长达3个月。

使用方法

在温热的洗澡水中加入爆炸浴盐，在“嘶嘶”声中享受芳香吧。

制作爆炸浴盐

爆炸浴盐是由柠檬酸、小苏打和水简单混合而成的，装入模具中，可使其干涸。将最终的成品放入温热的洗澡水中，可释放混合物中的药草或芳香。制作前，先用少量喷淋油给模具轻轻抹层油。

1 使用带喷嘴的喷雾瓶，将水加到由溶化的油脂、精油和干原料制成的混合物中，然后将其搅合在一起。

2 继续喷水，并用手搅拌混合物，直至混合物变得与湿砂相似，并黏在一起，没有嘶嘶作响的声音为止。如果它干燥易碎，可以多加点水。

3 将混合物紧紧压在模具中。若要制成小球状的爆炸浴盐，需将少量混合物压入每个托盘中，然后在冰箱中至少放1小时，使其凝固。在每个托盘上喷水，然后将其中一半翻出来压在另一组的上面，形成球形。

柑橘爆炸浴盐

适合各种类型的肌肤

使用这种带有柑橘甜香的爆炸浴盐会发出嘶嘶的响声，让你享受一次**镇静**、**舒缓的**洗浴。无毒的柑橘精油特别**适合儿童**使用。调配时，加入玫瑰花瓣、万寿菊、琉璃苣、甘菊花、干橙皮或闪光剂，可以制出漂亮美观的爆炸浴盐。使用的化妆闪光剂，五颜六色，颗粒大小不一。工业闪光剂则不适合使用。

制作20份小爆炸浴盐

原料

400克小苏打
200克柠檬酸
1茶匙干花/药草/化妆闪光剂
15滴柑橘精油

制作步骤

1 将干的原料放入碗中，戴上防护手套，用手搅拌。在干原料中加入精油，拌匀。

2 在带喷嘴的喷雾瓶中加1茶匙水，在混合物上喷水，形成爆炸浴盐的质地。按照详细的操作步骤（参见另一侧）进行制作。

3 从冰箱中取出后，从模具中将爆炸浴盐挤出来。保质期可长达3个月。

使用方法

在温热的洗澡水中加入爆炸浴盐，在嘶嘶声中享受芳香。

去角质洗浴浮剂

快速

适合干性肌肤

燕麦是**滋养**和**滋润**干性或发炎肌肤的绝佳原料，并且足够温和，可以用于敏感性肌肤。薰衣草精油和玫瑰精油除了可以带来迷人的芳香，还具有**镇静**、**放松**的作用。如果你是敏感性肌肤，可以省略这些精油。如果你不泡澡，可以使用这种简单有效的洗浴浮剂，在淋浴时**去除角质**。

制作1份

原料

1汤匙大颗粒燕麦
1汤匙燕麦麸
1茶匙薰衣草花
1茶匙玫瑰花瓣
2滴玫瑰精油
2滴薰衣草精油

制作步骤

1 在桌上铺一块棉布，在中间放入燕麦，再加入麸皮。

2 加入薰衣草花、玫瑰花瓣和精油。

3 将棉布的四角扎在一起，并用绳带紧紧系好。可以立刻使用。

使用方法

浮在洗澡水上，或者绑在水龙头上，使温水冲过包袋。你还可以将其当作淋浴时的去角质泡泡来使用。使用后把里面的东西去掉，并且每次都要清洗棉布。

除臭剂

玫瑰草和柠檬除臭剂

适合各种类型的肌肤

排汗是身体调节体温、平衡体内盐分的天然功能。汗水本身无味，但肌肤表面的细菌会引发异味，所以抑制细菌滋生是除臭剂的关键所在。这是一种**清新**的腋下除臭喷雾，除了含有**抗菌**和**除臭**的精油外，还含有**清凉**的芦荟。

制作100毫升分量

原料

90毫升金缕梅药草水
1茶匙甘油
1茶匙芦荟汁
5滴玫瑰草精油
5滴柠檬精油
3滴芫荽精油
3滴葡萄柚精油
3滴胡椒薄荷精油

制作步骤

1 在碗中将金缕梅、甘油和芦荟汁混合在一起。

2 加入精油，拌匀。倒入消毒瓶中，装上喷嘴。存放在阴凉处，保质期可长达3个月。

使用方法

用来清洁腋下，可在需要的时候使用。不要用于刚剃完毛的肌肤上。每次使用前需摇匀。

玫瑰爽身粉

适合各种类型的肌肤

这种带有奢华芳香的爽身粉可以使肌肤如丝般**光滑**，其带有玫瑰精油、天竺葵精油和广藿香精油的雅致**芬芳**。爽身粉首先可以给肌肤带来**香气**，还可以**吸收**肌肤多余的水分。洗完澡，在肌肤上抹粉，注意肌肤褶皱处、腋下和足部。

制作100克分量

原料

100克玉米粉
1茶匙玫瑰酊剂
10滴玫瑰精油
10滴天竺葵精油
10滴广藿香精油

制作步骤

1 将玉米粉筛入（通过滤网）碗中。

2 在棉花球中加酊剂和精油。

3 将棉花球放入密封的容器中。

4 加入玉米粉，上面留点空间，用来搅拌。

5 盖上盖子，用力摇晃，使芳香散开。将其存放在凉爽干燥处，保质期可长达6个月。

使用方法

淋浴或洗澡后，用粉扑涂抹于干的肌肤上。它非常适合用来吸收多余的水分，因此可以用于那些在劳累一天后变得黏黏的部位，如腋窝和足部。

柑橘喷雾

多功能

适合各种类型的肌肤

柑橘精油与橙花水调配而成的**清新提神**混合液，可以使肌肤感觉恢复生机。将淡香的身体香水洒到、拍到或喷到脉搏点上，或者需要**恢复**或**清爽**的肌肤部位。这些精油的功效融合在一起，使得这种柑橘喷雾适于早晚使用。

原料

柑橘精油
柑橘精油味甜清新，可以平静和安抚情绪。

佛手柑精油
佛手柑精油带有水果的甜香味，具有提神、舒缓的作用。

玫瑰草精油
玫瑰草精油带有怡人的花香味，闻起来像玫瑰，可以增强和舒缓神经。

酸橙精油
清新的酸橙精油香气扑鼻，具有清爽、提神的作用。

橙花水
它是橙花进行蒸汽蒸馏的副产品，带有迷人的芳香。

柠檬精油
清甜的柠檬精油，让人切实联想起成熟水果。

制作60毫升分量

原料

2汤匙伏特加
10滴酸橙精油
5滴柠檬精油
5滴佛手柑精油
5滴柑橘精油
4滴玫瑰草精油
1汤匙矿泉水
1汤匙橙花水

制作步骤

1 在碗中将伏特加和精油混合在一起，加入矿泉水和橙花水，并充分搅拌。

2 将其倒入消毒瓶中，盖上盖子或装上喷嘴，存放在凉爽干燥处，保质期可长达6个月。

使用方法

根据需求，当肌肤发热或者需要恢复时，将身体喷雾洒到、拍到或喷到肌肤上。应避开眼睛。男性还可以将其当作须后水。使用前需摇匀。

香水

香体喷雾

适合各种类型的肌肤

这种香体喷雾是香水的简易替代物。它含有**保湿**的玫瑰花水和舒缓肌肤的芦荟，所以除了可以**调理肌肤**，还能**增添芬香**。香体喷雾中的精油对情绪和自我感觉有治愈效果。

制作100毫升分量

原料

75毫升玫瑰花水
1汤匙玫瑰酊剂
1茶匙芦荟汁
10滴香草提取液
10滴依兰依兰精油
6滴檀香精油
4滴玫瑰纯精油
2滴欢快鼠尾草精油
2滴甜橙精油

制作步骤

1 在碗中，将玫瑰花水与酊剂、芦荟汁和香草提取液混合在一起。

2 加入所有精油，进行搅拌。

3 倒入带喷嘴的消毒瓶中。存放在凉爽干燥处，保质期可长达6个月。

使用方法

根据需求使用，可以获得沁人心脾的芳香。这种香气不如传统香水那么持久，所以可以根据喜好经常使用。使用前摇匀。避免喷在衣服、纺织品和床上用品上。

玫瑰香水膏

适合各种类型的肌肤

香水膏不仅不含酒精，还非常方便携带。它可以使肌肤带上淡淡的**芬芳**。精油的前调、中调和基调，融入简易油膏基底中，可制成这种具有**治愈**效果的芳香混合物。找些吸引人的瓶瓶罐罐来装香水膏，使用好看的药丸盒，可赋予香水膏额外的迷人魅力。

制作30克分量

原料

10克蜂蜡
2茶匙葵花籽油
12滴玫瑰精油
8滴天竺葵精油
6滴广藿香精油
4滴佛手柑精油
3滴雪松精油

制作步骤

1 用隔水蒸锅（参见133页）加热蜂蜡和油脂，直至蜡溶化，然后将其从热源上移开。

2 加入精油，进行搅拌。

3 将其倒入消毒罐中，冷却后，可直接涂在肌肤上。盖上盖子，存放在凉爽干燥处，保质期可长达6个月。

使用方法

当你需要香水提神时，可将其擦在脉搏点上。

橙花香水膏

适合各种类型的肌肤

柑橘与香料经过调配，制成这种优雅的全天候**香水膏**。橙花和佛手柑的清新前调，搭配橙子的**甜橘**中调和乳香的**欢快**基调。两种**甜香**的酊剂可以作为香水的定香剂，有助于香水尽可能久地留在肌肤上。

原料

制作30克分量

原料

10克蜂蜡
2茶匙葵花籽油
1茶匙蜂胶酊
1茶匙安息香酊剂
8滴橙花精油
4滴佛手柑精油
4滴橙子精油
2滴乳香精油

制作步骤

1 用隔水蒸锅（参见133页）加热蜂蜡和油，直至蜡溶化，然后从热源上移开。

2 加入酊剂和精油，充分搅拌。

3 倒入消毒罐或锡罐中，冷却后，可以直接抹在肌肤上。盖上盖子，存放在凉爽干燥处，保质期可长达6个月。

使用方法

当你需要香水提神时，可将其擦在脉搏点上。

舒缓膏

金盏花舒缓膏

适合各种类型的肌肤

金盏花浸油、薰衣草精油和德国甘菊精油混合在一起，可以**舒缓**和**修复**肌肤。甘菊精油具有止痛、**消炎**的作用，可以治疗湿疹和肌肤瘙痒，也适用于敏感性肌肤。金盏花有抗菌性，可以快速修复肌肤组织，是促进**伤口愈合**的传统药方。

制作30克分量

原料

1茶匙可可油
1茶匙蜂蜡
1汤匙金盏花浸油
5滴薰衣草精油
2滴德国甘菊精油
1茶匙金盏花酊剂

制作步骤

1 用隔水蒸锅（参见133页）加热可可油、蜂蜡和金盏花浸油，直至蜡溶化，然后将其从热源上移开。

2 加入精油和酊剂，充分搅拌。

3 倒入消毒罐中，冷却后，可以直接抹在肌肤上。盖上盖子，存放在凉爽干燥处，保质期可长达6个月。

使用方法

轻轻按摩过度暴露或发炎的肌肤。

舒缓肌肤炎症

肌肤是保护我们免受周遭环境刺激的首要器官。因此，绝大多数人在一生的某个阶段需要承受肌肤炎症的困扰。炎症反应包括从轻微的刺痛感或红斑，到更为严重的水泡等各种表现形式。导致肌肤发炎的原因有很多种，从对化妆品过敏或敏感到我们的饮食都有可能引发炎症。肌肤或体内化学品、毒素的聚集，可以影响情绪，导致焦虑，这也是炎症发生的原因之一。有时候这种导火索并非单一的，而是多种刺激组合在一起引起的。可采用舒缓膏（参见上方）和药霜来治疗肌肤炎症。如果炎症顽固难消或加重恶化，就需要去看医生了。

薄荷止痛膏

适合干性肌肤

这种止痛膏是由具有**治疗**效果的精油与油腻滋润的植物油混合而成的。这种油膏对轻微炎症、头痛和感冒有天然的缓解作用。椰油温和**滋养**，与胡椒薄荷油和薰衣草精油混合在一起，前者有止痛功效，可以缓解肌肤瘙痒，后者**清凉**、**抗菌**，可以促进细胞再生。

原料

制作50克分量

原料

1汤匙椰油
1汤匙橄榄油
1汤匙蓖麻油
1茶匙蜂蜡
7滴胡椒薄荷精油
6滴薰衣草精油
3滴桉树精油
丁香精油和柠檬精油各2滴

制作步骤

1 用隔水蒸锅（参见133页）加热油脂和蜂蜡，直至蜡溶化，然后将其从热源上移开。

2 加入所有精油，充分搅拌。

3 倒入消毒罐中，冷却后，可以直接抹在肌肤上。盖上盖子，存放在凉爽干燥处，保质期可长达6个月。

使用方法

按摩受影响的部位，如头痛时的太阳穴和前额，感冒时的胸部和颈部，以及昆虫叮咬后的皮肤破损处。

HAIR
头发护理

好的头发是由内而外的，无论你的发质如何，将均衡摄取食物**营养**与崇尚**天然**的保养方法相结合，可以使头发**光泽强健**，看起来很棒。

头发类型

确定你的头发类型并非你想得那么简单。虽然发质大体上可以分为正常、油性和干性这三种，但在这些简单分类下还有众多的不同。例如，头发的质地就有纤细、中等和粗糙等的不同，同时其中还有各式各样的从直发到卷发的不同。不过这些宽泛的定义仍然可以帮助我们去护理头发。

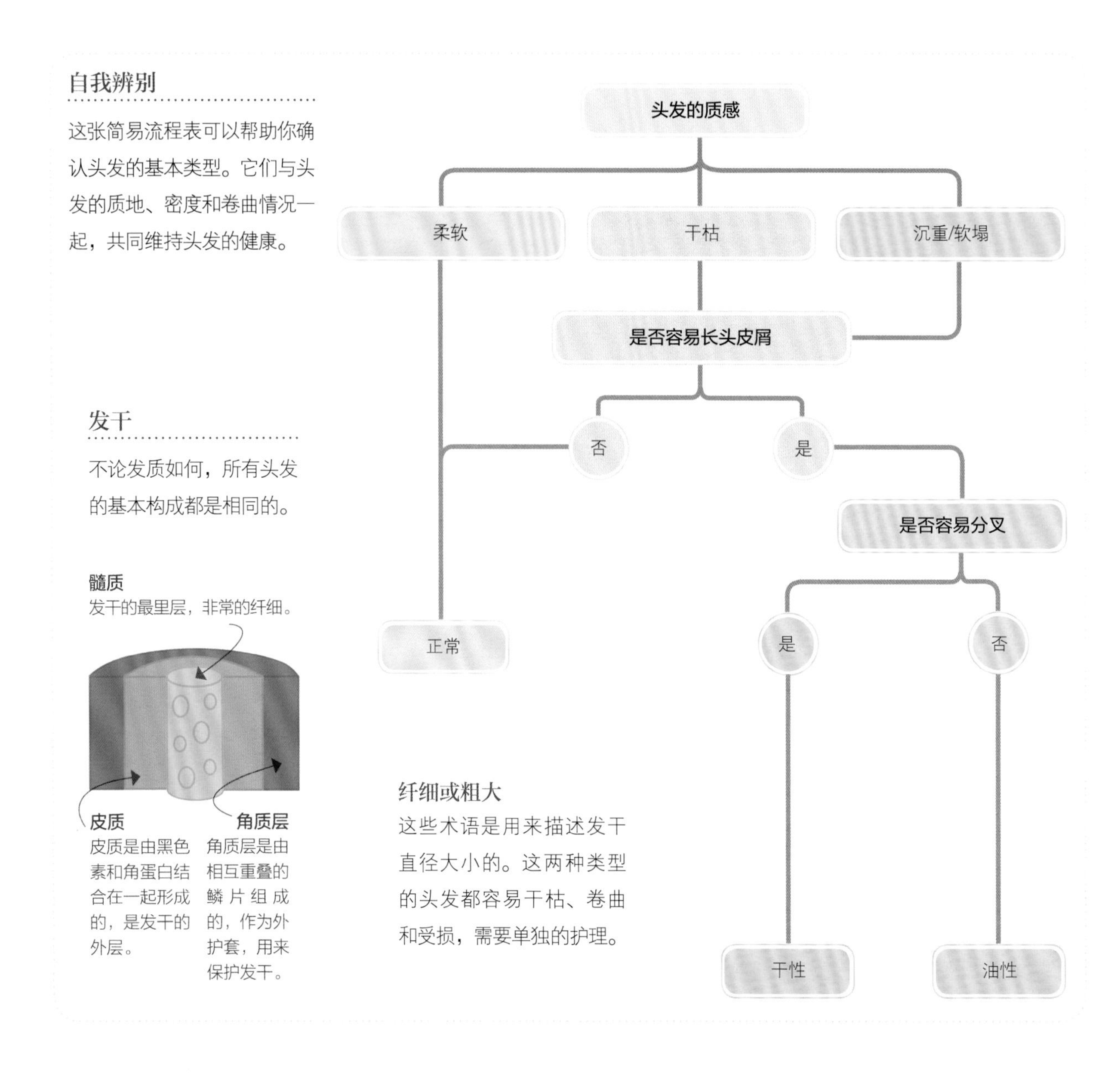

质地

纤细的头发发丝直径小，角质层闭合；而粗壮的头发发丝直径较大，角质层也处于张大状态，这样使得头发能多孔渗水。头发的质地可以决定你能够实现的效果。例如，如果你的发丝非常粗，就很难看起来顺滑。过分清洗、烫发和倒梳会使角质层鼓起，头发摸起来糙糙的，并容易打结。

密度

密度是指头上的发丝数量。绝大多数人在100000~150000根，根据头发颜色的不同，这个数字也会变化（参见下方）。与头发粗壮的人相比，头发纤细的人的发丝数量会更多。

自然金发：约130000根
自然红发：约80000根
自然棕发：约100000根

卷曲

绝大多数人是按照质地来给头发分类的，你还可以根据卷曲情况来归类——直发、波浪或卷发。这些也同样决定了你可以实现的发型种类。

护发的基本原则

漂亮的头发和健康的头皮源于身体内部。它们是压力水平、膳食情况、激素平衡和循环水平的综合反映。想要获得健康、光泽和强健的头发，就要劳逸结合，选择滋补全身的饮食方式，减少接触外在伤害，如污染和化学品，同时应温柔悉心地呵护头发。

洁净的生活方式

生活方式的选择会影响头发的健康状况。如果你像大多数人那样，生活在带有中央取暖和（或）中央空调的密封建筑中，四周都是各式电子设备，如电话、电视和电脑，你会发现头发干枯、易起静电。健康的饮食（参见侧表），可以应对不可避免的因素的副作用，保持头发状态。

排解压力和焦虑，它们与糟糕稀疏的头发密切相关。压力和焦虑不仅会损伤头发，还会让我们沉溺于吸烟和酗酒之类的恶习中，使问题进一步恶化。良好的饮食习惯还可以中和压力的影响。

不要吸烟，因为吸烟有损头发健康。它会消耗体内的营养，使身体脱水，有毒的化学品被吸入体内后，会使头发暗淡无光泽。戒烟不仅可以让你变健康，还可以使头发更加好看好闻，不会褪色。

不要酗酒，它会使身体脱水，并从体内吸取基本营养。

多做运动，确保全身的血液流通顺畅，包括头发在内。良好的循环可以使头发强韧健康。

长发及肩至少需要3年，期间要清洗、擦干和定型数百次。

环境因素

头发在内外环境的作用下，每天每周都在发生变化。你的头发不会总是一成不变，不要每周都采取相同的护理方式。

头发情况会根据季节而变化，尤其是冬夏二季。冬日里，头皮收紧，头发生长较为缓慢。中央取暖系统同样也会带来困扰，它会使头发变干，看起来暗淡无光泽，并且容易打结。

到了夏天，强烈的阳光具有损伤和干燥作用，头发会脱色，并失去活力。游泳时，水中的氯气或盐分，也会损害头发，所以游泳时要将头发包裹起来，小心保护，以免其受损。烈日下，要给头发涂抹膏药或油脂，防止水分流失。

不论洗发水洗得多干净，护发素多么容易冲洗掉，软水或硬水还是会影响头发。

更新护发方式

常用的头发用品对于其整体情况有很大的影响。例如，长发及肩至少需要3年时间，期间需要洗发、吹干、染色、烫卷、拉直、梳理、喷雾、后拉、提拉和定型数百次，这些会伤害头发。

少用洗发水和护发素。经常用洗发水会去除头发和头皮上的自然油脂。虽然护发素可以补回部分水分，但是长期使用，仍会将有害物质堆积在头发上。

少用定型剂，它们会使头发变干，导致产品堆积在头发上。

不要用力梳理，特别是头发潮湿时。这样做会损伤头发，使头发看起来毛躁，并出现分叉。

避免使用加热工具，如拉直器、卷发钳或吹风机，长期使用，会使头发干枯易断。

不要使用染发剂和漂白剂，这些产品含有各种有毒化学成分，不仅会损伤和弱化头发，还会在有些情况下，引发肌肤过敏反应。这些化学成分可充分破坏头发的角质层，使染发剂被里层的皮质所吸收。

定期剪发，保持秀发健康。头发每6～8周会长出大约2.5厘米。

改善饮食

秀发护理的首要捷径是饮食健康，如下所示。

- 多吃蔬果和蔬菜。
- 选择富含天然纤维素的食物，如鳄梨、种子和燕麦。
- 吃高蛋白食物，如油性鱼类。
- 平衡脂肪摄入，选择含有健康必须脂肪酸的食物，如牛奶和大麻籽油。
- 足量饮水，每天至少8杯。
- 参考226～227页，找出会使头发光泽的饮食方法。

头发强健的保养之道

头发是由矿物质和一种叫角蛋白的蛋白质组成的。每一缕头发可以持续2~5年，它除了是过往健康和习惯的反映，还是当前护理方式的表现。受损的头发不可能在一夜之间修复完成，而是需要长期的坚持，这种日常照料可以使你的头发光泽强健。

每周2次

1 洗发水

我们的发质会随着时间而改变，所以要相应地更换洗发水。在清爽洗发水和保湿洗发水之间轮换，以保持头发清洁、光泽和柔软。

使用方法

将洗发水抹在潮湿的头发上，按摩几分钟，然后将其冲掉。如有必要，可以重复按摩。

2 润发素

润发素可以重新平衡头发，有助于角质层顺滑服帖。选择适合自己发质的产品。好的润发素可以滋养和软化头发，并且不会有残留。

使用方法

在整个头发上抹上大量润发素，注意发梢。渗透2分钟后，将其冲洗干净。

3 护发素

草本护发素至关重要，特别是如果你的发质为正常偏油性时。用药草或稀释的苹果醋自制浸液（参见220页的配方），可以增添光泽，恢复头发和头皮自然的pH。

使用方法

将自制的护发素涂抹在头发上，然后用温水彻底将其冲洗干净。

修复头发

由日晒、电吹风、卷发筒、电热夹板，甚至日常梳理造成的头发损伤，可以通过大量的洗护产品、药剂、蛋白质、油脂和润发素来进行修复。如果你的头发干枯或者出现分叉、晒伤、打结和脆弱，那么是时候要对头发健康负责了。找出适合你的护理方式可能需要做点试验，并犯些错误，特别是我们的头发会随着时间而改变，所以先从一种方式开始尝试，并随时进行快速调整。

每周

使用发膜

发膜是丰厚滋养的润发乳，特别适合用来修复由染发或接触海水或阳光造成的头发损伤。它们含有滋养的油脂，如摩洛哥坚果油和荷荷巴油，可与蛋白质混合在一起，用来修复角蛋白。

使用方法

洗发后使用，通常在头发上保持5~10分钟，然后用温水彻底将其冲洗干净。

按摩头皮

自己动手，用水果精油、坚果油和籽油按摩头皮，使其充满活力。椰油、荷荷巴油或橄榄油不会阻塞毛囊，并且特别滋养，所以很适用。

使用方法

指尖蘸取几滴油，按摩头皮和发根（参见160~161页）。然后仔细梳理。如果是油性或正常头发，按摩后需要将油冲掉。如果是干性头发，可以将油在头发上保留一整夜。

重要的植物性药物

这里是几种不错的植物，可以强化和修复头发。你可以在洗发水和润发素中留神注意。

荷荷巴 荷荷巴是与头皮分泌的自然油脂最为接近的植物性药物之一，它可以滋养头皮，调理头发，并且是优质头皮用品中的常见原料。

椰油 这种油中的必需脂肪酸对干枯受损的头发有神奇的功效。它还可以用来按摩干燥的头皮，其抗真菌成分可以用来消除头皮屑。

迷迭香 这种干药草以给暗淡的头发增添光泽而闻名，可以用来制作护发素。用基础油稀释这种精油，按摩并刺激头皮，有助于头发健康生长。

蜂蜜 作为保湿剂（可以锁住水分，预防干枯脆弱），它是洗发水和润发素中的传统原料。

护发习惯

- 不要每天都洗头发。可以每两三天洗一次，对于某些发质而言，还要间隔再久些，这样可以更好地调节天然油脂平衡。
- 经常在用完洗发水后使用润发素。洗发水中的洗涤剂会造成干枯和产生静电，润发素可以有效平衡这些现象。
- 轻轻擦干头发，避免使用吹风机的热风，热风会损害头发。
- 每6周剪一次头发，或者把分叉剪掉。
- 服用含有锌、铁和硅的矿物质补充剂。它们都是头发强韧健康的基本元素。

尝试如下配方：

苹果醋润发素，213页；
荨麻润发素，213页；
迷迭香护发素，214页。

干性发质

头发干燥时，发干无法保留或无法吸收必要的水分，头皮分泌的可以滋养头发的皮脂不足。因此，头发会变得卷曲、没有生机和活力，并且容易焦枯或分叉。基因遗传也可能是导火索，卷发或非洲黑人式的卷发通常都是干性头发。不过，年龄、护发方式，或者风吹日晒等因素，也会使头发干燥。

特征

如果你是干性发质，通常容易出现下列相关问题：

头皮干燥

湿疹

头皮屑

头发焦枯

分叉

锦囊妙计

用几滴精油与椰油、扁桃仁油或橄榄油混合在一起。涂抹整个头皮或者只涂发根，滋养并预防分叉。它非常适合敏感、纤细、易断的非洲黑人式卷发。这种卷发缺乏弹性，治疗时，加入金盏花、甘菊或者紫草的药草浸液，可以进一步滋润。

适于使用

非常干燥和纤细的头发的发梢脆弱易断，需要定期修剪。确保你的饮食中有足够的蛋白质和健康脂肪，来保持头发的健康。许多人的干性头发来自于基因遗传，但是有各种自然溶液可以使其恢复正常。

使用发膜。将一颗蛋黄与一茶匙蜂蜜混合在一起，制成发膜。在头发上保持2小时，然后将其冲掉。或者，将75克全脂酸奶与一大勺橄榄油和6滴选好的精油（参见右侧的天然助手）混合在一起，在头发上保持15~20分钟，然后用温水将其冲掉。

每周用热油治疗一次。加热60毫升滋养油，如荷荷巴油或椰油，充分按摩头皮和头发。如果你有湿疹，也要注意避开耳后部位。用毛巾裹头，保持约20分钟。然后用温和的洗发水充分清洗。

让头发自然风干。如果你需要使用吹风机，设为冷风档，并与头发保持一段距离。变干后，在发梢抹上少许椰油或天然发膏，以增添光泽和防护效果。

轻柔梳理头发，轮换使用圆滚梳、天然鬃毛刷，向下梳理。这样可以闭合角质层（发干的外层，由重叠的鳞片组成），并提亮发色。

洗发后使用护发素。由海藻或马尾草制成的溶液可以滋补强发，也可以作为头发喷雾来使用。

按摩头皮，放松并促进皮脂分泌（参见160~161页）。

避免使用

虽然年龄和基因会导致头发干燥，但是头发干燥也可能是过于频繁洗头发、使用强效洗发水和定型剂，或者环境因素（如极端天气）造成的后果。

避免频繁洗头发 每个人的头皮都是不同的，但是如果你的头发非常干的话，你只需要每两三天才洗一次头发。不要使用强效洗发水，它们会去除头发和头皮上的油脂。

限制使用加热工具，如卷发器或直发器，特别是与含有酒精成分的定型剂一起时。它们会损伤头发，使其干枯。这些工具仅在特殊情况下使用，每天采取易干打理的发型。

如果在极端天气条件下外出时，裹住头发，可以待得久一些。

避免使用强效化学药物，如染发剂、烫发剂和拉直剂，它们会对头发造成持久的损伤。

天然助手

下面这些天然助手非常适合修复和滋润干性头发。在商店选购含有这些成分的头发用品，或者用来自制用品。

草本治疗 金盏花、甘菊、药蜀葵和紫草。
精油 乳香、玫瑰草、檀香、天竺葵、甘菊、玫瑰、广藿香和缬草。
滋润油 夜来香、琉璃苣、鳄梨、葵花、荷荷巴和扁桃仁。
有效补充剂 维生素C、生物素、碘、硒和ω-3脂肪酸。

治疗头皮屑

头皮屑是由于酵母过度分泌，导致头皮出现脱皮的现象。治疗时，用干胡椒薄荷、百里香、迷迭香、薰衣草或荨麻制成浸软油（参见26页）。或者可以将扁桃仁油与一种精油混合在一起，如雪松、广藿香、鼠尾草、茶树、百里香或迷迭香。将浸油或稀释的精油涂抹在头皮上，并尽可能保持久一些，最好是一整夜，用毛巾裹住头发。之后用温和或稀释的洗发水将其洗掉。如果你是干性头发，或者有头皮屑，也可能是由饮食习惯或过敏反应造成的。

油性发质

头皮需要一定的油脂，以免干燥，但是过多的油脂会让头发看起来软塌塌的，没有生气。头发自身不会分泌油脂，当头皮上的皮脂腺分泌出过多的天然油脂后，会变得油腻。这种情况也更容易导致出现头皮屑，这通常是由激素变化或其他健康问题造成的。简易的天然溶液可以改善油性头发。

特征

如果你是油性发质，通常容易出现下列相关问题：

头发暗淡

头发软塌

头皮屑

脂溢性皮炎

头皮生痘

锦囊妙计

合适的药草（参见另一侧的天然助手表）可以酿成浓茶或溶液，与洗发水或润发素混合在一起。或者，用苹果醋浸泡药草（参见26页），最后冲洗时舀2～3汤匙。用这种精油与基础油少量混合，切不可直接涂抹在头皮上。

适于使用

头发浓密的人，如金发，或者头发非常纤细的人，其头皮上的油脂分泌腺较多，因此头皮比较容易变得油腻。有许多简单天然的方法可以用来处理油腻的头发。

大量饮水，多做运动，增强循环可以反过来改善头皮情况。

试着于每次洗发的间隙，在头皮上撒些干粉。这样做可以去除头皮上多余的油脂。保持几分钟，然后轻轻将其去除掉。参见洗发粉（第211页）。

恢复头皮的pH，将1茶匙苏打粉与清透的洗发水混合在一起用来洗头发。或者，在洗完头发后，用250毫升苹果醋、250毫升水和10滴迷迭香精油或茶树精油制成的混合液进行冲洗。

用冷水冲洗头发，有助于平复过于活跃的皮脂腺。

尝试芦荟护发素，舒缓易生屑和瘙痒的头皮。将500毫升水与250毫升芦荟汁混合在一起，如果喜欢的话，可以加20滴佛手柑、雪松、柏树、天竺葵、葡萄柚、杜松、柠檬、酸橙、茶树、薰衣草或橙叶等的精油，制成具有舒缓功效的护发素。根据需求来使用。

卷曲部分头发。有证据显示，这样做可以防止过多的油脂在发缕上堆积，使得头发上的油脂不会那么明显。

避免使用

如果你是油性头发，需要调整日常的护发方式。事实上，频繁洗发会影响头皮的酸碱平衡，反而会加剧出油情况。尽量每隔至少48小时洗一次头发。

限制梳头发的频率，避免从头皮开始梳理。梳理头发会使油脂从头皮转移到头发上，这非常适合干性发质，不过很不适合油性发质。

避免高效润发素。当你感觉需要护理时，仅将润发素涂抹在发梢上。其他定型产品，如头皮喷雾、凝胶和摩丝，也会使头发变得油腻，所以也要避免使用。无需太多产品就可以固定头发的新奇方法是使用啤酒。你可以准备大约500毫升的热啤酒，根据发量多少来决定用量。用于最后冲洗时，然后正常定型。

拒绝热风。使用吹风机的冷风挡，确保不会刺激皮脂继续移动。

在温暖的气候中，保持凉爽干燥，湿热环境会促进油脂分泌。避免在炎热潮湿的天气里外出运动。

天然助手

下面这些天然助手非常适合用来治疗和调节油性发质。在商店选购含有这些成分的用品，或者用来自制用品。

草本治疗 接骨木花、香蜂叶、薄荷、迷迭香、鼠尾草、蓍草和月桂。
精油 佛手柑、雪松、柏树、天竺葵、葡萄柚、杜松、柠檬、酸橙、茶树、薰衣草和橙叶。
滋润油 榛子、红花和大豆。
有效补充剂 维生素A和维生素C、ω-3脂肪酸和锌。

保持冷静

紧张会促进雄性激素的分泌，会反过来刺激皮脂分泌。所以抽点时间放松下，尝试冥思、轻柔按摩、瑜伽，或者其他可陶冶性情并且有趣的活动。

浓密的头发

当我们说头发浓密时，指的是单个发丝的直径较大。多数人都认为拥有浓密如鬃毛般的头发是件幸福的事儿。不过对于各式各样的发质而言，有利也有弊。比如说，浓密的头发可能会不容易定型，但是经过持久的制作，其发型保持的时间会更长。浓密的头发常见于亚洲和拉丁人种，粗壮并容易卷曲，特别是高湿度时。

特征

浓密的头发还容易出现下列问题：

卷曲

坚硬

表面损伤

粗糙

脂溢性皮炎

适于使用

浓密的头发如同海绵，会吸收周遭环境中的水分。与纤细的头发相比，它可以多吸收40%的水分，这也是它们为什么会更易于卷曲的原因所在。想要让浓密的头发保持最佳状态，请牢记下列建议。

使用温和的洗发水，不要去除头皮和头发中的必要油脂。

滋润头发，有助于使卷发服帖。在手中擦少许椰油，从头皮上面一点开始，穿过长发。

头发定型。浓密的长发非常需要梳理整齐，所以尝试在耳后编成人字形或者做经典的法式扭卷。

洗发和护理之后，应彻底洗净。残留的产品会使头皮瘙痒生屑。热水会去除头发中的水分，使其干枯打卷，所以确保使用的是温水，而不是热水。

避免使用

虽然浓密的头发通常不会像纤细的头发那样，让人看出污垢或油腻，但是它仍然需要被细致地照料，以保持最佳的状态。

不要着急。如果你的头发非常浓密，那么最有效的定型助手就是时间。对于某些特别浓密的长发而言，洗洗就行的方法显然行不通。洗完头发，需要至少1小时才能完全变干。晾干和定型时，适当地分开头发，可以获得最佳效果。

切不可梳理湿发。使用宽齿的梳子，轻轻疏通打结处。可以的话，让它自然风干。

避免使用吹风机的高热挡，它们会造成无谓的蓬松。吹干头发时关掉热风，使其处于最佳状态。

不要使用永久性着色剂，它们有增厚作用。可选择半永久的着色剂来替代。

锦囊妙计

用强效发膜调理头发，每周一次。使用天然护理原料，如橄榄油、荷荷巴油、乳木果油或芦荟汁。涂抹在潮湿的头发上，浸润20分钟，然后用温和的洗发水将其洗掉。

天然助手

在商店选购含有这些成分的产品，或者用来自制用品。

草本治疗 玫瑰、迷迭香、百里香、荨麻和芦荟。

精油 雪松、迷迭香、橙子、薰衣草和天竺葵。

滋润油 椰油、扁桃仁、荷荷巴和榛子。

有效补充剂 铁、含有生物素的复合维生素B、维生素C和维生素E。

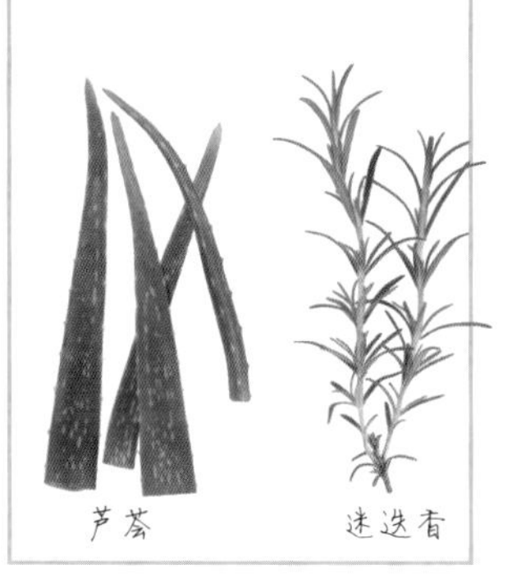

纤细的头发

“纤细”一词指的是发丝的直径，而不是头上发缕的数量。事实上，头发纤细的人通常会有较多的头发。除某些自然卷发外，纤细的头发不容易定型。它通常服帖，没有生气，许多定型产品还会使其下垂，从而加重这种问题。不过，只要稍加注意细节，即使是非常纤细的头发也可以光泽亮丽。

特征

纤细的头发还容易出现下列问题：

干枯

起静电

损伤

卷曲

分叉

很快变脏

天然助手

在商店选购含有这些成分的产品，并用来自制用品。

草本治疗 金盏花、燕麦秆和海藻。
精油 天竺葵、薰衣草、甘菊和柠檬草。
滋润油 夜来香、琉璃苣、鳄梨、向日葵、荷荷巴和扁桃仁。
有效补充剂 维生素C、生物素、碘、硒和ω-3脂肪酸。

适于使用

纤细的头发并非总是一件麻烦事儿。合理地照料，并保持良好状态，可以让它如婴儿般柔软，如丝般光滑，摸起来很舒服。

用荷荷巴油或扁桃仁油预先处理头发。微热油脂，然后充分按摩头发和头皮，用毛巾裹住头发，保持20分钟。最后用温和的洗发水洗掉。

健康饮食。含有充足蛋白质的膳食是头发健康的关键所在。不要忽略大量的绿色蔬菜、新鲜水果和全麦谷物。

每天饮用至少8杯水，补充水分。

注意天气变化，防止头发遭到风吹日晒等环境损伤。

每6~8周剪一次头发。即使是精心的照料，纤细的头发还是容易出现分叉。

避免使用

调整护发方式可以改善纤细头发的健康状况。

避免使用浓厚的发胶和喷雾，它们会使头发更加服帖和暗淡。

轻轻梳理，并减少次数，特别是头发潮湿时。频繁地用力梳理很容易使头发破损，导致分叉。切不可梳理湿发。

尽量少用加热工具，如拉直器、卷发钳或吹风机。如果要使用的话，确保其处于低挡，并使用有热保护功能的产品。

避免头发过长，长发更容易受损，而短发可使头发保持最佳状态。理发时，平剪或剪齐可使发梢更加饱满浓密。如果中意长发，可试着做些分层，稍作提拉。

不要使用浓厚的润发素，可以将润发素涂抹在发梢上，而非发根。这样做，可以防止头发的坠重感。

尽量少用配件，如发卡、发夹和橡皮筋，它们会造成头发大面积受损。

锦囊妙计

在洗发间隙，可以用浸液改善纤细的头发。在炖锅中倒600毫升水，开中火，再各放2汤匙干甘菊和柠檬草。文火炖10分钟，将其放置冷却，然后滤至带喷嘴的瓶中。

Recipes For Your Hair
头发保养的配方

使用这些配方可以恢复秀发的活力，而无损头发的自然油脂。利用有机油脂和蜡质来**调理**、**滋润**，并用精油冲洗以增添**芳香**，同时改善头皮和头发的**状态**。

洗发水

洗发粉

适合金发

洗发粉可以用于**应对油性发根**，使**头发蓬松**，是不错的**定型助手**，可以分开发卷，并稍加固型。竹芋粉和玉米粉可以**吸收**多余的油脂。这种配方会包裹头发，使其干爽不油亮。这里使用的粉末色泽浅淡，所以如果头发染过色，可以用它来淡化发根。加入精油，可以赋予头发美妙的芳香。

制作30克分量

原料

1汤匙玉米粉

1汤匙竹芋粉

10滴葡萄柚精油和胡椒薄荷精油，或者蓝桉精油（可选用）

制作步骤

1 在碗中，将玉米粉和竹芋粉混合在一起。

2 如有需要，加入任意10滴精油，拌匀。

3 放入密封的消毒罐中，使用前将其摇匀。存放在凉爽干燥处，保质期可长达3个月。

使用方法

涂抹在干发上。用旧的化妆刷，将粉末刷到头发的根部或者油性部位。正常梳理头发和定型即可。

含可可粉的洗发粉

适合深色头发

这种配方是上面洗发粉配方的变种。将**吸收油脂**的可可粉（适合较深的发色）、含淀粉的竹芋粉和玉米粉混合在一起，可以**激活**头发。如果你不想在头发上使用可可粉，可以只将竹芋粉和玉米粉混合在一起使用，然后上床睡觉，以吸收这种浅色粉末。

制作30克分量

原料

4茶匙可可粉

1茶匙玉米粉

1茶匙竹芋粉

10滴选好的精油（参考上面的建议）

制作步骤

1 在碗中，将可可粉、玉米粉和竹芋粉混合在一起。

2 如有需要，加入精油，拌匀。

3 放入密封的消毒罐中，使用前摇匀。存放在凉爽干燥处，保质期可长达3个月。

使用方法

涂抹在干发上。用旧的化妆刷，将粉末刷到头发的根部或者油性部位。正常梳理头发和定型即可。

洗发膏

清洁发膏

适合各种类型的头发

这种廉价有效的配方不含化学成分，可以**清洁**头发，使头发**清爽**柔软。第一次开始使用时，你的头皮可能要花点时间来适应这种“洗发”方式。这种发膏保质期短，但值得长期坚持使用。你可以根据自己的发质轻松定制自己的专属发膏，放入精油可以增添**芳香**，并展现秀发的最佳状态。

制作85克分量

原料

2汤匙小苏打
2汤匙水
2滴选好的精油（参见下方）

制作步骤

1 在碗中将小苏打和水混合在一起，制成糊状物。如果太硬，应多加点水，如果太稀，则多加点小苏打。

2 加入选好的精油，然后充分搅拌。

3 将其倒入可按压的消毒瓶中，存放在阴凉处，保质期至多1周。

使用方法

使用前摇匀。根据头发长短来确定使用的分量。在干燥或潮湿的头发上抹上足量的膏体，使其穿过发根，掺入头皮。保持2～4分钟，然后用温水将其冲掉。正常擦干和定型。搭配苹果醋润发素（参见侧面），每周使用3～4次。

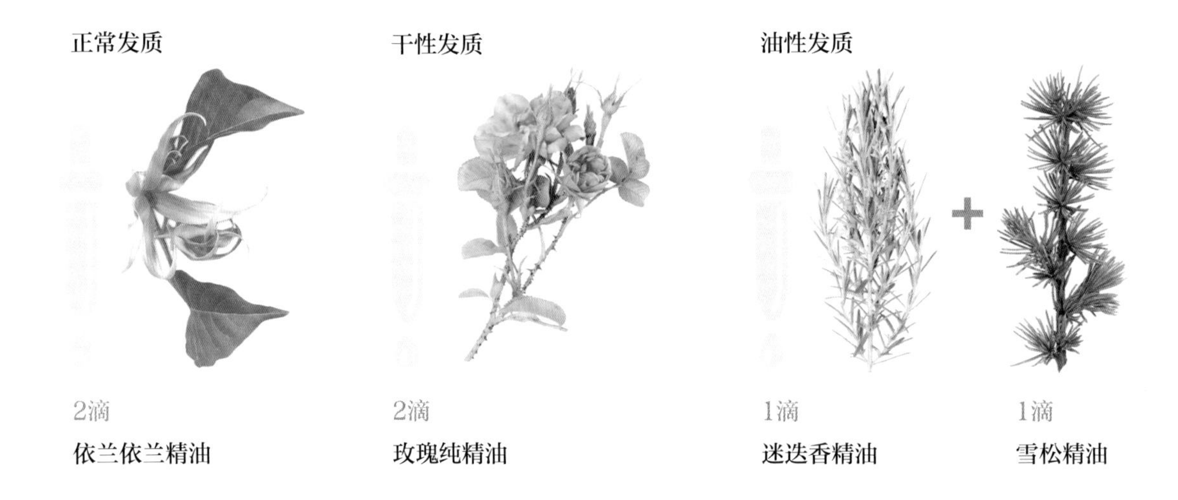

润发素

苹果醋润发素

适合各种类型的头发

这种润发素可以使角质层光滑，用来**清洁**和**平衡**头发。角质层包裹发干，并进行保护。它们只有保持健康的状态，才可以使头发顺滑。苹果醋能够去除发干上的积垢和残留，让头发更加亮泽，并平衡pH。加入精油，能获得美妙的芳香。

制作120毫升分量

原料

2汤匙苹果醋
8汤匙水
8滴迷迭香精油
6滴柠檬精油
4滴葡萄柚精油

制作步骤

1 在碗中将醋和水混合在一起，干性发质少放醋，油性发质多放醋。

2 加入精油，并充分搅拌。

3 将其倒入可按压的消毒瓶中或喷嘴瓶。存放在凉爽处，保质期可长达3个月。

使用方法

使用前摇匀。淋浴或泡澡时用于湿发上，涂抹在头发上并保持1～2分钟。避免流入眼睛中。醋味变淡后，用水冲掉。正常擦干和定型。每周3～4次，在清洁、涂抹洗发膏后使用（参见侧面）。

荨麻润发素

适合干性头发

许多人在人生的某个阶段会出现头皮干燥发痒的情况。这种润发素是由英式花园中的药草混合制成的，对**头皮健康**具有极好的功效。荨麻对全身有神奇的**清洁**、**排毒**和**强健**滋补作用。荨麻和鼠尾草混合而成的润发素，对于治疗干燥生屑、瘙痒或者过敏的头皮问题极为有效。

制作200毫升分量

原料

200毫升矿泉水
1汤匙干荨麻
1汤匙干鼠尾草
1汤匙干迷迭香
4滴胡椒薄荷精油

制作步骤

1 制作浸液时，用炖锅煮沸矿泉水。在茶壶或玻璃碗中放入干药草，倒上开水。浸泡10分钟，然后滤液。

2 放置冷却，然后加入精油，拌匀。倒入消毒瓶中，冷却后盖上盖子。存放在凉爽干燥处，保质期可长达6周。

使用方法

使用前摇匀。洗头发前，将其抹在湿发上。淋浴或洗澡时，在湿发上倒一杯。用其按摩头发或者梳在头发上，然后正常洗头发。使用后，正常擦干和定型。

护发素

迷迭香护发素

适合干性头发

激爽的迷迭香对头发和头皮的健康非常有用，可以治疗脱发和头皮屑。将三种超级油混合在一起，有益于头发健康，第一种乳木果油，是极少数可以**修复**分叉的原料之一；第二种摩洛哥坚果油，可以**调理**和**滋润**头发；第三种椰油，可以**软化**、**舒缓**头发和头皮。

制作45毫升

原料

1汤匙乳木果油
1汤匙椰油
1汤匙摩洛哥坚果油
10滴迷迭香精油

制作步骤

1 用隔水蒸锅（参见133页）加热油脂，直至溶化。冷却30～40分钟。

2 用手动搅拌器或搅拌棒不停地搅拌油性混合物，直至其变成高脂厚奶油的质地。

3 加入精油，搅拌。将混合液舀入消毒罐中，冷却后盖上盖子。存放在凉爽干燥处，保质期可长达6个月。

使用方法

这种护发素非常滋润，所以无需大量使用。根据头发的长短，硬币大小的分量应该就足够使用一次了。按摩在头发上，特别注意头皮和发根。可将其当作发膜使用，用温热的毛巾裹住头发，保持30～60分钟，或者一整夜。清洗时，在淋水前，先在头发上抹满洗发水，然后冲掉洗发水，重复操作，确保没有油脂残留。

摩洛哥坚果油
摩洛哥坚果树的种子经过压制，可以制成滋润的调理油，并且容易被头发吸收。

椰油护发素

适合干性头发

这种椰油护发素可以使头发柔软轻盈。椰子常用于护发素，这种油可以**软化**头发并**舒缓**头皮，而椰奶对于头发有与椰油相同的**调理**和**滋养**功效。蛋黄长期以来被用来改善头发，它除了可以**强健**头发，还可以**滋润**和调理头发。

制作足够一次使用的分量

原料

1颗蛋黄
1茶匙固体椰油
3汤匙椰奶

制作步骤

1 使用手动搅拌器或搅拌棒，将碗中的蛋黄和椰油搅拌在一起，直至出现气泡。
2 加入椰奶，并搅拌至顺滑。
3 倒入可按压的瓶中，方便使用。存放于凉爽干燥处，保质期可长达6周。

使用方法

抹在头发上，按摩头皮。保持2～5分钟，然后用冷水冲掉。正常擦干和定型。

按摩头皮

按照这种简易的顺序，用护发素按摩头发，激活头皮，使头发健康强韧。

- 用拇指和食指轻轻按摩整个头皮，像洗头发一样。
- 从根部抓住一把头发，指关节紧贴头皮，从一头拉扯到另一头。
- 用手掌跟慢慢打圈，按压太阳穴。
- 找到枕骨，它位于后脑与颈部顶端交界处。将左拇指放在枕骨左侧下方，右拇指放在枕骨右侧下方，按摩以放松肌肉。

蛋黄
蛋黄营养丰富，含有蛋白质、维生素和矿物质。对于治疗粉刺和干燥生屑的肌肤，也非常有效。

甘菊柔顺剂

适合各种类型的头发

甘菊与椰奶混合在一起，有助于**调理**和**润滑**头发。甘菊浸液早已被用于医疗中，它们可以**提亮**金发，减轻暗沉，并且对头皮炎症也很有效。椰奶具有**调理**和**滋养**作用，是头发的天然柔顺剂。

原料

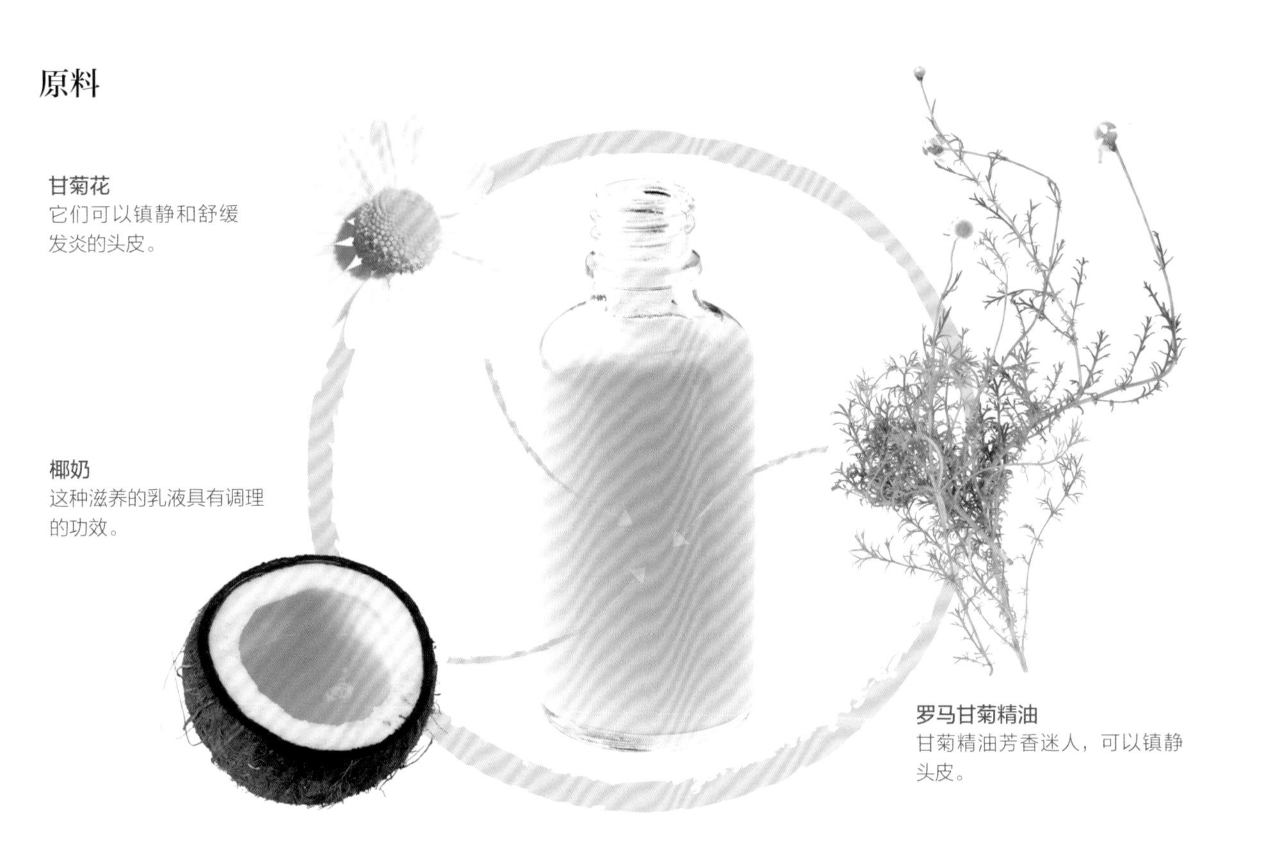

制作200毫升分量

原料

200毫升矿泉水

1汤匙甘菊花

2滴罗马甘菊精油

2汤匙椰奶

制作步骤

1 制作甘菊花浸液时，煮沸矿泉水，在茶壶或玻璃碗中放入花朵，倒上开水。浸泡10分钟，然后滤出。

2 在椰奶中加入精油，拌匀。

3 将椰奶混合液倒入冷却的浸液中，搅拌。

4 将其倒入消毒瓶中，装上喷嘴。存放在凉爽干燥处，保质期可长达6周。

使用方法

使用前摇匀。喷在干净潮湿的头发上，并梳进头发中，然后用温水将其冲掉，或者当作免洗产品来使用。

散沫花染发剂

快速

适合各种类型的头发

散沫花作为**天然染发剂**已有数千年的历史了。它会使头发变干，如果你已经是干性头发的话，可以在糊中各加一汤匙任意基础油和热奶。按照包装说明制成染发剂，在焗油或使用香蕉发膜之前使用。第一次使用时，可以在正式使用前先染一撮头发试试。

制作足够一次使用的分量

原料

对于短发，使用25克散沫花
对于齐肩发，使用50克散沫花
对于长头发，使用75克散沫花

制作步骤

1 根据头发长短，称量所需的散沫花粉，然后倒入碗中。按照包装说明，用炖锅加热定量的水。

2 将热水倒在粉末上，戴上手套，拌匀，制成糊状物或者“散沫花包”。应立刻使用。

使用方法

戴上橡皮手套，将散沫花糊平滑地抹在头发上，按摩头皮和头发。保持30～40分钟。如果希望颜色强烈，可以用毛巾裹住头发，保持1～4小时，或者一整夜。散沫花会使头发轻微变硬，但是经过长期的使用，发现它是安全无害的。

用散沫花染发

女性使用散沫花来给头发、指甲、手掌和脚掌上色，已有数千年的历史了。它来自于一种带有浅绿叶子的迷人小灌木，干燥后压碎成青黄色粉末，然后混合成糊状，可用来染头发。用于深色头发，散沫花会带来棕橘色、赤褐色的效果。虽然它可能会刺激非常敏感的肌肤，但是过敏反应极为少见。使用前通常会做局部测试，将少许糊状物轻拍在耳后的敏感肌肤上，保持24～48小时，然后洗掉，所有的应激反应都会呈现在肌肤上。

焗油膏

适合各种类型的头发

这种焗油膏可以给头发额外增添健康的**光泽**，且此法简单易做，每月**调理**可以获得柔顺的长发。椰油是一种**滋养**发油，荷荷巴油会在头皮和头发上形成一层薄膜，使头发**如丝般光滑柔软**。而橄榄油具有天然滋润作用，可以使头发**柔软光滑**。本配方用量适于中等长度的头发使用。

制作足够一次使用的分量

原料

1茶匙固体椰油
1茶匙橄榄油
1茶匙荷荷巴油

制作步骤

1 用隔水蒸锅（参见133页）以文火加热油脂，直至固体椰油溶化。

2 混合物应该温热不烫（你不会希望烫伤头皮吧）。如果太烫了，可冷却一会儿，再涂抹。制好后应立刻使用。

使用方法

涂抹在干净湿润的头发上。将指尖浸入温油中，用其按摩头皮和头发，从根部开始至发梢。用暖气片热一条毛巾，然后用温热的毛巾裹住头发，并保持20分钟，之后，彻底冲洗头发。在弄湿头发前，先在油腻的头发上涂抹洗发膏。清洗完后，正常擦干和定型。每月使用1次，可使头发光泽健康。

固体椰油
温热滋养的椰油溶化后，头发和头皮会感觉非常舒适。

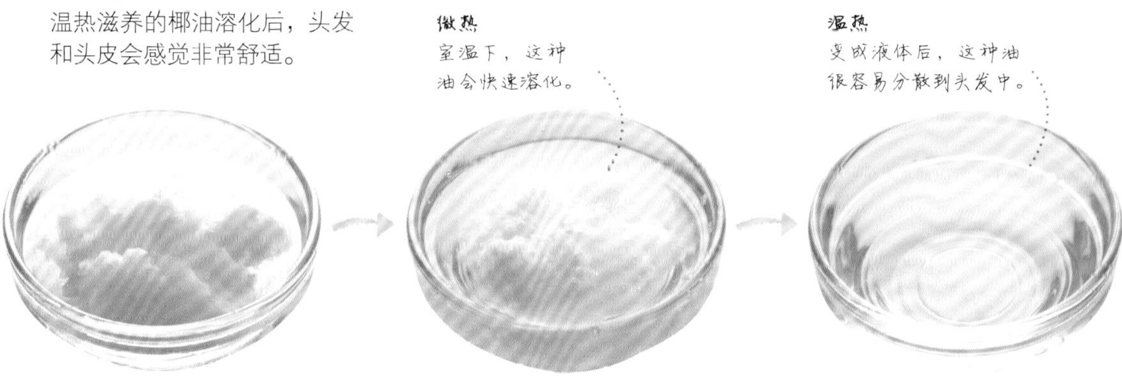

10分钟锁定性感美发

只需10分钟，就可改善头发的状况。依次调理、按摩和冲洗，可以激活头发，使其光亮迷人。药草可以恢复发色，所以在洗完头发后可使用草本护发素。事先准备好，选择适合自己颜色的配方。

工具

选择天然毛刷，不要使用猪鬃毛制成的刷子。可以使用梳子进行替换，特别当你是短发时。

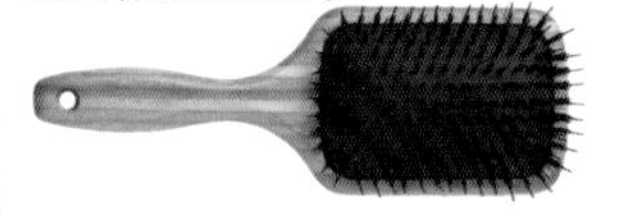

自制护发素

金发护发素 在茶壶中放入1汤匙金盏花、1茶匙甘菊花和1个柠檬的柠檬汁，倒上开水，浸泡10分钟。将浸液滤至量壶中。

金盏花

黑发护发素 在茶壶中放入1汤匙干荨麻、1汤匙干迷迭香和1汤匙干鼠尾草的汁，倒上开水，浸泡30分钟，直至液体变成深色。将浸液滤至量壶中。

迷迭香

1 正常洗头发。在湿发上从头至尾，涂抹大量润发素。

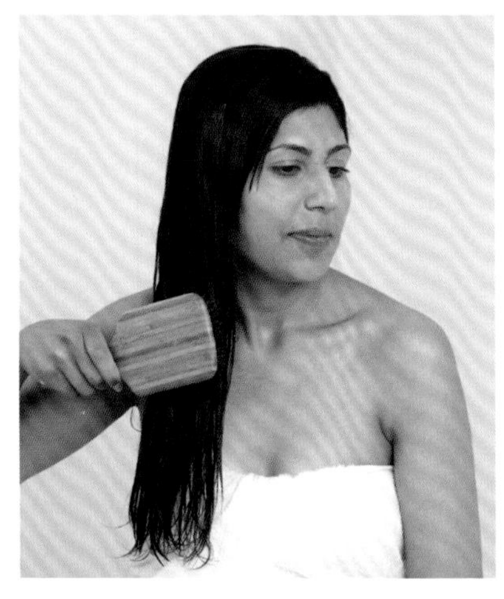

2 用刷子或梳子在头发上刷开润发素，确保其均匀散开。

3 用指尖缓缓打圈，按摩头皮3分钟，如同洗发一般。确保其覆盖到整个头皮上。

4 用指腹挠抓和刺激头皮2分钟，确保覆盖到整个头皮上。

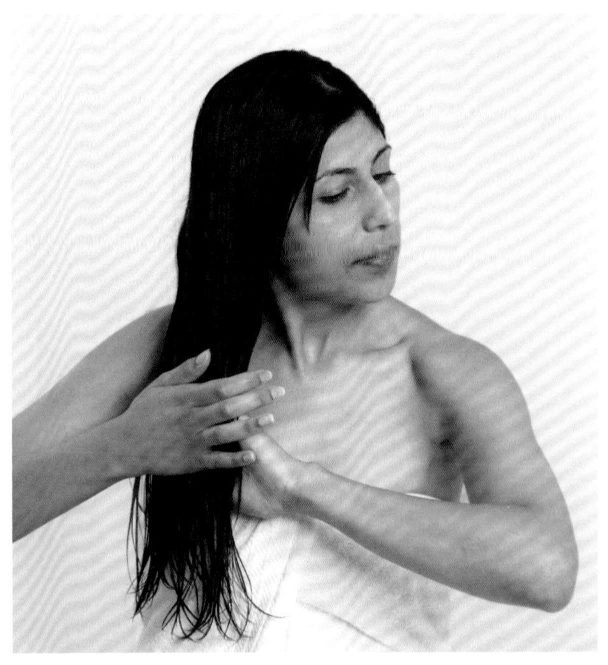

5 用手掌轻压头发，并用手指从发根直至发梢，缓缓捋平头发。

6 用温热的毛巾裹住头发，并将散落的发缕塞进去。舒适地坐好，放松5分钟，然后用干净的水冲掉润发素。

7 将预先自制的草本护发素淋在头发上。用干净的温水彻底冲洗干净，然后正常擦干头发，并进行定型。

发膜

香蕉发膜

快速

适合各种类型的头发

使用熟透的香蕉来制作这种深层**滋润**的发膜，对于头皮和头发有神奇的功效。香蕉富含钾以及维生素A、维生素C和维生素E，众所周知，它们可以使头发**强韧**健康，因此香蕉是一种自制护发用品的完美水果。这种快速简易的配方可以**调理**头发，使其**柔软**。

制作足够一次使用的分量

原料

1根中等大小的熟香蕉
1个熟鳄梨
3汤匙椰奶

制作步骤

1 用叉子，将碗中的软香蕉和鳄梨压碎。

2 加入椰奶，拌匀，制成糊状物。如果你的头发特别干或者受损了，可以省去鳄梨，并用1汤匙扁桃仁油、椰油或橄榄油取代椰奶。

3 由于这种发膜含有新鲜原料，所以应立刻使用。

使用方法

按摩干发，保持15分钟。为了获得最佳效果，可以用毛巾（最好是热的）裹住头发，保持15分钟。用温水冲掉糊状物，然后正常洗头发。

雪松护发油

适合油性头发

雪松油具有**修复**、**抗菌**和**收敛**的功效，可以治疗头发油腻、头皮屑和头皮炎症。配方中的椰油可以**滋养**头发，给头发增添质感和光泽。薰衣草是极好的**抗菌剂**，兼具**舒缓**和**治愈**的功效，并可以促进结痂。

制作45克分量

原料

2汤匙固体椰奶
3茶匙苦楝油
5滴雪松精油
5滴薰衣草精油
5滴迷迭香精油

制作步骤

1 用隔水蒸锅（参见133页）加热油脂，直至溶化。然后将其从热源上移开，加入精油，拌匀。

2 将其倒入消毒罐中，冷却后盖上盖子。存放在阴凉干燥处，保质期可长达3个月。

使用方法

根据头发长短，硬币大小的分量应该足够一次使用。按摩头发，特别注意按摩头皮，然后用温热的毛巾裹住头发，保持30～60分钟，或者一整夜。清洗时，在淋水前先将洗发膏抹在头发上，然后用温水冲掉洗发水。重复操作，确保油脂均已洗掉。让头发自然风干。

头皮护理

苦楝和椰油头皮油膏

适合干燥或生屑的头皮

苦楝油常用于阿育吠陀疗法中，在最早的梵文中就有其治病的记载。在亚洲，这种树的嫩枝可以当作牙刷，而树叶也因其医用性而常被人使用。这种油具有**抗菌性**，是有效的驱虫剂。苦楝油可以**治疗头皮问题，预防瘙痒和头皮屑**，并能有效治疗头虱。

制作45克分量

原料

1汤匙苦楝油
2汤匙固体椰油
3滴鼠尾草精油
3滴茶树精油
3滴薰衣草精油

制作步骤

1 用隔水蒸锅（参见133页）慢慢加热苦楝油和椰油，直至油脂溶化，然后从热源上移开。

2 加入所有精油，并充分搅拌。

3 将其倒入消毒罐中，冷却1~2小时，可以直接抹在头皮上。盖上盖子，存放于阴凉处，保质期可长达3个月。

使用方法

每周按摩一次头皮。保持10分钟，用洗发膏洗掉，并用温水冲洗。

迷迭香和椰油亮发油

适合各种类型的头发

头发会失去光泽，特别是当使用的产品残留堆积或者去除了头发的天然油脂时。保持头发亮泽健康的最佳方式之一就是健康饮食和定期运动。这种简易亮发油除了可以**改善**原本发质，还**保护**头发免受损伤。可以用于潮湿或干燥的头发上。

制作20克分量

原料

1汤匙固体椰油
1茶匙可可油脂
5滴迷迭香精油

制作步骤

1 用隔水蒸锅（参见133页）慢慢加热椰油和可可油脂，直至油脂溶化，然后从热源上移开。

2 加入迷迭香精油，搅拌。倒入消毒罐中，冷却后盖上盖子。存放在阴凉处，保质期可长达3个月。

使用方法

涂抹在干净湿润的头发上。将亮发油平滑地抹在头发上，并集中于发梢，保持3~5分钟，然后用温水将其冲洗。正常擦干和定型。对于洁净干燥的头发，要少量使用，捋平头发至发梢，并避开头皮。

乳木果油防卷油

适合卷发

凌乱缠绕的卷发，是发干角质层立起，不再平整顺滑的结果。要想减少卷曲，应避免梳理干发，梳理干发会损伤发干角质层。乳木果油具有**滋养**和**保湿**的作用。涂抹在头发上，并渗入发根，使头发更容易控制。它有助解决分叉问题，并在头发上形成光亮的**保护层**。

制作90毫升分量

原料

1茶匙乳木果油
1汤匙摩洛哥坚果油
1茶匙乳化蜡
1茶匙甘油
4汤匙芦荟汁
5滴选好的精油（参见下方）

制作步骤

1 用隔水蒸锅溶化乳木果油、摩洛哥坚果油和乳化蜡，制成乳液（参见109页）。蜡溶化后，将其从热源上移开。

2 将甘油与芦荟汁混合在一起，文火加热。

3 将温热的混合油倒入温热的芦荟混合液中。用手动搅拌器或搅拌棒不停地搅拌，直至其变顺滑。

4 加入精油，将其倒入消毒瓶中，冷却后装上泵。存放在阴凉处，保质期可长达3个月。

使用方法

使用前摇匀。洗完头发，在掌心挤上少许，双手对擦，然后抚平头发。用温水冲洗，或者当作免洗型护发素，然后正常擦干和定型。

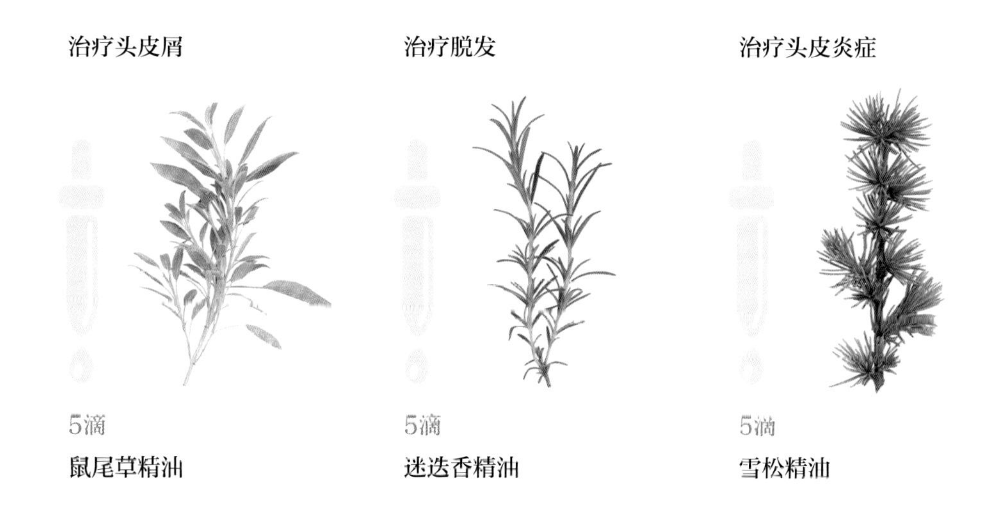

治疗头皮屑
5滴
鼠尾草精油

治疗脱发
5滴
迷迭香精油

治疗头皮炎症
5滴
雪松精油

吃出光泽亮丽的头发

饮食习惯和生活方式会通过头发的健康状况反映出来。为了保持亮丽，头发需要健康的毛囊和头皮，再加上充足的蛋白质和矿物质，才可以使发丝强健。改善饮食，让秀发光泽亮丽。6~8周之后，随着营养不良的情况得到纠正，更加健康光泽的新发生长出来，你会渐渐从中受益。

巩固基础

多摄取蛋白质 头发主要是由一种叫角蛋白的蛋白质组成的。如果想要头发强健、角质层平坦、发丝熠熠生光的话，你需要摄取大量的优质蛋白质。每餐少点碳水化合物，多点蛋白质。鱼、蛋、坚果和种子、少量有机肉、豆类和干豆都含有丰富蛋白质。

补充锌 这种矿物质对于头发健康非常重要，既可以修复头发，也可以促进头发生长。许多人缺锌，因为集约农业耗尽了土壤中的正常锌含量。所以应多吃点富含锌的食物，如燕麦，或者服用锌补充剂。

寻找铁 许多人缺乏矿物质元素铁。缺铁或者缺铁性贫血的症状之一就是头发稀疏。多吃富含铁的食物，如坚果和叶类蔬菜，或者服用补充剂，以促进头发生长，并提高头发的浓密度。

选择硅 随着年龄变大，体内的硅会消耗殆尽，其结果就是头发稀疏、无光泽。硅的天然来源包括燕麦、糙米、大麦、绿色蔬菜、大豆和苹果。

富含ω-脂肪酸的油 食用大量优质油来滋养头皮，它们来自于鱼、坚果和种子，如榛子和大麻。

超级食物

在均衡的膳食中补充这些富含维生素的超级食物，如果你想要强化角蛋白，保护头皮，使头发光泽的话，它们可以给你提供所需的一切营养。

油性鱼类
三文鱼、马鲛鱼和沙丁鱼是有益头皮健康的ω-脂肪酸的最大来源，此外它们还含有蛋白质，脂溶性维生素A、维生素D、维生素E和维生素K，可以帮助合成角蛋白。每周至少吃两次油性鱼类。

榛子
榛子富含叶酸和B族维生素，对头发健康非常好。它们还含有蛋白质和ω-脂肪酸。表皮中含有大量原花色素，这种抗氧化剂可以保护头皮和毛囊细胞。

马尾草
这是硅含量最高的一种植物，这种营养素可以在体内传输营养。二氧化硅可以缓解头发脆弱的情况，增加头发的光泽和强度。泡茶时，可在一杯开水中加上满满一汤匙的马尾草。

燕麦

定期食用燕麦，可以获取大量的B族维生素、锌、硅、蛋白质和铜，它们是预防脱发的最重要的几种微量营养素。燕麦还包含有益头发生长的重要矿物质元素，如钾、磷、镁和铁。

不宜食用

加工食品和精制食品 这些食物虽然可以填饱肚子，但是非常缺乏营养，包括类黄酮、矿物质和维生素，它们可造成人体超重并缺乏重要营养素。

“劣质”油 在人造黄油和芥花油之类的食用油中发现的多元不饱和脂肪酸和氢化脂，会导致炎症和过早老化。它们还会刺激皮脂的过度分泌或者头皮生屑。所以可用“优质”油进行替换，如富含ω-脂肪酸的初榨橄榄油或者冷压榨橄榄油。

植酸 这些化合物出现在全谷物、豆类、坚果和种子中，它们会黏附在某些膳食矿物质上，包括铁、锌、镁和钙，并抑制其吸收。想要避免植酸的潜在副作用，就需要破坏其“抗营养化”作用，所以应在食用前，确保谷类和豆类经过正确的烹煮方法。如果要生食谷类，如燕麦，可以在吃之前，先将它们在微酸的液体中浸泡几小时，如苹果汁、酸奶和脱脂乳中。

蛋

蛋黄富含蛋白质，可以合成角蛋白，也是ω-脂肪酸和生物素（水溶性维生素B）的优质来源，前者有益于头皮健康。生物素不足，会导致头发暗淡无光泽，并会造成脱发。

螺旋藻

螺旋藻是一种蓝绿色的藻类，含有惊人的营养成分。它拥有18种氨基酸，是构建角蛋白所需蛋白质的全面来源之一。它还含有必需脂肪酸和大量抗氧化剂，有益于头皮健康。每天喝苹果汁时，可加一汤匙螺旋藻。

荨麻

荨麻可以减少脱发，改善头皮状况，并为毛囊提供维生素（维生素A和维生素C）和矿物质（钾和铁），使头发生长更加强劲健康。应季时，可以用新鲜的荨麻煮汤炖菜，或者在泡茶时，加上满满一汤匙的干叶。

HANDS AND FEET
手足护理

我们时常会忘记**照料**我们辛勤的手足。采用这些**舒缓**、**呵护**的技巧和配方，来**强健**我们的指甲，并告别粗糙破裂的肌肤。

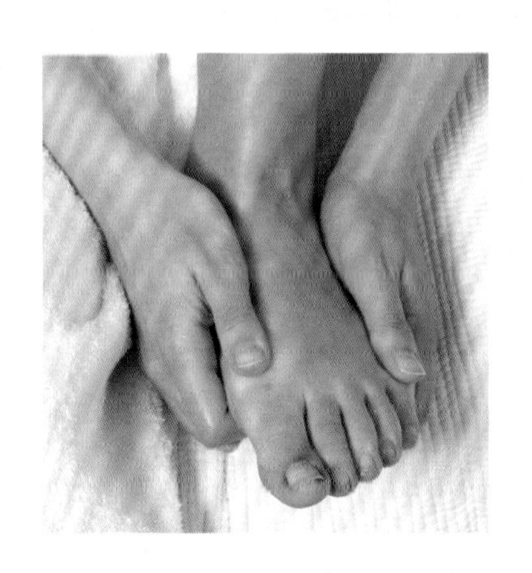

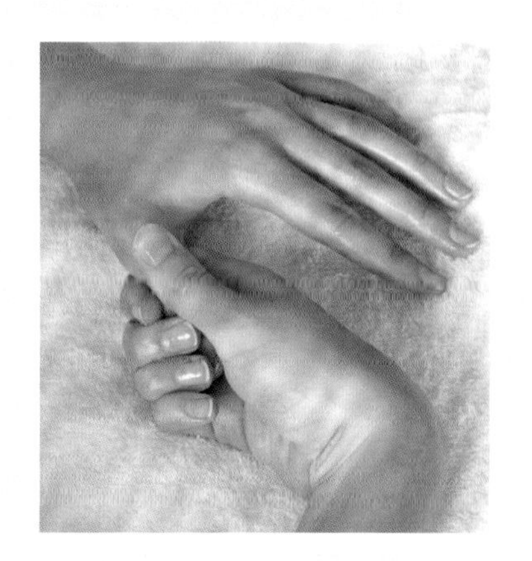

保养手足

多数人的日常护理集中于脸部和头发，很容易遗忘其他需要额外照料的部位。我们的手部和足部是身体中最为辛苦的部位。悉心照料它们会让你一生受益，这也是健康生活的基本组成部分。

改善饮食

饮食习惯会影响肌肤和指甲的健康情况。

- 确保食用大量健康的必需脂肪酸，以滋养肌肤和指甲。
- 服用优质复合维生素片和矿物质片，它们的轻微不足往往是指甲问题的根源所在。
- 想要获得健康的指甲，应多吃高蛋白的食物，如豆类、坚果和种子。食用富含B族维生素的食物，或者服用补充剂。
- 大量饮水，水分充足的身体可以保持肌肤和指甲健康。

拯救双手

每天我们的手都会暴露在风吹日晒、雨淋酷寒之中。当我们用双手清洗时，它们还会比身体的其他部位更多地接触那些强力化学品。这种对于肌肤和指甲的伤害会非常快速地累积起来，特别是疏于手部保养的人，会暴露他们的年龄，有时候甚至会让你看起来比实际年龄要老。

通常来说，健康的手指甲应该光滑，并且色泽均匀，没有斑点、拱起、凹痕或者褪色。如果你的指甲状态不佳，是缺乏定期保养和关照的结果，不过这也可能是需要治疗的潜在问题的外在表现，如真菌感染。

按时洗手，并且每次都要涂抹滋润霜。

滋润指甲，它们和其他肌肤一样，也需要滋养。用滋润霜按摩指甲和角质层，保持循环系统顺畅，能让营养丰富的含氧血流到指甲和头发上。

清洗、做园艺或清洁时，戴上手套。这样做可以避免让双手长时间接触水和强力清洁剂。

不要咬指甲，或者撕扯角质，这样会伤害甲床。即使是指甲上的微小创口，也会让细菌或真菌有机可乘，从而引发感染。因为指甲生长非常缓慢，所以受伤的指甲需要数月才能复原。

定期修剪指甲，并清洁指甲缝。用锋利的指甲刀或指甲剪，以及指甲砂锉来打磨指甲的边缘。

切不可撕拉倒刺，这样往往会破坏肌肤表面的活组织，应该小心地将倒刺剪掉。

慎用指甲油，绝大多数的指甲油是用有毒溶剂和扰乱激素的塑胶制成的，而我们用来去除指甲油的产品会使指甲和角质变得非常干燥。精心保养、光泽自然的指甲才是最健康的选择。

健步如飞

除非疼痛，绝大多数人会忽视我们的双脚。但是保养足部是一辈子的事儿，它可以让你的每一步如沐春风。要想脚好，先要穿对鞋，应选择一双合脚舒适的鞋。牢记紧绷不合脚的鞋会增加足弓下陷、拇囊炎、鸡眼以及嵌甲的风险，由此造成的疼痛会影响我们行走。运动鞋会使足部出汗发臭，并容易出现真菌感染。研究显示，高跟鞋会导致不良姿势和腰痛，并增加发生膝骨关节炎的风险。

小心清洗和晾干足部　洗完脚后，应确保脚趾缝完全变干。若保持潮湿的话，会成为细菌滋生的乐土，从而引发足癣。

定期用指甲剪修剪脚趾甲　只要剪齐即可。剪掉脚趾甲的边缘和会刺激疼痛的嵌甲。

晚上抬高脚部　如果你走了一整天，两腿沉重或肿胀，可以试着每天花点时间，让双脚来决定是否休息，而不是大脑。时不时让双脚慢慢地旋转伸展，可以促进血液循环。

用滋养油来软化粗糙的肌肤　如橄榄油、椰油、乳木果油或者纯可可油。每天晚上涂抹，偶尔给自己来一次足部按摩（参见236页）。如果你的肌肤特别粗糙，可以在滋养后，套上薄袜子。保持一整夜，以加速愈合。

轻松的足浴可以治愈和舒缓疼痛　试着在足浴时加点海盐、泻盐或者清爽的精油，如薰衣草、甘菊、茶树或者桉树等精油。

迅速治疗感染，以免其传染　天然精油，如茶树精油和百里香精油，非常适合用来治疗感染。慢性足病无法简单治疗，需要向医生或足疗师咨询专业意见。

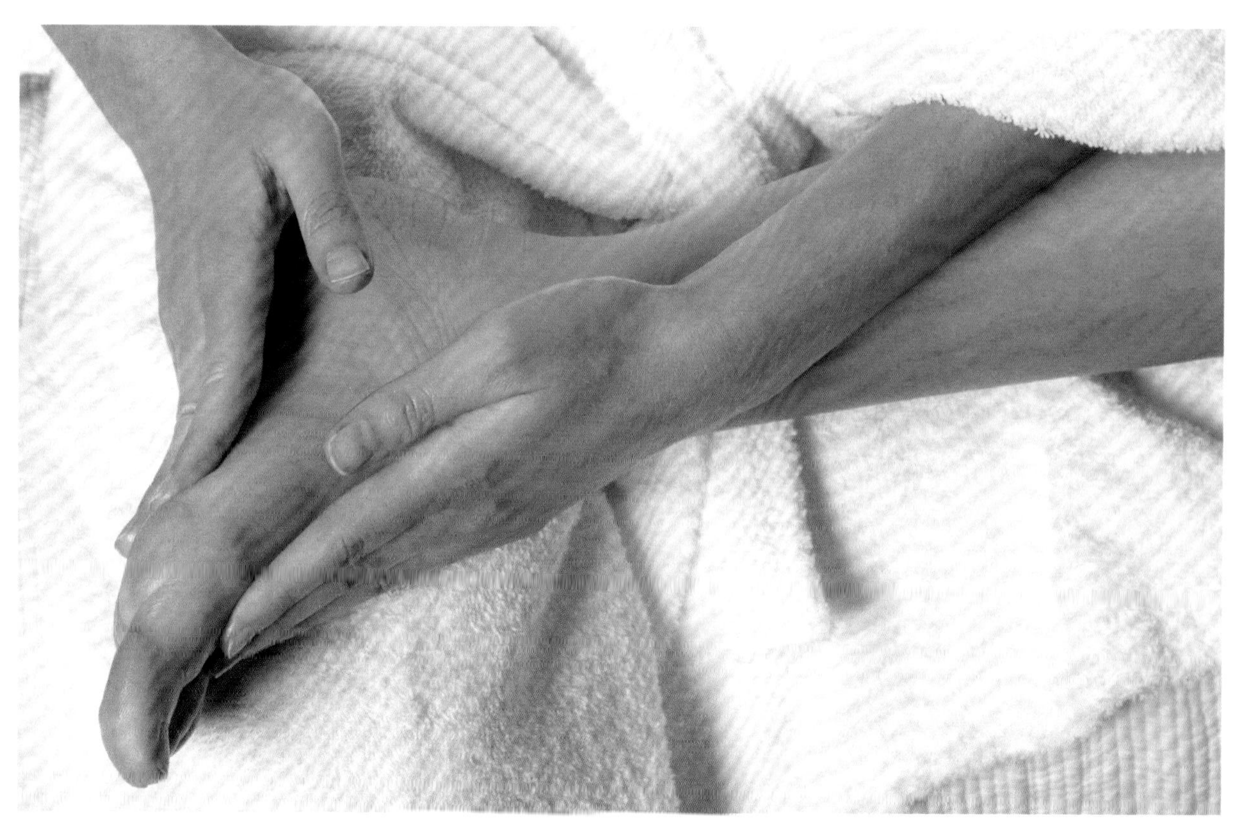

每周一次，用滋润油或乳液给双脚做一次按摩（参见236页）。如果你的脚疲劳疼痛，这样做有助于改善足部状况，并使其恢复活力。

手部磨砂膏

园丁手部磨砂膏

适合过度操劳的手

做了一天的园艺，可以用这种制作简易的手部磨砂膏来**舒缓**和**滋养**干燥的双手。它含有**去角质**的米粉和浮石粉，可以让双手获得紧实但温和的黏稠感。**滋养**的扁桃仁油与橄榄油混合在一起，可以**软化**、**舒缓**、**治愈**和**保护**肌肤。迷迭香精油的刺激功效，非常适合过劳疲倦的肌肉。

原料

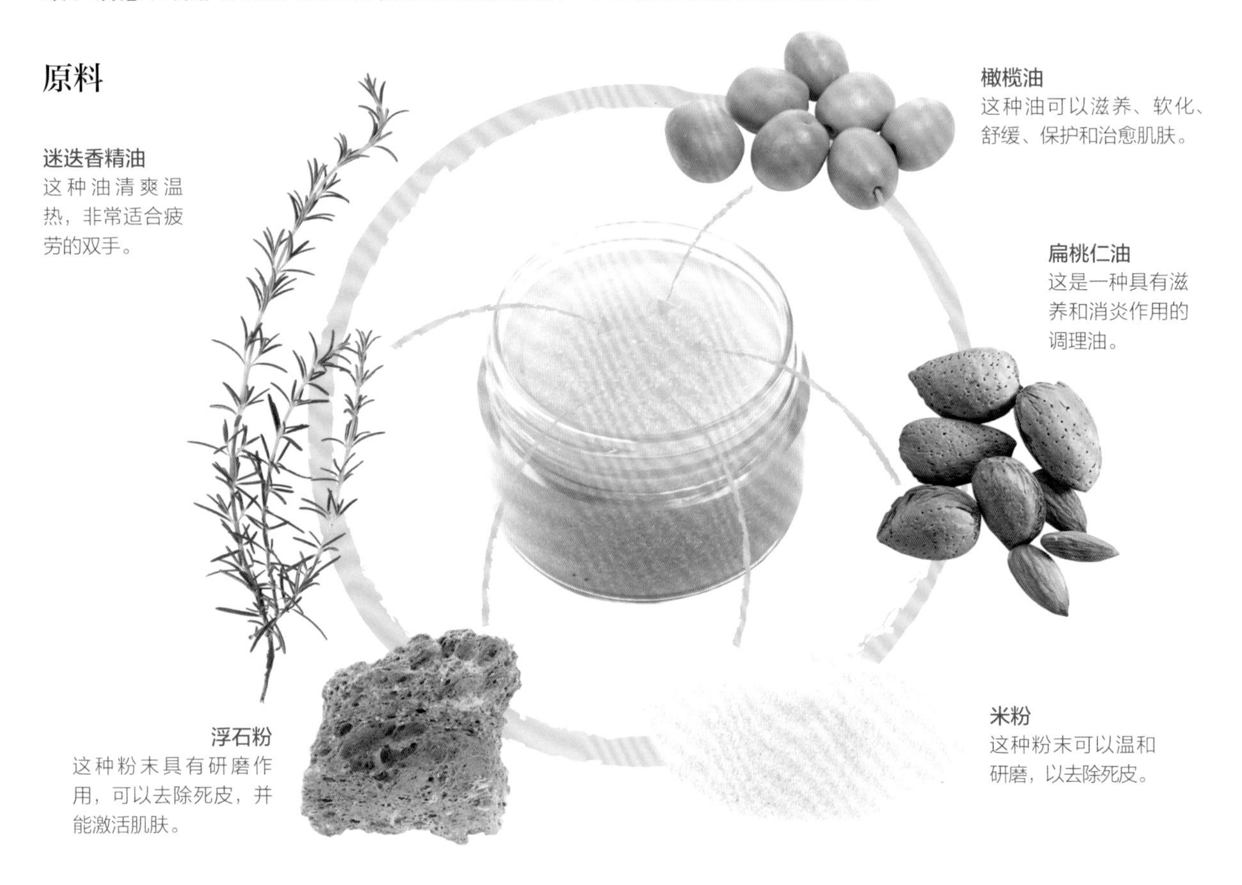

迷迭香精油
这种油清爽温热，非常适合疲劳的双手。

橄榄油
这种油可以滋养、软化、舒缓、保护和治愈肌肤。

扁桃仁油
这是一种具有滋养和消炎作用的调理油。

浮石粉
这种粉末具有研磨作用，可以去除死皮，并能激活肌肤。

米粉
这种粉末可以温和研磨，以去除死皮。

制作50克分量

原料

1汤匙米粉
1茶匙浮石粉
1汤匙扁桃仁油
1汤匙橄榄油
10滴迷迭香精油

制作步骤

1 在碗中将所有原料混合在一起，拌匀。

2 将其盛入消毒罐中，盖上盖子。存放在阴凉处，保质期可长达3个月。

使用方法

按摩手部，注意积垢部位和干燥肌肤，然后用温水冲洗。如有需要，可以在使用后涂抹手霜。

燕麦手部温和磨砂膏

适合熟龄肌肤

我们的双手始终处于工作状态之中，每天都会有大量的损耗，并随着其他肌肤一起老化。保养手部通常都在优先名单中垫底，但是这种简易的磨砂膏可以**激活**暗沉的肌肤，让双手**如丝般光滑**和**年轻**。

制作45克分量

原料

1汤匙大颗粒燕麦
1汤匙摩洛哥坚果油
1茶匙糖
1茶匙米粉
1茶匙甘油
4滴天竺葵精油
4滴橙子精油

制作步骤

1 将燕麦、油和糖放入碗中，加入米粉、甘油和精油，拌匀。

2 将其盛入消毒罐中，盖上盖子。存放在凉爽干燥处，保质期可长达3个月。

使用方法

涂抹在干净的手上。将磨砂膏轻轻擦在手上，注意干燥粗糙的部位。用温水冲掉，小心晾干，如有需要，再抹上手霜。省去糖的话，可以获得更为柔和的磨砂效果。

摩洛哥坚果指甲油

适合脆弱的指甲

采用丰富的植物油自制而成的指甲油，具有**强化**和**滋润**作用，可以提升指甲和角质的健康状况。**滋补**的摩洛哥坚果油和丰厚的可可油可以有效地滋润和**软化角质**。蜜蜂花精油和柠檬精油可以给指甲带来迷人的清香，而火热的没药精油有助于破损肌肤的**愈合**。

制作20克分量

原料

1茶匙摩洛哥坚果油
1茶匙夜来香油
1茶匙可可油
半茶匙蜂蜡
5滴蜜蜂花精油
2滴柠檬精油
2滴柑橘精油
1滴没药精油

制作步骤

1 用隔水蒸锅（参见133页）加热油脂和蜂蜡，直至蜡溶化，然后从热源上移开。

2 加入精油，拌匀。

3 将其倒入消毒罐，冷却后盖上盖子。存放在阴凉处，保质期可长达3个月。

使用方法

轻轻按摩指甲和角质。如有需要，重新涂抹。

护手霜

手部修复霜

适合干性肌肤

由丰富的植物油和修复性的精油混合在一起制成的手部修复霜，可以深层**滋养**、**滋润**和**修复**长期操劳的双手。这种保护乳霜中含有**舒缓软化**的橄榄油和荷荷巴油，以及**富含**维生素和脂肪酸的摩洛哥坚果油，可以滋养手部。产品中的精油可以修复肌肤，辅助**治疗炎症**，带来**提神**的芳香。

原料

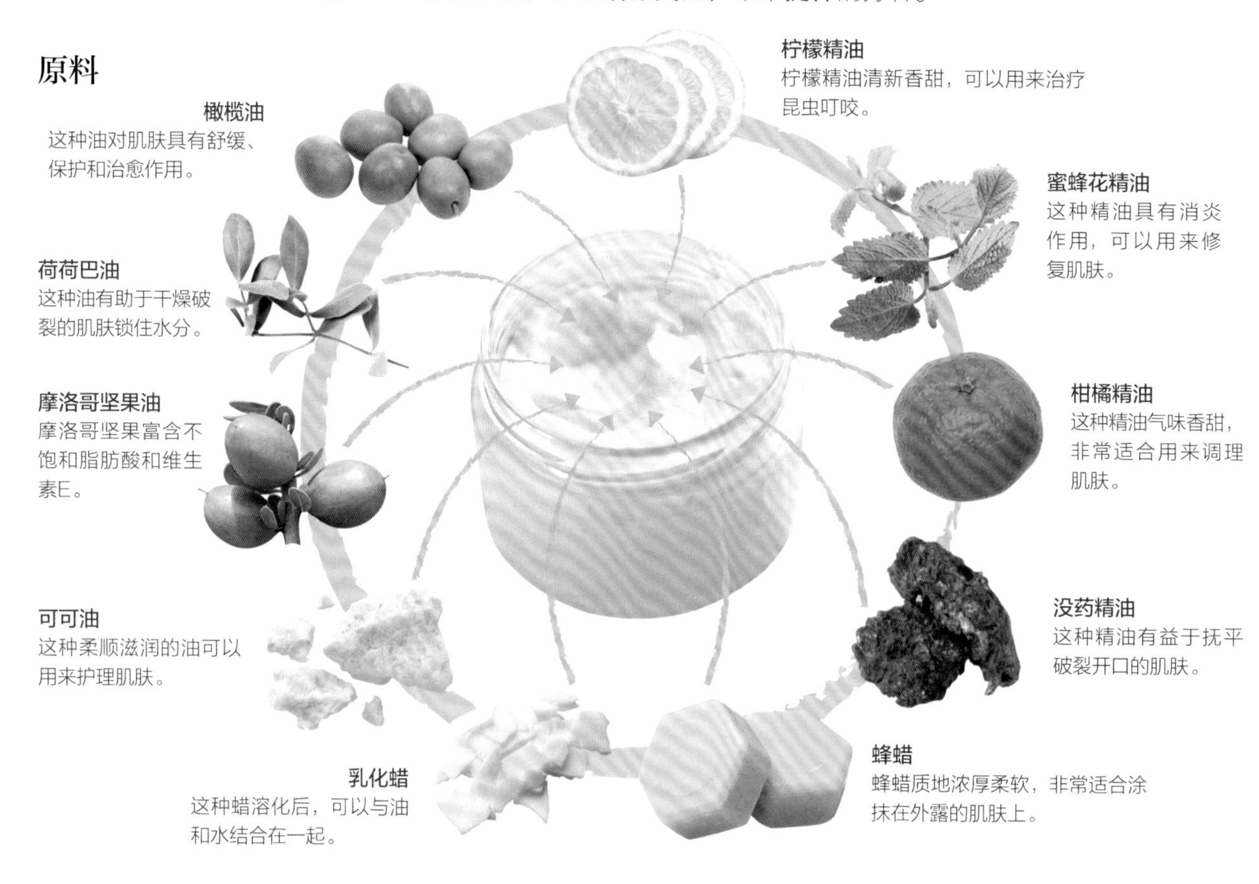

制作50克分量

原料

摩洛哥坚果油和荷荷巴油各1茶匙
1汤匙可可油
1茶匙蜂蜡
60毫升矿泉水
1汤匙乳化蜡
1茶匙甘油
8滴蜜蜂花精油
柠檬精油、柑橘精油和没药精油各4滴

制作步骤

1 用隔水蒸锅溶化油脂和蜂蜡，制成乳液（参见109页）。蜡溶化后，从热源上移开。

2 将矿泉水加热至80℃，倒入蜡和甘油，搅拌。

3 在热水混合液中倒入热油混合液，用手动搅拌器或搅拌棒不停地搅拌，直至其变顺滑。

4 加入精油，继续搅拌。搅匀后，将其倒入消毒罐中，冷却后盖上盖子。存放在阴凉处，保质期可长达3个月。

使用方法

轻轻按摩干燥的手部，并擦在指甲和角质上。

10分钟足部按摩

每周做一次足部按摩放松，可以使双脚保持良好状态。准备时，在温水中加2滴精油，如胡椒薄荷精油或薰衣草精油，然后将双脚泡进去。5分钟后，擦干。用垫子抵住腰部，将右脚底靠在左膝盖上。

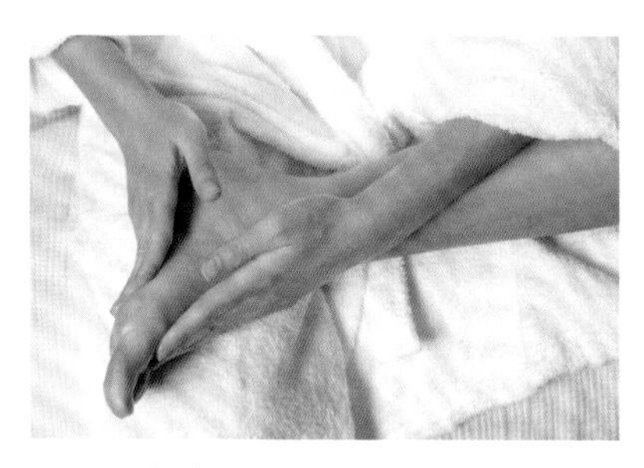

1 双掌擦上油或乳液，双手夹住左脚，手指朝前。沿着脚来回摩擦生热。

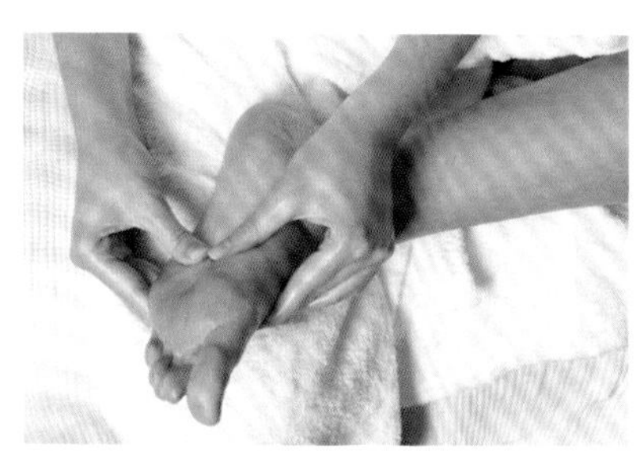

2 用两个拇指，从脚后跟向脚趾，画圈按压脚底，并确保覆盖整个脚底。

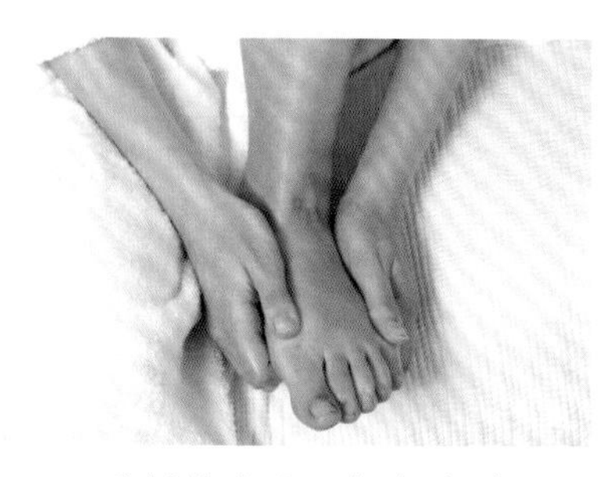

3 双手托住脚底，朝向脚趾，用拇指轻轻摩擦脚背。重复3次。

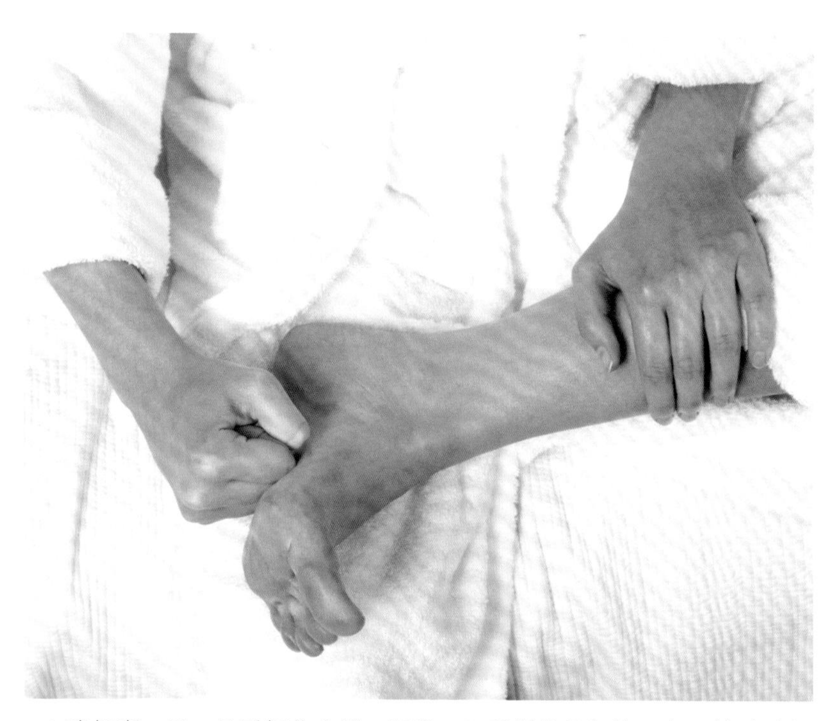

4 踮起脚，用一只手托住左腿，握拳，用手指的凸起处，来回转动地轻轻按压脚底的足弓部位。

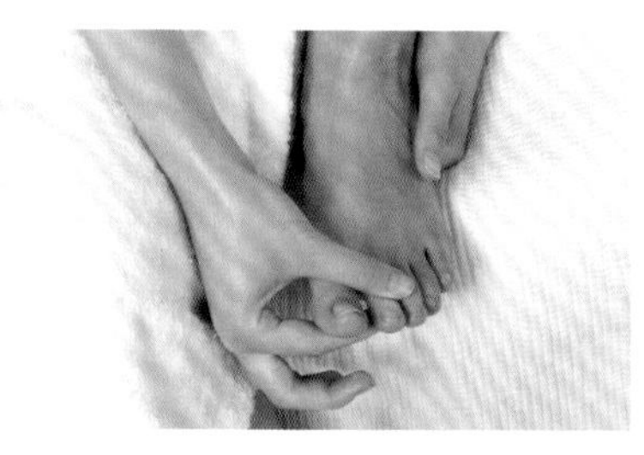

5 左手撑住脚后跟，右手紧握脚趾。旋转按压每个脚趾，并使其轻轻弯曲。转动并按压每根脚趾，每次一根。

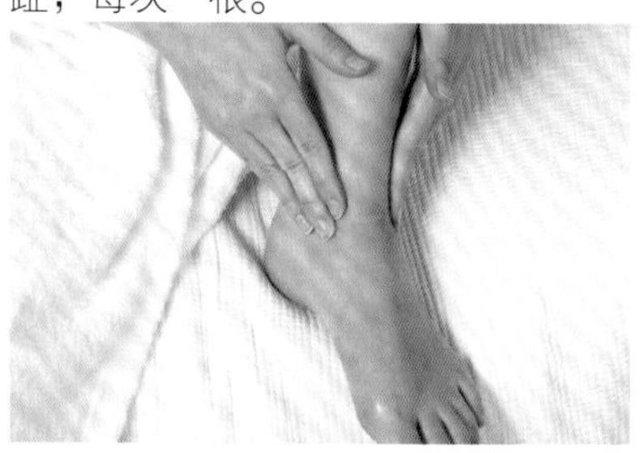

6 双手以圆周运动，按摩踝两侧，轻轻擦过骨头上方。在对侧重复上面的顺序。

10分钟手部按摩

每周做一次按摩，可以舒缓双手，并刺激血液流动。开始时，在一碗温水中加2滴最爱的精油。双手于其中浸泡5分钟，然后擦干，舒适地在椅子上坐好，用毛巾盖住枕头，然后将枕头放在膝盖上。在手上涂抹乳液或油，然后搓手。

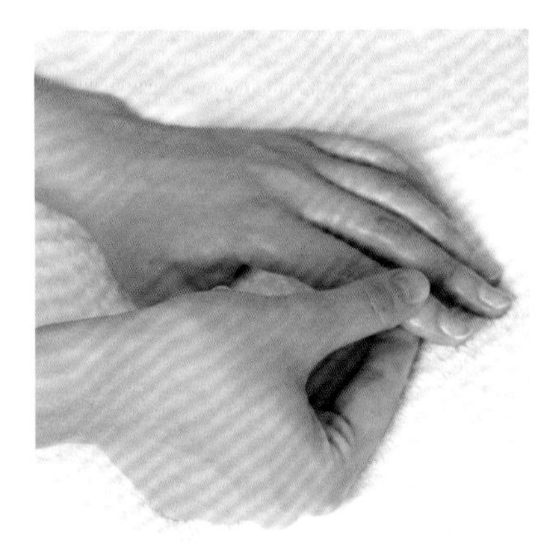

1 将左手放在枕头上，掌心朝下。从每个手指的根部开始，用力按压，并向指尖拉扯。注意不要把关节拉得太猛。

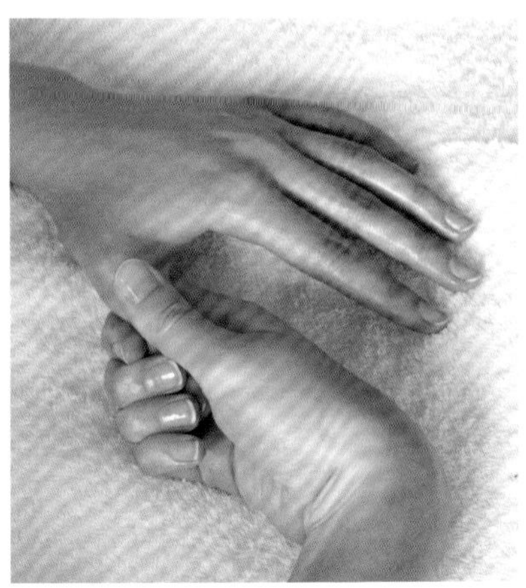

2 用右手抓住拇指，轻轻向指尖拧拉。重复操作左手的每个手指，确保不要把关节拉得太猛。

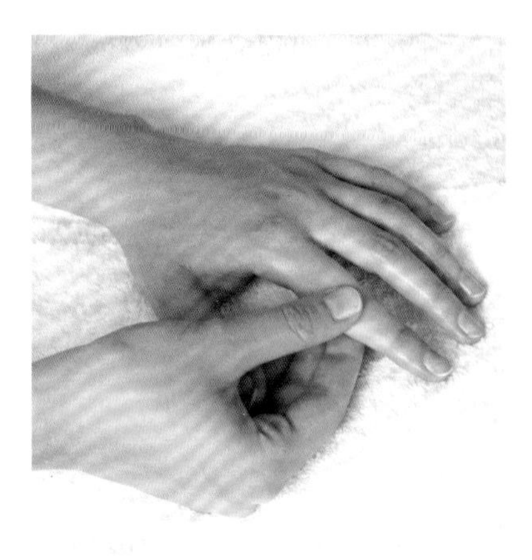

3 在右手的拇指和食指之间，以圆周运动，轻轻按摩左手的每个关节。

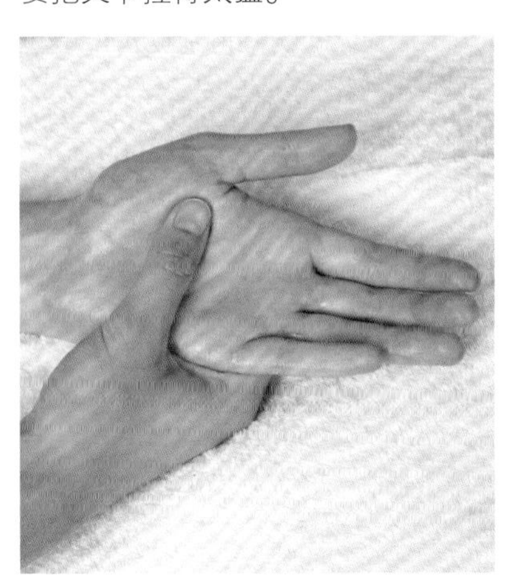

4 左手掌心朝上，并用右手的四根手指托住。用拇指腹以顺时针和逆时针按摩手掌，并集中按摩拇指关节附近的肌肉。

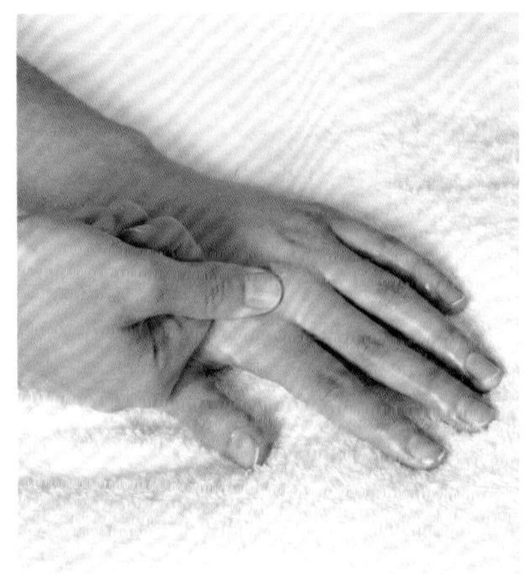

5 将手翻过来，掌心向下，用拇指腹在手指和手腕之间长长地滑动。注意要在骨头之间按摩，而不是骨头上面。重复3次。

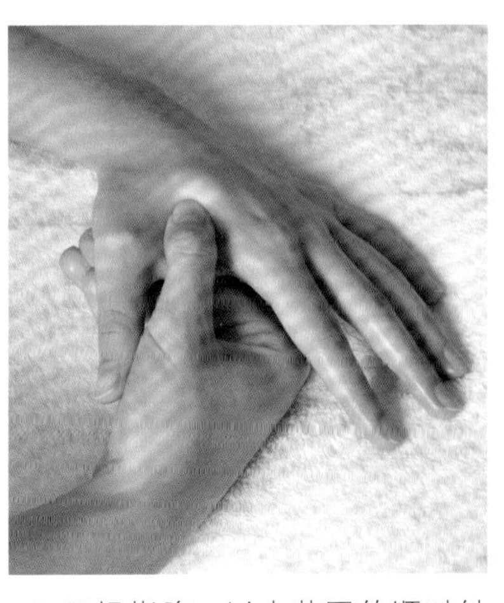

6 用拇指腹，以小范围的顺时针和逆时针在拇指和食指之间按摩，并轻轻抖手。在另一只手重复上述顺序，然后休息5分钟。

玫瑰和乳木果油护手霜

适合干性肌肤

这种丰富油腻的乳霜具有**修复**和**软化**作用，可以用来呵护操劳的双手。众所周知，扁桃仁油具有**滋养**功效，与**滋润**的乳木果油混合在一起，作为这种护手霜的基础。**平静**的玫瑰精油、**平衡**的天竺葵精油调配而成的芳香，使其成为手包中的必备品。

制作100克分量

原料

1茶匙扁桃仁油
1茶匙乳木果油
1汤匙乳化蜡
60毫升矿泉水
1茶匙甘油
5滴玫瑰精油
5滴天竺葵精油
3滴广藿香精油

制作步骤

1 用隔水蒸锅溶化油脂和蜂蜡，制成乳液（参见109页）。蜡溶化后，将其从热源上移开。

2 用炖锅将矿泉水加热至80℃，加入甘油。

3 将热水混合液倒入热油混合液中，用手动搅拌器或搅拌棒不停搅拌，直至其变顺滑。

4 倒入精油，继续搅拌。

5 将其倒入消毒罐中，冷却后盖上盖子。存放在阴凉处，保质期可长达3个月。

使用方法

轻轻按摩干燥的手部，擦进指甲和角质中。如有需要，重复操作。

舒缓手霜

适合干性肌肤

双手经常风吹日晒、接触清洁剂，并频繁清洗，所以难怪手上肌肤会变干燥。这种护手霜就是为辛劳酸痛的手部设计的。金盏花浸油和甘菊精油混合在一起，除了可以**缓解**肌肤炎症，还能**补充**肌肤流失的水分。

制作100克分量

原料

1茶匙荷荷巴油
2茶匙金盏花浸液
1茶匙蜂蜡
1汤匙乳化蜡
60毫升矿泉水
6滴薰衣草精油
5滴罗马甘菊精油

制作步骤

1 用隔水蒸锅溶化油脂、蜂蜡和乳化蜡，制成乳液（参见109页）。蜡溶化后，从热源上移开。

2 用炖锅将矿泉水加热至80℃，将热油混合液倒入热水中，用手动搅拌器或搅拌棒不停搅拌，直至变顺滑。

3 倒入精油，继续搅拌。

4 倒入消毒罐中，冷却后盖上盖子。存放在阴凉处，保质期可长达3个月。

使用方法

轻轻按摩干燥的手部，擦进指甲和角质中。如有需要，重复操作。

足部磨砂膏

浮石足部磨砂膏

快速

适合干燥的足部

这种足部清洁磨砂膏可以**软化**脚上干燥坚硬的肌肤。浮石粉和米粉能够**去除**足部的死皮，具有净化作用的高岭土可以排出杂质，有助于解决足部多汗的问题。精油混合在一起，用于足部按摩时，可以**刺激**循环，使足部温暖、**光滑**和洁净。

制作45克分量

原料

1茶匙浮石粉
1茶匙米粉
1茶匙高岭土
5滴柠檬草精油
2滴生姜精油
2滴葡萄柚精油

制作步骤

1 在碗中放入浮石粉、米粉和高岭土，并搅拌在一起。
2 缓缓倒入1～2汤匙的水，搅拌成糊状。加入精油，继续搅拌。
3 盛入消毒罐中，盖上盖子。存放于凉爽处，保质期可长达1个月。

使用方法

以圆周运动将磨砂膏按摩在足部的肌肤上，特别注意干燥部位和脚后跟。让磨砂膏在足部保留5分钟，可以获得额外的清洁效果。用干净的温水冲洗干净，并用干净的毛巾拍干。

海盐和茶树足部磨砂膏

快速

适合干燥的足部

这种快速易制的足部磨砂膏与**舒缓**的足浴结合起来，可以用来治疗足部肌肤干燥坚硬的问题。海盐具有**放松**和**舒缓**作用，是极好的**去角质**颗粒。它与**滋养**的荷荷巴油和**清洁**的茶树精油混合在一起，可以制成磨砂膏，每天使用的话，可以**消除**足部疲劳，去除干燥的皮肤。

制作45克分量

原料

1汤匙海盐
3汤匙荷荷巴油
10滴茶树精油

制作步骤

1 将所有原料放入碗中，搅拌在一起，制成可以涂抹的糊状物。若有需要，可以多加些油。
2 将其盛入消毒罐中，盖上盖子。存放在凉爽处，保质期可长达3个月。

使用方法

先做5分钟的温水足浴。然后抬出水面，以圆周运动将磨砂膏按摩在足部的肌肤上，特别注意干燥部位和脚后跟。继续泡脚，多泡5分钟。用干净的温水冲洗干净，并用干净的毛巾拍干。避免用于受伤的肌肤。

脚后跟修复膏

适合干燥破裂的脚后跟

这种强效油膏可以使脚后跟的肌肤保持**滋润**，避免开裂。油膏中含有**滋补**、**愈合**功效的精油、**软化肌肤**的**保湿**基础油以及起保护作用的蜡质，可以用来治疗肌肤的干燥问题。如有可能，最好在洗完脚，去过角质后，再进行涂抹。

制作50克分量

原料

1茶匙蜂蜡
1茶匙棕榈蜡
1茶匙蓖麻油
1茶匙大麻油
1汤匙葵花籽油
1汤匙荷荷巴油
5滴没药精油
4滴薰衣草精油

制作步骤

1 用隔水蒸锅（参见133页）加热蜡和油。当蜡溶化后，从热源上移开。

2 加入精油，搅拌，冷却1小时，偶尔搅拌下。

3 舀进消毒罐中，可以立刻使用，或者存放在凉爽干燥处，保质期可长达6周。

使用方法

先用浮石去角质，然后把脚洗干净，并擦干。按摩肌肤，特别注意干燥破裂的部位。

滋养受伤的脚后跟

干燥受伤的脚后跟疼痛难耐。如果长期不管不问，这些裂口会加深，并开始流血。为了避免这种情况出现，可以经常用滋养油，如橄榄油、椰油、乳木果油或纯可可油，软化足部肌肤。治疗受伤的脚后跟时，用滋润的酊剂（参见上方）或者药霜来滋养它们，使其快速渗入裂口深处。晚上大量涂抹，套上薄袜子，次日早上，你的脚后跟会明显光滑和柔软得多。

足浴剂

海盐足浴剂

适合各种类型的肌肤

劳累了一天之后，可以使用这种足浴剂。海盐一直以其具有**深层清洁**和**抗菌**作用而闻名。死海盐与**软化和舒缓肌肤**的燕麦，以及放松肌肉的山金车浸油，经过混合制成了这种足浴剂。薰衣草精油可以放松肌肉，并增添芳香。

原料

制作45克分量

原料

2汤匙海盐
1汤匙大颗粒燕麦
1茶匙山金车浸油
10滴薰衣草精油

制作步骤

1 用电动搅拌机将海盐和燕麦一起打碎，直至变成细粉。
2 倒入山金车浸油和精油，搅拌在一起。
3 倒入消毒罐中，存放在阴凉处，保质期可长达6个月。

使用方法

足浴时，加1汤匙混合物，浸泡10分钟。然后抬出水面，擦干，并涂上护足霜。

茶树护足霜

适合各种类型的肌肤

足部非常需要照料和呵护，许多人穿着不合脚的鞋，并忽视足部，直至天气变暖。这种丰富**清爽**的护足霜含有滋润的可可油和**滋养**的荷荷巴油，以及**抗菌**的茶树精油和没药精油，可以给双脚理所应当的**滋润**呵护。

制作100克分量

原料

1茶匙荷荷巴油
1茶匙可可油
1茶匙蜂蜡
1汤匙乳化蜡
60毫升矿泉水
6滴茶树精油
5滴柠檬精油
2滴没药精油

制作步骤

1 用隔水蒸锅溶化油脂、蜂蜡和乳化蜡，可制成乳液（参见109页）。蜡一溶化，就将其从热源上移开。

2 用炖锅将矿泉水加热至80℃，将热油混合液倒入热水中，用手动搅拌器或搅拌棒不停地搅拌，直至混合液变顺滑。

3 加入精油，在混合液变凉后，继续不时搅拌。搅匀后，将其倒入消毒罐中，盖上盖子。存放在凉爽干燥处，保质期可长达6周。

使用方法

轻轻按摩干爽的足部，并集中于干燥部位，如脚后跟。如有需要，重复操作。

茶树爽足粉

适合经常运动的脚

这是控制排汗的理想用品。它由**抗菌性**的精油和吸收性的玉米粉调配而成，玉米粉可以吸收水分，预防异味。茶树精油具有**抗真菌**作用，可以用来治疗足癣，而薰衣草精油具有抑菌功效，非常适合用来对抗产生臭味的细菌。

制作50克分量

原料

50克有机玉米粉
1茶匙蜂胶酊
10滴茶树精油
10滴薰衣草精油

制作步骤

1 将玉米粉放入撒盐罐或撒糖罐中，顶部留出部分空间，以便混合。

2 在化妆棉上倒上酊剂和精油，放入罐中。

3 放置2小时，定时摇晃混合物，使芳香和蜂胶酊散开。

4 撒在脚上前，先摇匀。存放在凉爽干燥处，保质期可长达6个月。

使用方法

撒在洁净干爽的足部。

香蕉足疗

快速

适合干燥的足部

干燥的足部，不仅难看，还会引发更为严重的问题。如果脚上的肌肤太干燥，它会在日常压力的作用下破裂。香蕉水分含量高，涂抹在肌肤上，可以立刻**保湿补水**，使足部肌肤更加**柔软**、**光滑**和**灵活**。

制作足够一次使用的分量

原料

2根中等大小的熟香蕉

制作步骤

在碗中用叉子将香蕉压碎成没有块状的细糊。

使用方法

涂抹在洁净干爽的足部，每周1～2次。按摩破裂的脚后跟。保持10分钟后，用温水冲洗，并用干净的毛巾拍干。

尝试天然足疗

每隔几周，来次天然有机的足疗，可以使其健康美观。

- 用足浴剂（参见241页）泡10分钟脚，如海盐，可以软化足部。
- 在脚上涂抹去角质产品，如浮石足部磨砂膏（参见239页），以小圆圈轻轻按摩整只脚。用温水和脱脂棉将角质洗掉，并用温热的毛巾轻轻拍干。
- 用大量乳霜滋润足部，如茶树护足霜（参见242页）。用产品轻轻按摩，密切注意脚趾关节和脚后跟。
- 用指甲刀和指甲剪小心修剪指甲。通常剪齐，以预防嵌甲。用指甲锉摩擦，使形状变平。指甲油中含有有害的人工原料，应避免使用。相反，可以在每根脚趾和角质上擦1滴扁桃仁油或夜来香精油。

香蕉

香蕉营养丰富，含有维生素、矿物质和抗氧化剂。它们还富含水分，非常适合用来滋润、滋养暗沉的肌肤，使其恢复光泽。

营养成分

维生素、矿物质元素和营养素

维生素、矿物元素和营养素对于身体系统正常运转是必不可少的，它们可以强化头发和指甲，合成胶原蛋白，并保持肌肤健康。我们应当从良好的饮食中摄取所有这些营养，但是现代农业和食品加工方式已经破坏了食物中的营养成分，所以需要借助特定食物或者定期服用补充剂，以提升营养水平。

维生素/营养素	功能	主要食物来源	备注	每日允许摄入量（ADI）/补充范围（SR）
维生素A（视黄醇）和类胡萝卜素	**维生素A：**这是超级抗氧化剂，具有抗老化功能，有助于胶原蛋白合成 **类胡萝卜素：**类胡萝卜素是维生素A的前身，具有抗氧化作用，可用来保护肌肤免受晒伤	**维生素A：**鱼肝油、动物肝脏、油性鱼类、蛋黄、全脂牛奶和黄油 **类胡萝卜素：**绿色、黄色水果和蔬菜，绿叶蔬菜，辣椒，红薯和西兰花	与蔬菜来源相比，来自动物的维生素A更容易吸收	**维生素A：** ADI：5000～9000IU SR：10000+ **β-胡萝卜素：** ADI：5～8毫克 SR：10～40毫克
复合维生素B	除了健康的肌肤、头发和眼睛需要它们以外，健康的肝脏和神经系统也离不开它们	酵母、动物肝脏和肾脏、扁桃仁、小麦胚芽、糙米、蘑菇、蛋黄、红肉和马鲛鱼	食物经过精制和加工，会将其破坏掉	可变的，单独检查维生素B
维生素C（抗坏血酸）	它是抗氧化功能的必需物质。维生素C可以促进骨骼、牙齿、牙龈、软骨、毛细血管、免疫系统和结缔组织更加健康。它有重要的治愈和抗老化作用，并可以用来消炎	针叶樱桃、甜椒、羽衣甘蓝、欧芹、绿叶蔬菜、西蓝花、西洋菜、草莓、木瓜、橙子、葡萄柚、卷心菜、柠檬汁、接骨木莓、肝脏和芒果	这种维生素无法加热和见光，烹煮后会丢失10%～90%的维生素C	ADI：75～125毫克 SR：250～2000毫克
维生素D（钙化醇）	防癌的维生素D可以调节钙质吸收，促进骨骼、牙齿、头发和指甲的健康生长。它可以平衡激素，促进免疫系统健康	**维生素D_3：**鱼肝油、沙丁鱼（罐头和新鲜）、三文鱼、金枪鱼、小虾、黄油、肝脏、蛋黄、牛奶和奶酪 **维生素D_2：**葵花籽、螺旋藻、蘑菇、亚麻籽和发芽的种子	维生素D是肌肤经过光合作用生成的。维生素D_3比维生素D_2更易吸收	ADI：200～400毫克 SR：400～3000毫克
维生素E（生育酚）	它是抗氧化功能、健康的免疫系统、心脏和循环系统，以及油脂平衡的必需物质。它可以调节性激素分泌，有助于肌肤抗老化	葵花籽、葵花籽油、红花油、扁桃仁、芝麻油、花生油、玉米油、小麦胚芽、花生、橄榄油、黄油、菠菜、燕麦片、三文鱼和糙米	加热见光会使其消失，碾磨或精制成粉会失去高达80%的维生素E	ADI：30毫克 SR：100～800毫克
生物黄酮素，如柠檬素、橘皮苷、芸香苷和槲皮素	生物黄酮素具有消炎作用，是抗氧化功能和健康免疫系统的必需物质。它们有益于血管健康，还可以预防毛细血管破裂。芸香苷可以对抗肌肤红斑	苹果、黑莓和红莓、黑醋栗、荞麦、柑橘、杏仁、大蒜、植物的嫩绿枝、洋葱、玫瑰果和樱桃	加过烹煮和加工，食物会流失大量的生物黄酮素	ADI：不适用 SR：500～3000毫克
必需脂肪酸（ω-脂肪酸）	这些酸类可以调节炎症和激素，有益于脂类平衡、发育、神经系统、眼睛、皮肤、关节和新陈代谢	鱼肝油、油性鱼类、牛奶、奶酪、亚麻籽油、大麻籽油、芥花籽油和胡桃油	氢化作用、见光和加热会使其流失	热量的3%～8%

维生素/营养素	功能	主要食物来源	备注	每日允许摄入量（ADI）/补充范围（SR）
透明质酸	这种酸类是伤口愈合、软骨和关节功能、组织修复和肌肤再生的必需物质	内脏、鱼油、水果（樱桃、番石榴）和欧芹	富含维生素A的食物也可能含有大量的透明质酸	每天40～200毫克
二甲基砜（MSM）	二甲基砜可以促进胶原蛋白和角蛋白的生成，加快伤口愈合，并且可以排毒消炎。它可以强化皮肤的柔韧性，还有助于治疗湿疹、粉刺和牛皮癣	洋葱、大蒜、十字花科蔬菜和蛋白质食物，如坚果、种子、牛奶和蛋	二甲基砜仅存在于生食或雨水滋养（户外生长）的食物中，烹煮和加工中很快流失	每天500～6000毫克

矿物质	功能	主要食物来源	备注	每日允许摄入量（ADI）/补充范围（SR）
钙	这种矿物质有助骨骼、牙齿和指甲生长，调节神经系统和肌肉功能，提升激素水平	海带、海藻、奶酪、糖浆、角豆、扁桃仁、酵母、欧芹、玉米、西洋菜、羊奶、牛奶、豆腐、无花果、葵花籽、酸奶、甜菜、绿叶蔬菜、麦麸、荞麦和芝麻籽	净水器会去除饮水中的钙质	ADI：800～1400毫克 SR：1000～2500毫克
铜	铜可以合成铁质吸收所需的酶。它有助于胶原蛋白和红血细胞的行成，维持皮肤、骨骼和神经系统的发育	牡蛎、贝类、坚果、巴西坚果、扁桃仁、榛子、胡桃、山核桃、豆类、扁豆、肝脏、荞麦、花生、羔羊肉、葵花籽油和螃蟹	大量的锌和钙会阻止铜的吸收	ADI：1～3毫克 SR：2～10毫克
铁	铁是红血细胞功能、能量释放、生长发育和骨骼调节的必需物质，对于头发、皮肤和指甲非常重要	海带、酵母、糖浆、麦麸、杏脯、肝脏、葵花籽、小米、欧芹、蛤蜊、扁桃仁、李子、腰果、红肉、蛋和坚果	维生素C可以提高铁的吸收	ADI：10～20毫克 SR：15～50毫克
镁	这种物质可以合成蛋白质、碳水化合物和脂类，有助于DNA修复、能量制造以及头发和指甲的健康	海带、海藻、麦麸、小麦胚芽、扁桃仁、腰果、糖浆、啤酒酵母、荞麦、巴西坚果和坚果	粮食和谷物经过碾磨和精制，会流失高达90%的镁	ADI：350毫克 SR：300～800毫克
硒	这种物质有助于抗氧化功能、排出有毒化学成分和生育繁殖。它可以帮助DNA修复，以及精子、生殖系统和甲状腺健康，并具有抗癌作用	黄油、小麦胚芽、巴西坚果、苹果醋、大麦、对虾、燕麦、莙荙菜、贝类、牛奶、鱼、红肉、糖浆、大蒜、大麦、蛋、蘑菇和苜蓿芽菜	谷物经过碾磨和精制，会流失40%～50%的硒	ADI：50～200毫克 SR：200～800毫克
硅	它是皮肤、头发和指甲健康强健的必须矿物质，并用来制造胶原蛋白。它可以平衡钙/镁水平和激素	苹果、韭菜、青豆、竹笋、黄瓜、芒果、芹菜、芦笋、食用大黄、卷心菜、谷物、马尾草和特定的矿泉水	随着年龄增长，硅含量会减少，所以服用补充剂较为重要	每天10～30毫克
锌	这是一种富含抗氧化剂的活性酶。它有助于DNA和RNA合成、生育和生殖系统健康、伤口愈合，以及皮肤、头发、肌肉和呼吸系统健康	牡蛎、生姜、红肉、坚果、干豆、肝脏、牛奶、蛋黄、全麦、黑麦、燕麦、巴西坚果、花生、鸡肉、沙丁鱼、荞麦、油性鱼类、螃蟹和白鱼	谷物经过碾磨和精制，会流失80%的锌。蔬菜经过冷冻会流失25%～50%的锌	ADI：15毫克 SR：10～70毫克

备注：每日允许摄入量（ADI）是由公共健康部门设定的，以满足绝大多数健康人群的需求。补充范围（SR）是最大摄入的建议，适用于服用营养补充剂时，不是每种营养素都有ADI，目前有些仅有SR。

超级食物

超级食物营养丰富，具有滋养作用，可以切实提高人体的内在健康和外在容貌。作为改善日常饮食的手段，它们越来越受欢迎。其中一部分本身就是美味的食物原料，可以直接加在日常食谱中。其他的则最好作为补充剂服用。如果你处于孕期或正接受药物治疗，服用任何补充剂前应向医生确认清楚。

超级食物	主要成分	性质	备注	每日摄取量
针叶樱桃	这种樱桃是维生素C和类黄酮（如橘皮苷和芸香苷）含量最高的水果之一	维生素C可以促进胶原蛋白形成和肌肤愈合，并具有消炎作用。芸香苷可以治疗毛细血管破裂和红斑痤疮	这种樱桃作为维生素C的天然来源，通常会制成补充剂	应季时，每天食用少量新鲜樱桃，或者做成果酱。也可以尝试制成粉末或胶囊
鳄梨	鳄梨含有ω-脂肪酸、维生素A、复合维生素B、维生素E和维生素K、植物纤维、钾、镁、固醇和卵磷脂	它是健康油脂的优质提供者，具有消炎、滋养和软化肌肤的功效	固醇可以减少老年斑	每天食用新鲜鳄梨，或者在沙拉酱中加一汤匙冷压的鳄梨油
蜂花粉	花粉中含有40%的蛋白质、游离氨基酸和维生素，包括复合维生素B	蜂花粉可以刺激细胞再生，并修复肌肤	每颗蜂花粉球中含有超过200万的花粉粒	每天至多服用1汤匙
蓝莓	这些莓果是抗氧化剂、花青素、类黄酮（槲皮素）和白藜芦醇的极佳来源	蓝莓有益全身健康，特别是循环系统、眼睛和皮肤，它具有抗氧化、抗老化和再生的功效	食用有机品，其抗氧化剂含量更高，而非有机品中的杀虫剂残留是个问题	应季时，每天吃一把新鲜蓝莓
乳香（印度乳香）	乳香含有必需油脂和乳香酸	它的消炎作用非常有效，并提供抗老化和再生作用	它用于传统的阿育吠陀疗法，以治疗任何炎症	每天服用300～1200毫克的胶囊（含有37.5%～65%的乳香酸）
奇亚籽	这些种子含有ω-3脂肪酸，植物纤维、蛋白质、钙和镁	它们有益于肌肤清洁，强健牙齿、指甲和头发	它是ω-3脂肪酸最有效的转换物之一，使其可以为身体所利用	每天在果汁和谷物中加1汤匙
小球藻	小球藻含有蛋白质、叶绿素、维生素A、维生素B_{12}、维生素D、矿物元素（铁）和核酸	小球藻是高效的血液清洁工，有助于肌肤洁净，并具有再生作用	“小球藻生长因子”被认为可以为细胞提供极好的保护作用	保持每天服用3～10克
枸杞子	这些莓果含有维生素A、维生素C、类黄酮、β-胡萝卜素、铁、硒、必需脂肪酸和膳食纤维	枸杞子有助于胶原蛋白的形成，可以滋养肌肤，使其丰满，并具有抗老化作用	这种莓果因其滋养作用，用于传统中医已有超过6000年的历史了	每天食用4汤匙的干枸杞子
葡萄籽提取物	葡萄籽提取物含有原花青素（OPCs）	葡萄籽提取物是高效抗氧化剂，具有抗老化、伤口愈合和消炎作用	葡萄皮提取物（含有白藜芦醇）也是一种高效抗氧化剂	每天服用50～300毫克的胶囊

超级食物	主要成分	性质	备注	每日摄取量
绿茶和白茶	绿茶和白茶都是抗氧化剂的极佳来源，特别是儿茶素（ECGC）	这些茶有助于细胞持续健康生长，有抗老化作用，并能帮助减肥	不要用沸水泡茶，将水加热至80~90℃，可以保留茶叶中的抗氧化成分	一天喝2~3杯，或者每天服用100~750毫克的补充剂
树生坚果，如榛子和大榛子	它们富含必需脂肪酸（油酸和亚油酸），复合维生素B、维生素E、铁、铜和镁。坚果还可以帮助生成抗氧化酶——超氧化物歧化酶（SOD）	SOD酶具有抗老化作用，它们可以修复细胞损伤，可以消除炎症，中和会造成皱纹的损伤	选择带有外衣的坚果，外衣中含有许多营养素，并可以延长坚果的保质期。坚果油还是必需脂肪酸的极佳来源	每天吃几种坚果，或者冷压成油，撒在沙拉上
大麻	大麻除了含有蛋白质、必需脂肪酸（ω-3脂肪酸和ω-6脂肪酸）、γ-亚油酸、维生素（维生素B、维生素D和维生素E）和酶以外，还有钙、铁、镁、铜、磷脂和植物固醇	大麻可以为健康的头发和指甲提供易消化的蛋白。其中的必需脂肪酸可以缓解炎症，促进肌肤健康。这些功效可以治疗粉刺、湿疹和皮肤干燥	在所有植物油中，大麻油的ω-3脂肪酸和ω-6脂肪酸的比例最为平衡	可在烹煮、烘焙、麦片和冰沙中加上种子或粉末。你还可以在果汁和沙拉酱中加1汤匙的油
亚麻籽	亚麻含有ω-脂肪酸、α-亚油酸、植物纤维、木酚素、矿物质（钙、铁、锌、镁和硒）和维生素（复合维生素B和维生素E）	亚麻可以促进消化（作为体积性轻泻剂），并有效治疗粉刺、湿疹和皮肤干燥。必需脂肪酸可以缓解炎症，以促进肌肤健康	亚麻籽油富含ω-3脂肪酸	在麦片中加1汤匙的种子，或者用来烘焙，你还可以用它来泡水喝。在果汁和沙拉酱中加1汤匙的亚麻籽油
桑葚	这种莓果含有抗氧化剂、花青素、白藜芦醇、维生素C、植物纤维、铁、镁、钾和锌	桑葚具有抗老化和激活胶原蛋白的作用，可以平衡血糖值，有益头发生长和肌肤健康	传统中，这种莓果用来预防过早出现白发	一天吃一把新鲜莓果或干果
燕麦	燕麦含有植物纤维、蛋白质、矿物质（锰、铜、生物素、镁、硒、硅和锌）、抗氧化剂和β-葡聚糖	它们可以稳定血糖，因此有助于控制体重。硅和其他矿物质可以保持头发和指甲健康强健	燕麦食用前经过浸泡或烹煮，可以破坏其中的植酸	每天喝一碗燕麦粥
玫瑰果	玫瑰果含有维生素A、维生素C、维生素K、生物类黄酮和类胡萝卜素	其惊人的维生素C含量可以激活胶原蛋白，并缓解炎症。有益于治疗肌肤炎症，如红斑痤疮	玫瑰果常与维生素C混合在补充剂中，有助吸收	一天喝2~3杯玫瑰果茶，或者服用2~10克玫瑰果粉
油性鱼类，如三文鱼	油性鱼类含有蛋白质、ω-3脂肪酸（DHA和EPA）、维生素（复合维生素B和维生素D）、矿物质（硒、碘和钾）	油性鱼类可以激活胶原蛋白，并作为消炎剂，有助于减少皮肤皱纹和老化迹象	如有可能，食用各式各样的油性鱼类和野生三文鱼，可以避开养殖鱼中的杀虫剂残留	食用一份油性鱼类，每周至少3次
螺旋藻	它含有优质蛋白质、矿物质（镁、钙、钾、铁和锌）、维生素（复合维生素B和维生素E）、β-胡萝卜素）和叶绿素	提纯的螺旋藻具有抗氧化和抗老化作用，有助于控制体重，促进肌肤、头发和指甲的健康	它非常适合与其他藻类混合在一起，如小球藻	每天1~8克，将藻粉加在冰沙、炖汤和果汁中，或者以片剂形式服用

美妆区域索引

索引

斜体字索引是产品的完整配方，页码黑体字表明该原料拥有自己的目录项。

致谢

在本书制作过程中下列朋友提供了宝贵的帮助，作者在此深表感谢：皮特·金德斯利（Peter Kindersley），他不懈地秉持着自然健康和美妆的信条；NYR设计与技术团队，不论是曾经的，还是现在的；克里斯蒂娜·凯斯特勒（Kristina Koestler）提供了美容保养的建议；贾斯廷·詹金斯（Justine Jenkins）提供了自然美妆的专业意见，比利·舍佩斯（Billie Scheepers）贡献了其拍照技术；感谢DK公司所有员工在本书完成过程中的热情支持。

DK公司感谢NYR的伟大团队。

配方和原料拍照：威廉·雷维尔（William Reavell）
配方师：简·劳里（Jane Lawrie）和凯特·米德（Kat Mead）
道具师和美术指导：伊萨贝尔·德·科多瓦（Isabel de Cordova）
美妆拍照：比利·舍佩斯（Billie Scheepers）
美妆师：贾斯汀·詹金斯（Justine Jenkins）
助理美妆师：乔·汉密尔顿（Jo Hamilton）
发型师：丽萨·伊斯特伍德（Lisa Eastwood）
模特：克洛伊·布兰查德（Chole Blanchard）、奥利娃·伯切尔（Oliva Burchell）、塔蒂阿娜·琪琪塔娃（Tatiana Chechetova）、莎拉·爱德华兹（Sarah Edwards）、杰西·蒙本格（Jessi M'Bengue）、卡斯米拉·莫西克·米勒（Kasimira Mosich Miller）、玛丽·桑德（Marie Sander）、普南·范斯瓦尼（Poonam Vasani）、阿莱亚·怀尔斯（Alea Wiles）和莎拉·威利（Sarah Willey）
美容师：玛格丽塔·德克里斯托法诺（Margherita De-Cristofano）和克里斯蒂娜·凯斯特勒（Kristina Koestler）
校对：科琳·马肖基（Corinne Masciocchi）、桃乐茜·基戈恩（Dorothy Kikon）、尼蒂莱哈·马修（Nidhilekha Mathur）、妮哈·塞缪尔（Neha Samuel）和阿拉尼·辛哈（Arani Sinha）
索引制作：玛丽·洛里默（Marie Lorimer）
配方测试：弗朗西斯卡·丹尼斯（Francesca Dennis）
助理编辑：克拉里·盖尔（Clarie Gell）
助理设计：曼蒂·艾阿里（Mandy Earey）